PRÁTICAS DE ELETRÔNICA ANALÓGICA

Blucher

Francisco J. Arnold

PRÁTICAS DE ELETRÔNICA ANALÓGICA

Práticas de eletrônica analógica

Editora Edgard Blücher Ltda.

Publisher Edgard Blücher
Editor Eduardo Blücher
Coordenador editorial Rafael Fulanetti
Pré-produção Aline Flenic
Coordenação de produção Andressa Lira
Produção editorial Mariana Naime
Preparação de texto Sérgio Nascimento
Diagramação Alessandra de Proença
Revisão de texto Maurício Katayama
Capa Laércio Flenic
Imagem da capa iStockphoto

Blucher

Rua Pedroso Alvarenga, 1245, 4° andar
04531-934 – São Paulo – SP – Brasil
Tel.: 55 11 3078-5366
contato@blucher.com.br
www.blucher.com.br

Segundo o Novo Acordo Ortográfico, conforme 6. ed. do *Vocabulário Ortográfico da Língua Portuguesa*, Academia Brasileira de Letras, julho de 2021.

Dados Internacionais de Catalogação na Publicação (CIP)
Angélica Ilacqua CRB-8/7057

Arnold, Francisco J.
Práticas de eletrônica analógica / Francisco J. Arnold – – São Paulo : Blucher, 2024.
328 p.

Bibliografia
ISBN 978-85-212-2442-6

1. Eletrônica I. Título

24-1603 CDD 621.38

Índices para catálogo sistemático:
1. Eletrônica

Conteúdo

Agradecimentos

Meus sinceros agradecimentos a todos os professores, estudantes e técnicos de laboratório das instituições em que atuei como discente e docente, e que ao longo de vários anos compartilharam informações, experiências e conhecimentos. Certamente, a natureza prática deste livro só seria alcançada com a valiosa interação dessas pessoas, com as quais tive a grata felicidade de compor equipes de trabalho.

Meus agradecimentos também às universidades paulistas (Universidade Estadual de São Paulo [Unesp], Universidade de São Paulo [USP] e Universidade Estadual de Campinas [Unicamp]) que me acolheram e disponibilizaram amplo apoio institucional para que eu pudesse me desenvolver como profissional do ensino e da pesquisa.

Também agradeço às instituições financiadoras Coordenação de Aperfeiçoamento de Pessoal de Nível Superior (Capes), Conselho Nacional de Desenvolvimento Científico e Tecnológico (CNPq) e Fundação de Amparo à Pesquisa do Estado de São Paulo (Fapesp), que garantiram apoio financeiro, a mim e a meus orientados, para a realização de pesquisas.

Prefácio

O ensino de circuitos eletrônicos em seus diversos níveis, iniciando pelos cursos técnicos, passando pelos cursos de tecnologia e chegando aos cursos de graduação, vem passando por uma série de transformações ao longo dos anos. Essas transformações são esperadas em vista da evolução de novos componentes eletrônicos, especialmente com os novos projetos e a disponibilização comercial de circuitos integrados implementados com funções cada vez mais específicas. Além disso, constata-se a crescente e valorosa disseminação dos programas de simulação computacional implementados com modelos que geram resultados com cálculos que retratam de forma cada vez mais precisa a operação real de funcionamento dos circuitos.

A vasta quantidade de livros disponibilizados para o ensino da eletrônica, muitos dos quais de elevada qualidade técnica e abrangência, prioritariamente se direciona na descrição de conteúdos teóricos, deixando o imprescindível segmento da experiência prática em segundo plano; ou, mesmo, vários deles nem apresentam situações e problemas direcionados para atividades práticas. É evidente que cada livro possui sua finalidade, mas deve ser reconhecido que não há muitos livros de eletrônica com dedicação exclusiva à prática de laboratório quando comparados aos que abordam aspectos teóricos.

Há poucos livros didáticos que dedicam espaço direcionado para o desenvolvimento de experimentos e de pequenos projetos. Progressivamente, essas atividades práticas estão habitando os planos pedagógicos das disciplinas que tratam de temas da eletrônica analógica nos seus diferentes patamares. As atividades de laboratório, assim como os desenvolvimentos de pequenos projetos que costumam figurar nos planejamentos dessas disciplinas, constituem, efetivamente, partes motivadoras e estimulantes para o estudante. Ademais, essas atividades contribuem para criar habilidades diferenciadas nos alunos, disciplinando-os para o comportamento técnico e profissional no laboratório, capacitando-os para a utilização correta da instrumentação eletrônica, incutindo-lhes o senso de grandezas físicas e ampliando as capacidades de detectar defeitos e de resolver problemas de diferentes ordens.

O conteúdo deste livro reúne experiências que foram desenvolvidas ao longo de anos pela experiência do autor em ministrar disciplinas relacionadas à eletrônica analógica com abrangência teórica e em laboratório. Parte-se do pressuposto de que as atividades práticas no laboratório são fundamentais para a adequada e consistente formação de um profissional que atuará na área de eletrônica, independentemente de ser esta de nível técnico ou de engenharia.

Ao longo do livro são encontradas poucas citações sobre programas de simulação computacional de circuitos eletrônicos. Isso não significa uma declaração de descarte desse poderoso recurso de investigação e projeto. Muito pelo contrário, a simulação computacional é parte integrante do desenvolvimento dos experimentos apresentados que se encontra consolidada no manejo de projetos e no ensino de eletrônica. Todos os experimentos que apresentamos foram previamente simulados no programa LTspice (https://www.analog.com/en/design-center/design-tools-and-calculators/ltspice-simulator.html). As simulações produziram resultados com os quais se angariaram muitos aperfeiçoamentos na concepção da versão final do experimento apresentado. Portanto, deve-se enfatizar que este livro está direcionado para a parte finalística do aprendizado na qual o estudante já tenha adquirido a confiança necessária e suficiente para materializar os conceitos que, prévia e extensivamente, foram estudados qualitativamente, modelados e calculados por métodos algébricos simplificados e simulados computacionalmente. A despeito disso, o estudante que não possua recursos de laboratório poderá usar o conteúdo do livro para se limitar a fazer simulações computacionais no programa que lhe for conveniente.

Este livro está direcionado para estudantes e profissionais de eletrônica que desejam desenvolver habilidades práticas em eletrônica analógica. Do ponto de vista de ensino, mas em uma abordagem conservadora, o livro destina-se a professores que pretendam desenvolver roteiros de experimentos e propor circuitos para que seus alunos desenvolvam projetos. Visando à aplicação de metodologias ativas, particularmente o desenvolvimento da dinâmica de resolução de problemas, em que o estudante não fica restrito à reprodução de roteiros, com este livro o estudante poderá guiar-se com autonomia pelos conteúdos de eletrônica analógica ao ser estimulado a propor experimentos e projetos, com os quais se possa conduzir pela exploração dos temas desejados.

Cada um dos capítulos aborda um assunto bem definido dos conteúdos programáticos das disciplinas de eletrônica analógica, podendo ser estudados de maneira independente e dosados em termos de profundidade para serem direcionados para cursos de nível técnico, de tecnologia e de bacharelado. A sequência dos capítulos é apenas uma sugestão de apresentação do conteúdo, e o instrutor pode estabelecer outra sequência alternativa ou pinçar os conteúdos que sejam de maior relevância dentro dos objetivos de suas atividades de laboratório. No início de cada capítulo há uma breve exposição sobre os conteúdos necessários para a exploração do capítulo.

Todos os capítulos estão divididos da mesma forma. Eles incluem um breve relato sobre os conhecimentos prévios necessários ao estudo do seu conteúdo; uma introdução, com a apresentação do tema e de assuntos relacionados; uma seção de teoria, bastante resumida e restrita ao resgate de informações essenciais, que deveriam ser estudadas preliminarmente, a fim de estabelecer um direcionamento para a concepção do experimento e para a interpretação dos resultados, bem como para a orientação na elaboração de pequenos projetos; uma seção de experimentos propostos, em que se apresentam, a depender do tema, experimentos de laboratório e/ou propostas de projetos; e, por fim, uma seção de discussão em que são apresentadas questões decorrentes do procedimento experimental e propostas de implementações adicionais.

Os Capítulos 1 a 5 são direcionados para o estudo dos diodos semicondutores. Neles são apresentadas propostas de caracterização desses componentes e fundamentos para criar circuitos típicos com diodos, inclusive de fontes de alimentação reguladas.

Os Capítulos 6 a 12 focam os transistores bipolares. Além das curvas características desses transistores, são apresentados os circuitos típicos para polarização e amplificação de sinais, para o uso do transistor como fonte de corrente e nos regimes de operação para comutação. Algumas regras práticas para o desenvolvimento de pequenos projetos de amplificadores também são apresentadas. Ainda no mesmo segmento, foram inseridos os conceitos de amplificadores ligados em cascata e de resposta em frequência. No Capítulo 16, os amplificadores com transistores bipolares são retomados para aplicações em potência elevada; no caso, amplificadores de classe B.

A orientação de estudos realizada com os transistores bipolares é replicada com os transistores de efeito de campo nos Capítulos 13 a 15. Neles são apresentados experimentos para determinar curvas de características desses transistores, assim como circuitos e regras de projeto para amplificadores de pequenos sinais com os transistores de efeito de campo. Particularmente no Capítulo 15 também se destinam partes para o desenvolvimento de amplificadores de potência com MOSFETs.

Os amplificadores operacionais são tratados nos Capítulos 17 a 21. Foram apresentados os circuitos fundamentais desses amplificadores no Capítulo 17, com estudos baseados no componente ideal e em algumas características reais. O Capítulo 18 remete à origem da denominação operacional, incluindo estudos sobre as operações matemáticas e aplicações desses circuitos. O Capítulo 19 apresenta uma miscelânea de circuitos com amplificadores operacionais, caracterizando-se como o capítulo do livro com maior liberdade na exposição dos conteúdos. Os filtros ativos são estudados no Capítulo 20. O Capítulo 21 tem finalidade didática para compreensão dos efeitos da realimentação negativa nas principais propriedades de um amplificador: ganho e impedâncias de entrada e saída.

Nos Capítulos 22 e 23 o assunto é osciladores. Estes capítulos tratam de osciladores harmônicos e de relaxação e encerram os conteúdos sobre amplificadores e realimentação. Os osciladores harmônicos são estudados nas suas configurações mais comuns e, normalmente, são empregados em circuitos de radiofrequência. Os osciladores de relaxação são apresentados tomando como base o conhecido circuito integrado 555, com o qual foram exploradas as configurações mais comuns.

Por fim, no Capítulo 24 é feita uma breve abordagem a tiristores, particularmente com os SCRs (*Silicon Controller Rectifiers*). Com o SCR é possível controlar a potência em uma carga por meio de seu chaveamento dependente da fase. Os fundamentos do controle de potência por fase com SCRs são apresentados neste capítulo.

O material bibliográfico utilizado neste livro é apresentado em duas partes. A primeira parte são as bibliografias, que incluem livros de diferentes níveis, publicados em períodos diferentes e que trazem conteúdos para o estudo de teoria e de prática de eletrônica. A segunda parte são as referências e estão separadas por capítulos. Nas referências encontram-se livros e artigos que foram utilizados para projetos específicos propostos nos referidos capítulos. A consulta dos artigos dessas referências poderá também expandir o universo de experimentos que poderão ser desenvolvidos.

Enfim, acreditamos que o projeto do presente livro seja voltado para práticas de ensino e que seu conteúdo seja suficiente para compor o programa de disciplinas de laboratório de eletrônica analógica a serem ministradas no período de um ano em um curso regular de engenharia. Espero que aproveitem!

O autor

CAPÍTULO 1
Curva característica do diodo semicondutor

ESTUDO PRELIMINAR

Para fazer as curvas características de componentes eletrônicos basta usar conceitos básicos de eletricidade como as leis de Kirchhoff e ter habilidades mínimas com instrumentos de medição como os multímetros. Especificamente para a curva característica de um diodo semicondutor é necessário conhecer previamente a teoria elementar sobre materiais semicondutores e sua resposta em relação a excitações elétricas.

1.1 INTRODUÇÃO

Os diodos semicondutores são os componentes de estado sólido mais simples. Os diodos mais comuns são baseados em junções semicondutoras formadas por cristais de silício com dopagens distintas. As dopagens desses cristais podem ser do tipo P, quando um cristal semicondutor intrínseco é dopado com elementos químicos que possuem 3 elétrons na camada de valência, e do tipo N, quando um cristal semicondutor intrínseco é dopado com elementos químicos com 5 elétrons na camada de valência.

Nos materiais condutores a condução elétrica se faz pelos elétrons na banda de condução. Nos semicondutores, devido ao efeito da dopagem, tem-se dois tipos de portadores de carga, os elétrons e as lacunas, os quais podem conduzir pelas bandas de condução e de valência.

Em decorrência das especificidades do processo de dopagem, nos materiais do tipo P, na banda de valência, as lacunas presentes estão em maior concentração que os elétrons, sendo, por essa razão, denominadas portadores majoritários. Na banda de condução desses materiais existem elétrons livres ali promovidos pelo ganho de energia devido à temperatura. Como são poucos elétrons que ganham a banda de condução, estes são denominados portadores minoritários.

Por outro lado, nos materiais do tipo N, a banda de condução possui uma grande concentração de elétrons livres, os quais são denominados portadores majoritários. As lacunas da banda de valência possuem baixa concentração e são denominadas portadores minoritários.

Um diodo semicondutor consiste em uma junção PN, que é formada pela união de um semicondutor do tipo P com outro do tipo N. Entre esses materiais se estabelece uma camada de depleção formada por cátions no lado N e por ânions no lado P. Esse agrupamento de íons estabelece uma barreira de potencial que bloqueia a recombinação natural entre elétrons e lacunas.

O terminal referente ao material do tipo P é chamado de ânodo e representado pela letra A. O terminal referente ao material do tipo N é chamado de cátodo e representado pela letra K. A junção PN é polarizada diretamente quando o potencial elétrico do ânodo é maior que o do cátodo. A inversão dos potenciais resulta na polarização reversa do diodo.

Quando o diodo está polarizado diretamente com uma diferença de potencial superior à da sua barreira de potencial, ele conduz intensamente. Na polarização reversa a camada de depleção se alarga e a condução, devida apenas a portadores minoritários, será desprezível. Essa característica de condução sujeita à orientação da polarização estabelece uma primeira diferença dos diodos semicondutores em relação aos resistores, capacitores e indutores. Além disso, os diodos apresentam comportamento elétrico não linear da corrente em função da tensão elétrica.

A caracterização elétrica de um diodo semicondutor é realizada por um experimento simples no qual se mede a tensão e a corrente neste dispositivo usando-se um circuito formado por uma fonte de alimentação, por um resistor e pelo diodo a ser caracterizado. O objetivo do experimento apresentado neste capítulo é determinar a curva característica de um diodo semicondutor. Em vista da sensibilidade das junções PN em relação à temperatura, também propomos o estudo do efeito sobre o ponto de trabalho do diodo causado por variações de temperatura de operação.

1.2 TEORIA

A junção PN possui uma relação de corrente, i_D, que passa pelo diodo, quando uma tensão elétrica, v_D, é aplicada. Essa relação é manifestada pela equação 1.1:

$$i_D = I_O \left[exp\left(\frac{qv_D}{nkT} \right) - 1 \right] \quad (1.1)$$

onde

I_O é a corrente de saturação reversa, da ordem de 10^{-15} A para diodos que operam com pequenos sinais, dependente da temperatura;

q é a carga do elétron, $1{,}60 \times 10^{-19}$ C;

k é a constante de Boltzmann, $1{,}38 \times 10^{-23}$ J/K;

T é a temperatura absoluta em K;

n é uma constante que assume valores entre 0,5 e 2,0, que depende, entre outros fatores, do processo de fabricação, dos níveis de dopagem e da pureza dos materiais.

Quando a corrente no sentido direto for apreciavelmente superior a I_O, a equação 1.1 pode ser aproximada pela equação 1.2:

$$i_D = I_O exp\left(\frac{qv_D}{nkT} \right) \quad (1.2)$$

Por meio de uma inspeção gráfica dessa função revela-se a principal característica dos diodos semicondutores: ter condução muito pequena (desprezível na maior parte dos casos) sob polarização reversa ($v_D < 0$) e conduzir, apreciavelmente, sob polarização direta ($v_D > 0$) desde que superada a barreira de potencial da junção, a partir $v_D = 0{,}65$ V para diodos de silício. A equação 1.1 também mostra que a curva característica do diodo é dependente da temperatura.

Modelos elétricos equivalentes são usados frequentemente para analisar circuitos que contêm diodos semicondutores. Esses modelos introduzem simplificações analíticas as quais, na prática, correspondem a resultados bem ajustados e aplicáveis com boa margem de exatidão em circuitos com diodos semicondutores. A Figura 1.1 apresenta o símbolo esquemático do diodo semicondutor e exemplifica três circuitos equivalentes empregados na análise de circuitos com esses dispositivos.

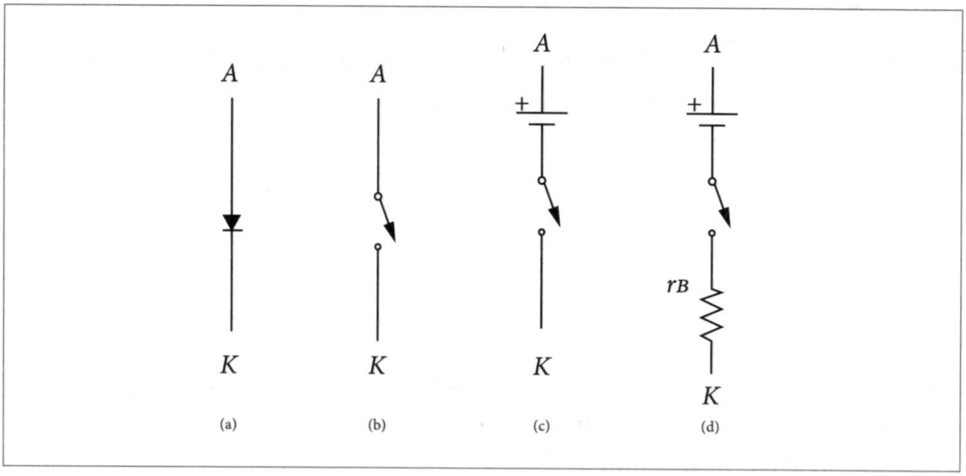

Figura 1.1 (a) Símbolo esquemático do diodo semicondutor; (b) modelo chave; (c) modelo chave-fonte; (d) modelo chave-fonte-resistência.

Quando os modelos elétricos são considerados, a curva característica do diodo representado se simplifica substancialmente, uma vez que a região de não condução (polarização reversa) retrata o comportamento elétrico de uma chave aberta. Por outro lado, na região de condução (polarização direta) o modelo se comporta como uma chave fechada e despreza a barreira de potencial – como no caso (b) – ou considera a queda de tensão da barreira de potencial – como no caso (c) – e, ainda, atribui uma resistência de corpo (r_B) pela junção – como no caso (d).

1.3 EXPERIMENTOS PROPOSTOS

O experimento de caracterização de um diodo semicondutor é realizado em duas etapas. Em ambas se utilizam os mesmos componentes e equipamentos. Nas Figuras 1.2 e 1.3 são apresentados os circuitos utilizados para a caracterização de um diodo semicondutor de uso geral. É fácil perceber que a diferença entre eles é a polarização do diodo.

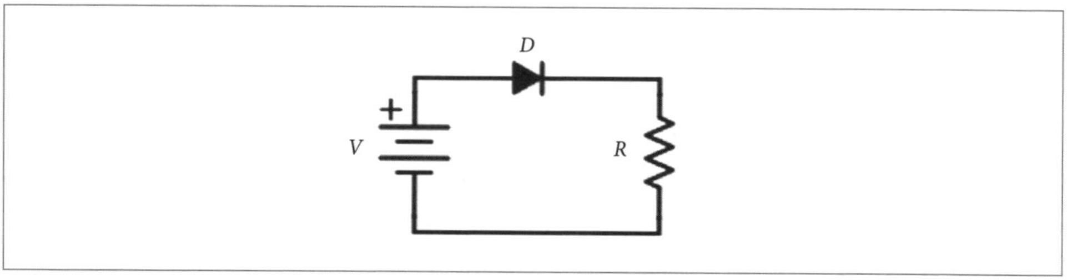

Figura 1.2 Montagem experimental para determinação da curva característica de um diodo semicondutor em polarização direta.

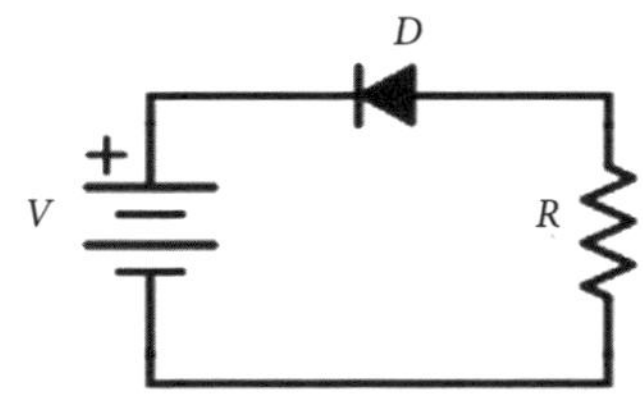

Figura 1.3 Montagem experimental para determinação da curva característica de um diodo semicondutor em polarização reversa.

O experimento consiste em determinar a curva da corrente em função da tensão de um diodo semicondutor 1N4007. Os materiais usados nesse experimento são:

- 1 fonte de alimentação ajustável de 0 a 30 V;
- 2 multímetros;
- 1 diodo semicondutor 1N4007;
- 1 resistor de 100 Ω × 5 W.

O procedimento consiste em montar os circuitos e variar a tensão elétrica fornecida pela fonte de alimentação em ambos os circuitos entre 0 e 30 V. Deve-se utilizar um dos multímetros como voltímetro CC para medir as tensões entre o ânodo e o cátodo do diodo. O segundo multímetro deve ser usado como amperímetro que mede a corrente elétrica no circuito.

O diodo proposto para ser usado no experimento (1N4007) suporta, segundo a folha de dados fornecida pelo fabricante, uma corrente direta máxima de 1,0 A. Vamos limitar a corrente pelo diodo em um valor próximo a 0,3 A, por essa razão a resistência de limitação de corrente, *R*, é de 100 Ω. Ainda, segundo o fabricante, a tensão reversa máxima do 1N4007 é 1.000 V. Portanto, pelas tensões usadas no experimento, a operação do diodo não estará próxima da ocorrência do efeito de avalanche.

Sugere-se definir um conjunto de valores de tensão que serão fornecidos pela fonte de alimentação e organizar uma tabela com os valores de tensão e corrente no diodo para posterior análise dos resultados. Convém observar que, sob polarização direta, a tensão nos terminais do diodo não irá ultrapassar o valor da barreira de potencial, estimado em 0,7 V. Portanto, durante o experimento o operador deverá estar atento ao maior valor a ser obtido para essa grandeza. Além disso, no entorno da região de passagem dos estados de não condução para de condução, recomenda-se que as variações de tensão nos terminais do diodo sejam pequenas (se possível, da ordem de centésimos de Volt) para que se possa apreciar adequadamente as variações da resistência de corpo do diodo.

Os valores obtidos permitirão que se faça um ajuste da curva experimental com o modelo da equação 1.1 usando técnicas computacionais disponíveis em aplicativos como Matlab (Mathworks), Mathematica (Wolfram) e Origin (Electronic Arts). Assim, conhecendo-se a temperatura de operação do diodo pode-se determinar os valores de I_O e n.

O experimento pode ser replicado em outras temperaturas com o intuito de avaliar a sensibilidade da corrente no diodo em função da temperatura. Nesse caso, sugere-se repetir o procedimento do experimento com o referido diodo no interior de um forno com temperatura controlada.

1.4 DISCUSSÃO

Apesar de o experimento ser muito simples, tanto em execução como em interpretação de resultados, alguns cuidados experimentais devem ser tomados. A resistência interna do diodo semicondutor apresenta valores muito elevados sob polarização reversa. Nessa condição, a escolha do voltímetro (multímetro), no tocante a sua resistência interna, deve ser avaliada cuidadosamente. Uma avaliação da resistência interna do instrumento de medida deve ser feita previamente para evitar que ocorra ampliação do erro nas medidas causado pela divisão de corrente quando da conexão dele ao circuito de teste.

Sob condução, a curva da corrente em função da tensão no diodo apresenta uma certa inclinação, com a qual se pode avaliar a resistência interna do diodo. Essa resistência estará em função da tensão aplicada, ou seja, $r_B(v_D)$.

Sugere-se também discutir as aproximações feitas nos modelos equivalentes da Figura 1.1. Nesse caso, é importante que as variações das tensões entre os terminais do diodo, na região de polarização direta, sejam de décimos de Volts.

CAPÍTULO 2
Circuitos limitadores

ESTUDO PRELIMINAR

Para estudar os circuitos limitadores é importante conhecer os modelos elétricos usados para representar aproximadamente o comportamento de um diodo semicondutor.

2.1 INTRODUÇÃO

Os diodos semicondutores atuam idealmente como chaves, desempenhando seus estados ligado e desligado vinculados às polarizações direta e reversa do dispositivo, respectivamente. Essa propriedade viabiliza o uso de diodos semicondutores em circuitos de limitação de tensão, os quais possuem aplicações em proteção elétrica.

O princípio geral de um circuito limitador é sua operação se desenvolver a partir de uma pré-polarização usada como referência. Essa pré-polarização mantém, inicialmente, o diodo na condição de operação como chave aberta. Quando um sinal externo é aplicado ao circuito limitador e alcança um potencial elétrico suficiente para fazer o diodo conduzir, o diodo altera seu estado para chave fechada e evita que a tensão elétrica aumente em um dispositivo de carga.

O objetivo desse experimento é estudar a alteração dos estados de condução (próximo a uma chave liga e desliga) dos diodos para mostrar que a tensão pode ser limitada em um resistor de carga.

2.2 TEORIA

Dos três modelos elétricos para os diodos semicondutores que elencamos no Capítulo 1, vamos tratar aqui da aproximação pelo modelo chave-fonte, mostrado na Figura 2.1. Ressalta-se a conveniência desse modelo pelos níveis de tensão que serão utilizados e pelo resultado a ser alcançado, o qual dispensa o nível de corrente a circular pelos diodos.

Figura 2.1 Circuito elétrico equivalente chave-fonte do diodo semicondutor.

O circuito da Figura 2.2 mostra o diagrama esquemático de um circuito limitador de tensão. Uma fonte de sinal alternado, com amplitude V, fornece uma tensão elétrica senoidal para a carga R_L. O cátodo de D_1 está com um potencial elétrico V_1 e o ânodo de D_2 com potencial elétrico $-V_2$. Enquanto os diodos D_1 e D_2 estão em polarização reversa, os ramos que contêm esses componentes estão abertos.

Partindo-se de 0 V e aumentando a tensão da fonte V pelo semiciclo positivo, no ânodo de D_1 e no cátodo de D_2 os potenciais elétricos, que são iguais, tornam-se crescentemente positivos. À medida que o potencial fornecido pela fonte V aumenta, D_1 poderá ficar diretamente polarizado e alterar seu estado para chave fechada. Ao mesmo tempo, a situação do ramo que contém D_2 não se altera, mantendo-se aberto. Nesse caso, a diferença de potencial em R_L passa a ser V_1 + 0,7 V. Por outro lado, no semiciclo negativo, por razões similares ao já explicado, os papéis se invertem com D_1 conservando-se aberto, D_2 conduzindo e a amplitude da tensão em R_L sendo – (V_2 + 0,7) V.

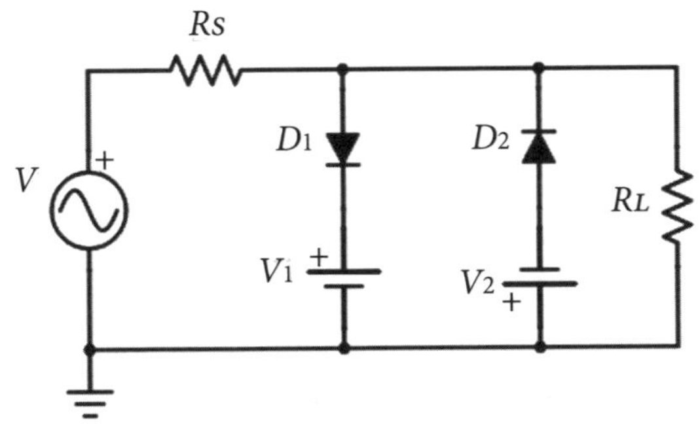

Figura 2. 2 Diagrama esquemático do circuito limitador.

2.3 EXPERIMENTOS PROPOSTOS

O experimento consiste em estudar o circuito da Figura 2.2 de modo a verificar as limitações de amplitude da tensão em um resistor de carga (R_L) promovidas pelas alterações na polarização de diodos semicondutores. Nesse circuito, o ramo 1 é constituído por D_1 e V_1 e o ramo 2 por D_2 e V_2.

Os materiais usados nesse experimento são:

- 1 gerador de funções;
- 1 osciloscópio;
- 2 diodos semicondutores 1N4007;
- 1 resistor de 10 kΩ × ¼ W (*Rs*);
- 1 resistor de 100 kΩ × ¼ W (R_L);
- 3 pilhas de 1,5 V (duas para V_1 e uma para V_2).

As fontes V_1 e V_2 estabelecem a pré-polarização dos diodos D_1 e D_2, respectivamente. O potencial de V_1 será obtido pela associação de duas pilhas de 1,5 V, totalizando 3,0 V. A terceira pilha irá prover a pré-polarização de −1,5 V ao ânodo de D_2.

Construa o circuito mostrado na Figura 2.2, mas deixe interrompidos os ramos 1 e 2. Ajuste o gerador de funções para fornecer uma tensão de saída senoidal com amplitude de 5 V com uma frequência de 1 kHz. Com auxílio do osciloscópio observe a forma de onda da tensão no resistor de carga R_L e anote as tensões de pico positiva e negativa.

Repita o procedimento descrito no parágrafo anterior para os seguintes casos: (a) ramo 1 conectado e ramo 2 interrompido; (b) ramo 1 interrompido e ramo 2 conectado; (c) ramos 1 e 2 conectados.

2.4 DISCUSSÃO

Discuta a viabilidade do uso do modelo de circuito equivalente proposto neste capítulo. Os valores que definem a limitação da tensão na resistência de carga devem ser próximos ao previsto na teoria. Discuta também como a razão R_s/R_L pode influir na tensão de saída do circuito.

Proponha uma discussão para usar circuitos limitadores usando-se diodos Zener (ver Capítulo 5) e considerando o modelo elétrico desse tipo de dispositivo. Discuta possíveis alternativas para a criação de circuitos de limitação em que seja possível descartar o uso de pilhas.

CAPÍTULO 3
Circuitos grampeadores, detectores de pico e dobradores de tensão

ESTUDO PRELIMINAR

Para estudar os circuitos grampeadores, os detectores de pico e os dobradores de tensão são necessários conhecimentos prévios sobre os diodos semicondutores, especificamente os modelos, e a teoria de circuitos de carga e descarga de capacitores.

3.1 INTRODUÇÃO

A associação adequada de malhas elétricas que envolvam diodos semicondutores e capacitores cria possibilidades de se carregar os capacitores, de modo a estabelecer, entre os seus terminais, tensões contínuas. Essa diferença de potenciais é denominada nível de tensão DC. Há dois circuitos que podem ser usados para ilustrar essas aplicações: circuito grampeador e circuito detector de pico.

Nos circuitos grampeadores, inicialmente, uma fonte de tensão alternada carrega um capacitor com a sua tensão máxima, a qual, em sequência, pode sofrer variações de acordo com a excursão da tensão nos terminais da fonte. Assim, estabelece-se uma variação de tensão sobre um nível DC. Por outro lado, nos detectores de pico, um capacitor é carregado por uma fonte de tensão variável, também no seu valor máximo, e conserva entre seus terminais essa diferença de potenciais.

A união de circuitos grampeadores com detectores de pico pode produzir circuitos dobradores de tensão. Há dois tipos de circuitos dobradores de tensão: o de meia-onda e o de onda completa. O circuito de meia-onda consiste na associação de um grampeador com um detector de pico. O circuito de onda completa é formado por dois detectores de pico. Os dobradores de tensão são utilizados em circuitos de conversores CC/CC que elevam as tensões.

O objetivo de estudo desses circuitos é mostrar os efeitos da associação entre diodos semicondutores, capacitores e resistores no que toca às possibilidades de elevar tensões ou de estabelecer níveis de tensões contínuas. Para alcançar esse objetivo iremos apresentar circuitos em que as etapas de grampeamento e detecção de pico se aliam para produzir os multiplicadores de tensão.

3.2 TEORIA

A teoria necessária para estudar os circuitos grampeadores e dobradores de tensão está dividida em duas partes neste capítulo. Na subseção 3.2.1 apresentamos o conceito de grampeamento de tensão e de detecção de pico. Em 3.2.2 usamos os conceitos dos circuitos apresentados preliminarmente para sugerir circuitos multiplicadores de tensão.

3.2.1 Circuitos grampeadores de tensão

Na Figura 3.1 ilustramos o diagrama esquemático de um circuito grampeador alimentado com uma fonte de tensão senoidal alternada com amplitude V. Note que nessa figura há indicações das polarizações dos terminais da fonte obtidas nos semiciclos negativo (Figura 3.1a) e positivo (Figura 3.1b). No semiciclo negativo, o diodo conduz e o capacitor é carregado com a polaridade indicada no desenho e com a tensão máxima fornecida pela fonte senoidal (descontada a queda de tensão no diodo). No semiciclo positivo, que ocorre na sequência, o diodo não conduz e a tensão sobre esse componente é formada pela soma das tensões da fonte V e do carregamento do capacitor. Em suma, o circuito grampeador adiciona um nível de tensão contínua a um sinal alternado.

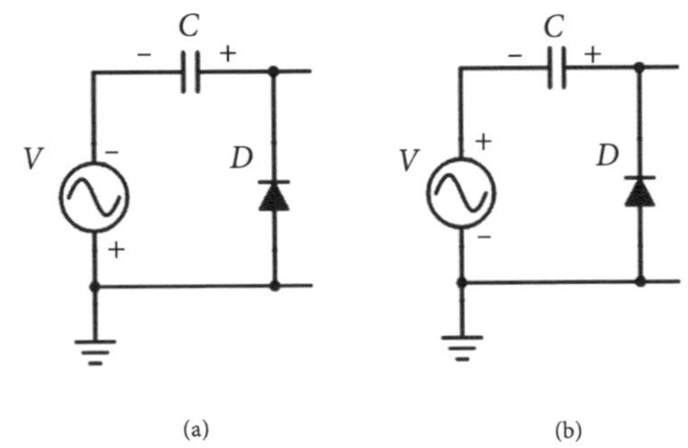

Figura 3.1 Diagrama esquemático do grampeador (a) com a indicação das polarizações durante o carregamento do capacitor no semiciclo negativo (diodo em polarização direta); (b) com a indicação das polarizações durante o semiciclo positivo (diodo em polarização reversa).

O diagrama esquemático de um circuito básico de um grampeador de tensão é apresentado na Figura 3.2.

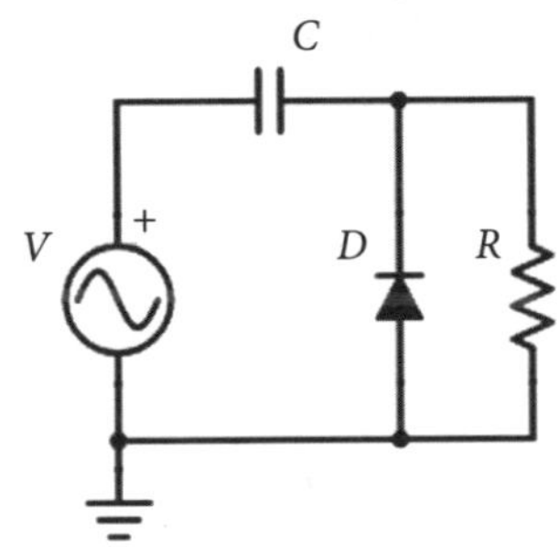

Figura 3.2 Diagrama esquemático de um circuito grampeador.

Consideremos que a constante de tempo estabelecida pela capacitância C e pela resistência R dos componentes do circuito seja elevada e a fonte de sinal V forneça uma tensão senoidal. No primeiro semiciclo negativo, o diodo é polarizado diretamente e a corrente flui no sentido anti-horário, carregando o capacitor com seu valor máximo (amplitude de V), como foi explicado na Figura 3.1a. Como consequência da elevada constante de tempo dos componentes, a descarga do capacitor através do resistor pode ser considerada desprezível. No semiciclo positivo a diferença potencial da fonte de alimentação se soma com a tensão devida ao carregamento prévio do capacitor. Com isso, a partir do carregamento do capacitor a tensão no resistor R irá acompanhar a variação senoidal da fonte de tensão alternada V, mas sobre o patamar de um nível contínuo de tensão. Dessa forma, a tensão no resistor pode variar, aproximadamente, entre 0 e $2V$.

O diagrama esquemático do circuito detector de pico é mostrado na Figura 3.3. Também é utilizada uma fonte de tensão senoidal alternada. É fácil verificar que no semiciclo positivo o diodo conduz e carrega o capacitor com o valor de pico da tensão da fonte *V* (evidentemente, descontando-se a tensão na junção PN). No semiciclo seguinte, com o diodo em polarização reversa, a tensão no capacitor é mantida no nível de carregamento, uma vez que a propriedade resistiva do dielétrico do capacitor apresenta valores muito elevados, o que torna seu descarregamento desprezível. Esse circuito é útil na detecção de tensões de pico, mas também é utilizado como retificador de meia-onda, como será visto no Capítulo 4.

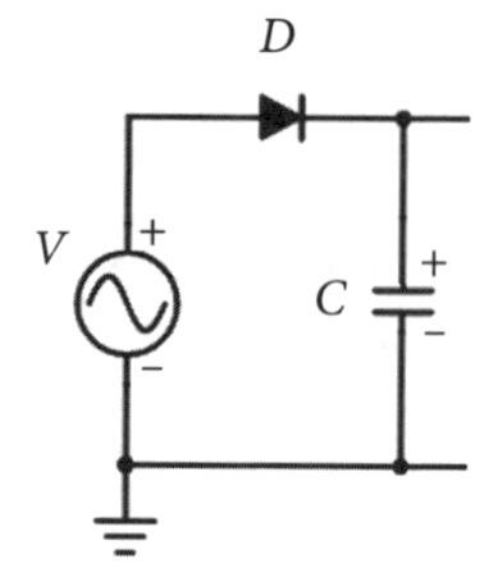

Figura 3.3 Diagrama esquemático do circuito detector de pico com a indicação da polarização no processo de carregamento do capacitor durante o semiciclo positivo.

3.2.2 Dobradores de tensão

Os circuitos dobradores de tensão fornecem tensões contínuas com o dobro da amplitude da tensão de uma fonte alternada. Esses circuitos podem ser divididos em dois grupos: os de meia-onda e os de onda completa. Os diagramas esquemáticos de um dobrador de tensão de meia-onda e de um dobrador de onda completa são mostrados nas Figura 3.4 e 3.5, respectivamente.

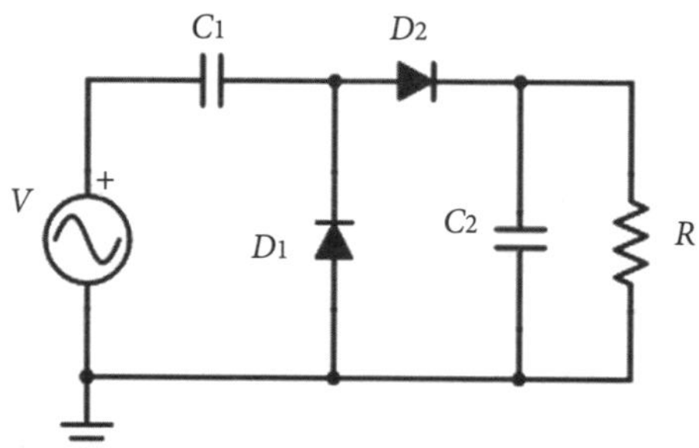

Figura 3.4 Diagrama esquemático de um circuito dobrador de tensão de meia-onda.

No circuito da Figura 3.4, C_1 e D_1 formam um circuito grampeador igual ao descrito na seção 3.2.1. A fonte V fornece uma tensão senoidal com amplitude V. Em condições ideais, após o carregamento de C_1, o potencial elétrico no cátodo de D_1 irá variar entre 0 e $2V$. O conjunto formado por D_2 e C_2 funciona como um detector de pico. Com isso, o capacitor C_2 se carrega com o valor máximo da tensão em D_1, ou seja, $2V$. Desse modo, a tensão de saída para o caso de um valor elevado de R é praticamente uma tensão contínua com o dobro da amplitude de V.

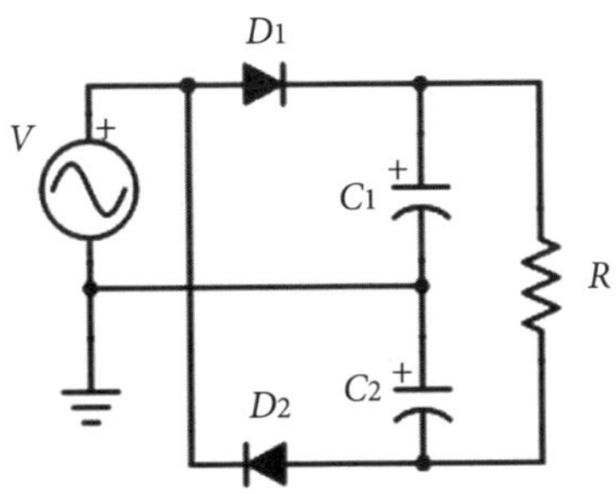

Figura 3.5 Diagrama esquemático de um circuito dobrador de tensão de onda completa.

O circuito dobrador de tensão de onda completa mostrado na Figura 3.5 é, basicamente, formado por dois detectores de pico. A fonte V fornece uma tensão senoidal de amplitude V. No semiciclo positivo, o capacitor C_1 é carregado no valor máximo de V, descontada a queda em D_1. Note que durante o semiciclo positivo D_1 é polarizado diretamente, enquanto D_2 está em polarização reversa, impedindo que C_2 se carregue. No semiciclo negativo, as polarizações dos diodos se invertem, ou seja, D_1 é cortado e D_2 conduz. Com a condução de D_2, o capacitor C_2 também se carrega no valor máximo da tensão da fonte. A Figura 3.5 mostra que os sinais das tensões de carregamento dos capacitores apontam para uma configuração de soma das tensões entre os terminais do resistor R. Portanto, a tensão de saída deverá ser próxima do dobro da amplitude da fonte de tensão alternada. Evidentemente, a constante de tempo estabelecida pelos capacitores e pelo resistor deverá ser elevada o suficiente para evitar que haja descarregamento significativo durante os semiciclos.

3.3 EXPERIMENTOS PROPOSTOS

Nesta seção apresentamos os circuitos sugeridos para estudar inicialmente os circuitos grampeadores (subseção 4.3.1) e, em seguida, os circuitos dobradores de tensão (subseção 4.3.2). A abordagem ao circuito detector de pico será explorada no Capítulo 4, ao estudar a filtragem nas fontes de alimentação.

3.3.1 Circuito grampeador

O experimento consiste na construção de um circuito grampeador e na avaliação da tensão de saída influenciada pela carga resistiva a ser conectada. Deve-se montar o circuito da Figura 3.2 usando-se os seguintes instrumentos e componentes:

- 1 gerador de funções;
- 1 osciloscópio;
- 1 diodo semicondutor 1N4007;
- 1 capacitor de 100 nF;
- 1 resistor de 100 kΩ × ¼ W;
- 1 resistor de 1 kΩ × ¼ W.

Ajuste o gerador de funções para fornecer uma tensão senoidal de 4,0 V de amplitude e frequência de 1 kHz. Inicialmente use $R = 100$ kΩ. Observe a forma de onda da saída por meio do osciloscópio, anote as tensões mínima e máxima. Meça também a tensão média de saída usando um voltímetro CC. Substitua o resistor R por outro com resistência de 1 kΩ × ¼ W e repita as medições descritas.

3.3.2 Dobrador de tensão

O experimento com o circuito dobrador de tensão envolve a montagem dos circuitos com as duas configurações apresentadas nas Figuras 3.4 e 3.5. Os materiais usados nesse experimento são:

- 1 gerador de funções;
- 1 osciloscópio;
- 1 multímetro;
- 1 diodo semicondutor 1N4007;
- 1 capacitor de 100 nF;
- 1 resistor de 100 kΩ × ¼ W;
- 1 resistor de 1 kΩ × ¼ W.

Para o circuito da Figura 3.4, com auxílio do gerador de funções, aplique uma tensão alternada com amplitude de 4,0 V e frequência de 1 kHz. Inicialmente, com o resistor de carga desconectado, meça a tensão de saída do circuito com o osciloscópio e com o multímetro na configuração um voltímetro CC. Em seguida, meça as mesmas tensões com os resistores de carga de 100 kΩ e de 1 kΩ. Avalie as flutuações da tensão no resistor de carga usando o osciloscópio no modo AC.

Repita o experimento com o circuito da Figura 3.5, exceto os procedimentos que envolvam o osciloscópio em medições diretas no resistor de carga. A tensão de saída deve ser aferida com o voltímetro do amperímetro.

3.4 DISCUSSÃO

No circuito grampeador avalie possíveis variações na forma de onda e do valor médio da tensão de saída quando se modifica o valor da resistência de carga. Outro ponto a observar na forma de onda é sobre a possibilidade de haver troca da polaridade do nível DC do sinal de saída (tensões negativas). Para isso, deve-se inverter a polaridade do diodo. Explique como será o funcionamento do circuito para esse caso.

Pode-se modificar a polarização do diodo com auxílio de uma fonte de tensão ligada em série. Na prática essa fonte pode ser uma pilha comum. Essa inserção faz que o nível DC do sinal de saída seja modificado. Sugira e discuta circuitos que permitam fazer esse ajuste.

A discussão sobre os circuitos dobradores de tensão deve passar preliminarmente pela diferenciação das configurações utilizadas. Compare os resultados a partir das resistências de carga, as quais devem afetar o nível de flutuação e o valor médio das tensões de saída. Discuta possíveis configurações para aumentar o fator multiplicativo da tensão de saída, como no caso de circuitos triplicadores e quadriplicadores de tensão.

CAPÍTULO 4
Fontes de alimentação

ESTUDO PRELIMINAR

Para estudar as fontes de alimentação o leitor deve ter estudado preliminarmente o comportamento dos diodos semicondutores de silício e dos filtros capacitivos, além de conhecer os conceitos e nomenclaturas de medições elétricas, como valores médios, valores quadráticos médios (*rms – root mean square*) e valor de pico, normalmente encontrados em livros de análise de circuitos elétricos.

4.1 INTRODUÇÃO

As fontes de alimentação são circuitos usados para converter as tensões alternadas senoidais da rede elétrica em tensões contínuas, normalmente mais baixas, necessárias para a alimentação de circuitos que usam componentes semicondutores. Essas fontes dividem-se em dois grupos: convencionais e chaveadas. Neste capítulo iremos abordar apenas as convencionais.

A função realizada pelas fontes de alimentação convencionais é dividida, basicamente, em três etapas: uma etapa de adequação da tensão, geralmente feita por um transformador eletromagnético; um circuito de retificação, formado por diodos semicondutores e que elimina a alternância da tensão proveniente da rede elétrica; e um filtro passa-baixas, que atenua as flutuações do sinal retificado.

A adequação da tensão é feita por um transformador que aumenta ou diminui a tensão de acordo com as aplicações da fonte. Conforme já mencionado, em geral, emprega-se um transformador abaixador de tensão para uso em circuitos com dispositivos semicondutores. Antigamente, os transformadores das fontes de alimentação possuíam enrolamentos de tensão elevada, da ordem de centenas de Volts, para a polarização dos ânodos das válvulas termoiônicas.

Na etapa de retificação são usados diodos semicondutores para eliminar a troca de polaridade da tensão senoidal fornecida no secundário do transformador. Os diodos podem constituir retificadores de meia-onda ou de onda completa. A saída dos circuitos retificadores fornece uma tensão elétrica flutuante.

Finalmente, um filtro passa-baixas é usado para eliminar a flutuação da tensão provinda do retificador. Esse filtro é, na maior parte das vezes, constituído por um capacitor eletrolítico com capacitância elevada da ordem de centenas de microFarads (μF) ou de alguns miliFarads (mF). Há também outras configurações de filtros que empregam pares de capacitores com resistores e de capacitores com indutores.

Opcionalmente uma etapa reguladora pode ser incluída na fonte após o processo de filtragem. A regulação é interessante para se obter a estabilidade da tensão de saída. As variações de tensão da rede elétrica, assim como o aumento das flutuações (*ripple*) devidas à diminuição da resistência elétrica da carga, são causas de alterações dos níveis de tensão na saída da fonte. Neste capítulo não iremos incluir a etapa reguladora.

O objetivo deste capítulo é estudar o funcionamento de uma fonte de alimentação convencional por meio da investigação de cada uma de suas etapas. Pretende-se também evidenciar as diferenças entre o uso de circuitos retificadores e as origens e o controle do *ripple* com intenção de encontrar as melhores condições de conversão de uma tensão elétrica alternada em contínua.

4.2 TEORIA

Iremos dividir a teoria das fontes de alimentação em partes, de modo que possamos compreender a função desempenhada por cada uma delas. Assim, as subseções 4.2.1 e 4.2.2 abordam os retificadores de meia-onda e de onda completa, respectivamente, e em 4.2.3 são estudados os filtros.

Por razão de maior simplicidade, adotaremos o modelo elétrico do diodo chave replicado na Figura 4.1.

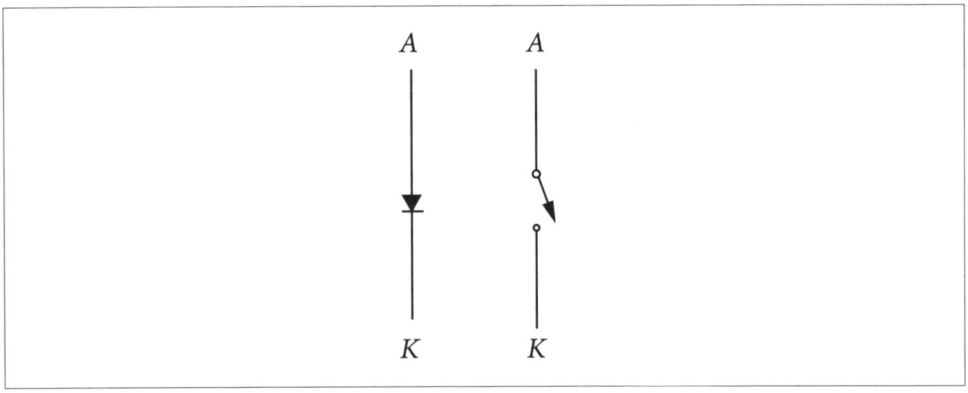

Figura 4.1 Representação do diodo semicondutor como o modelo elétrico chave.

4.2.1 Retificador de meia-onda

O diagrama esquemático do circuito retificador de meia-onda é mostrado na Figura 4.2.

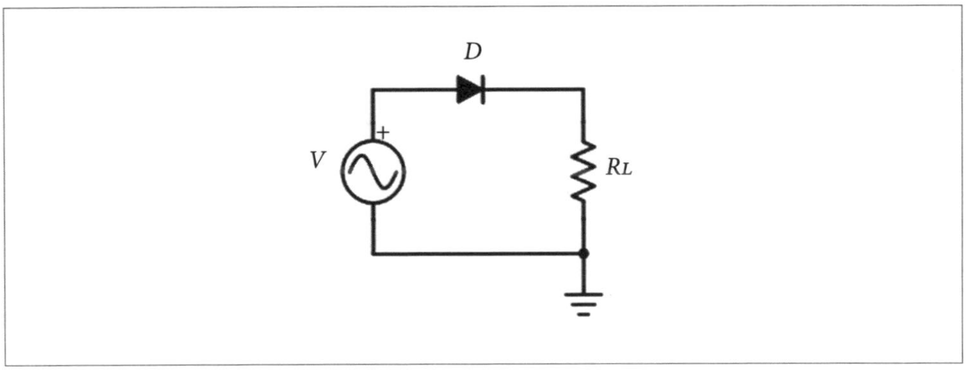

Figura 4.2 Diagrama esquemático do circuito retificador de meia-onda.

Nesse circuito, considerando o modelo da Figura 4.1, a tensão elétrica através do resistor R_L é a mesma da fonte *V* durante o semiciclo positivo. Por outro lado, quando a fonte fornecer tensão no semiciclo negativo, o diodo estará aberto e não haverá corrente em R_L, portanto a tensão nesse componente é 0 V.

A tensão média em R_L, $V_{CC,}$ é dada pela Equação 4.1:

$$V_{CC} = \frac{V_P}{\pi} \qquad (4.1)$$

onde V_P é a tensão de pico (ou amplitude) fornecida pela fonte V.

4.2.2 Retificador de onda completa

O diagrama esquemático do circuito retificador de onda completa (configuração ponte) é mostrado na Figura 4.3.

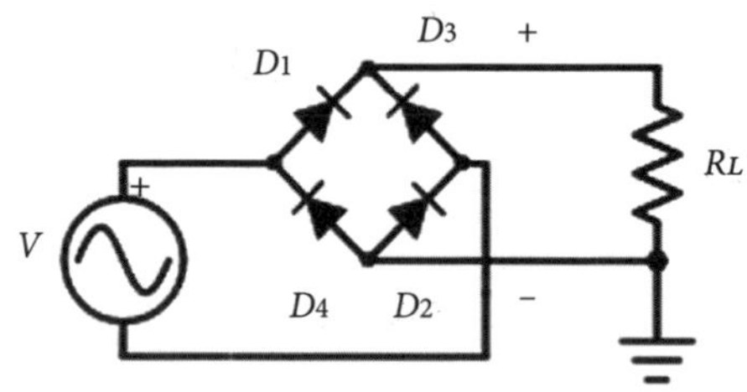

Figura 4.3 Diagrama esquemático do circuito retificador de onda completa.

Nesse circuito, também considerando o modelo de chave para os diodos apresentado na Figura 4.1, verifica-se que em ambos os semiciclos de tensão elétrica produzida pela fonte *V* haverá corrente em R_L no sentido + para –, conforme indicado na Figura 4.3. No semiciclo positivo, D_1 e D_2 conduzem enquanto D_3 e D_4 estão abertos. No semiciclo negativo, os papéis dos diodos se invertem estabelecendo condução por D_3 e D_4 e não condução por D_1 e D_2. Com isso, durante o ciclo completo haverá tensão em R_L sempre igual ao módulo da tensão fornecida pela fonte *V*.

A tensão média da saída desse circuito é dada pela Equação 4.2.

$$V_{CC} = \frac{2V_P}{\pi} \tag{4.2}$$

4.2.3 Filtragem e *ripple*

As tensões de saída dos dois circuitos retificadores apresentados em 4.2.1 e 4.2.2 apresentam flutuações sem troca de polaridade. A forma mais comum de eliminar a flutuação da tensão na saída dos retificadores de meia-onda e de onda completa e, portanto, de alcançar a tensão contínua da fonte de alimentação é feita por meio de um filtro passa-baixas constituído por um capacitor. Esse capacitor é conectado na saída do retificador, como é mostrado nas Figuras 4.4 e 4.5 para os retificadores de meia-onda e onda completa, respectivamente.

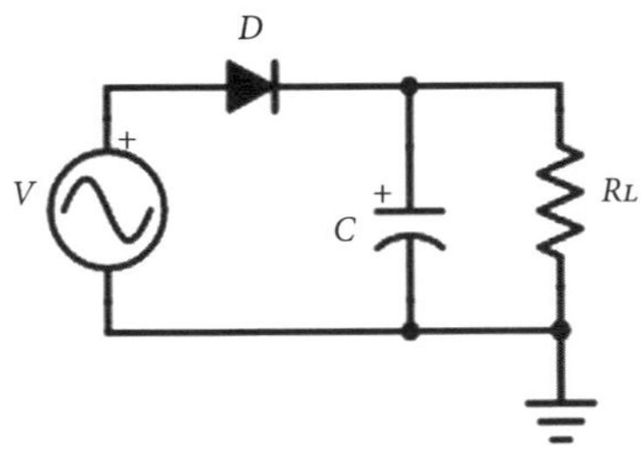

Figura 4.4 Diagrama esquemático do retificador de meia-onda com filtro capacitivo.

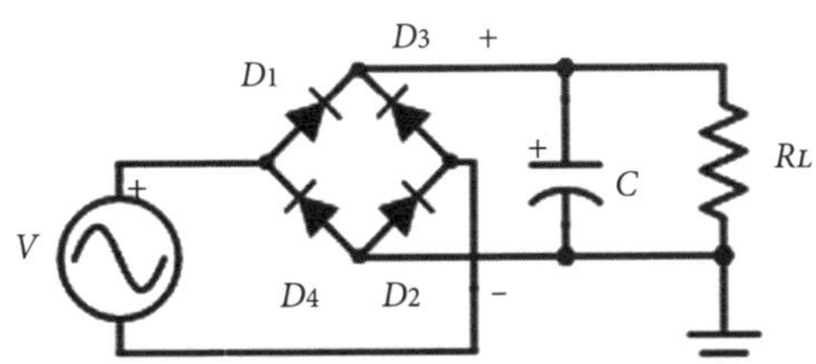

Figura 4.5 Diagrama esquemático do retificador de onda completa com filtro capacitivo.

A tensão máxima alcançada na saída do retificador carrega o capacitor de filtro. Caso a resistência de carga seja infinita, o capacitor não se descarrega e a tensão em R_L é mantida constante, como discutido na avaliação dos circuitos detectores de pico apresentados no Capítulo 3. Todavia, se a resistência de carga é finita, durante o período em que a tensão do retificador é menor que a da carga do capacitor, inicia-se um processo de descarregamento do capacitor através da resistência de carga, fazendo que a tensão de saída em R_L decaia em uma taxa dependente da constante de tempo $\tau = R_L C$. Quanto maior for a constante de tempo, menor será a diminuição da tensão. Quando a tensão nos terminais do capacitor voltar a ser menor que a da saída do retificador, o capacitor volta a carregar-se com a tensão de pico e o processo se repete. A flutuação decorrente do processo de carga e descarga do capacitor é chamada de *ripple*.

O *ripple* pode ser considerado o primeiro inimigo do projetista da fonte de alimentação. Uma tensão livre de variações é importante em todo o circuito eletrônico em que se polarize componentes semicondutores. Assim, é preciso compreender sua natureza e adotar medidas na composição do circuito para que seus efeitos não sejam significativos para a aplicação que se pretenda dar à fonte de alimentação.

Na literatura técnica encontram-se algumas formas de calcular o *ripple*. Contudo, em geral, pode-se considerar um modelo simples decorrente de análises conceituais e de observações experimentais. A tensão de ondulação, V_{ripple}, será menor se menor for a capacidade de descarga do par formado por R_L e C, ou seja, quanto maior for a constante de tempo. Além disso, a maior frequência com que o capacitor se carrega também irá colaborar para a diminuição do *ripple*. Portanto, a tendência é os retificadores de onda completa apresentarem *ripple* mais reduzido. Diante dessas considerações pode-se sugerir a Equação 4.3 para estimar a tensão de ondulação:

$$V_{ripple} = \frac{I_{CC}}{fC} \tag{4.3}$$

onde

I_{CC} é a corrente de carga cc considerando a tensão média de saída ($I = V_{CC}/R_L$);
f é a frequência da tensão elétrica que depende do tipo de retificador utilizado;
C é a capacitância do capacitor de filtro.

4.3 EXPERIMENTOS PROPOSTOS

Os procedimentos para estudo das fontes de alimentação serão direcionados para estudar cada uma das etapas da fonte de alimentação.

4.3.1 Adequação de tensão

Inicialmente iremos alimentar o enrolamento primário de um transformador com a tensão da rede elétrica (127 V_{rms}) e conectar uma carga resistiva no enrolamento secundário (12 V_{rms}) de 1 kΩ × ¼ W, como é mostrado na Figura 4.6.

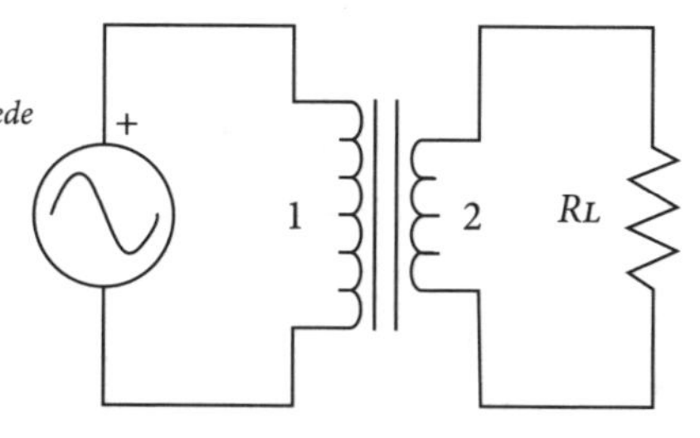

Figura 4.6 Diagrama esquemático do transformador redutor de tensão com o enrolamento primário (1) ligado à rede elétrica e com o enrolamento secundário (2) ligado à carga R_L.

Antes de executar o experimento, para evitar acidentes, certifique-se de que as ligações do transformador estão corretas, uma vez que iremos utilizar tensões da rede elétrica. É recomendável que sejam usadas conexões seguras e dispositivos de proteção para o circuito e para o operador.

Meça a tensão de pico a pico nos terminais da carga resistiva com o osciloscópio. Usando um voltímetro AC, meça a tensão eficaz (*rms*) na carga. Compare os resultados obtidos por meio da relação entre valor pico a pico e valor eficaz.

4.3.2 Retificação da tensão

O experimento de retificação será feito com dois circuitos: retificador de meia-onda e retificador de onda completa.

Para o retificador de meia-onda iremos utilizar o circuito cujo esquemático é mostrado na Figura 4.2. A fonte V é substituída pelo secundário do transformador usado na seção 4.3.1. O experimento consiste em medir a tensão elétrica na carga usando-se o osciloscópio e um multímetro nas funções voltímetro AC e DC.

Os materiais usados nesse experimento são:

- 1 multímetro;
- 1 osciloscópio;
- 1 transformador com primário de 127 V/220 V e secundário de 12 V;
- 1 diodo semicondutor 1N4007;
- 1 resistor de 1 kΩ × ¼ W.

Inicialmente observe a forma de onda da tensão no resistor de carga usando o osciloscópio e meça a tensão pico a pico e a frequência. O multímetro nas funções voltímetro AC e DC medem as tensões eficaz e média, respectivamente. Compare esses valores com a tensão pico a pico obtida com o osciloscópio.

Para o retificador de onda completa iremos usar a configuração de diodos em ponte, cujo diagrama esquemático é mostrado na Figura 4.3. O experimento também consiste em medir a tensão elétrica na carga usando-se o osciloscópio e um multímetro nas funções AC e DC.

Os materiais usados nesse experimento são:

- 1 multímetro;
- 1 osciloscópio;
- 1 transformador com primário de 127 V/220 V e secundário de 12 V;
- 4 diodos semicondutores 1N4007;
- 1 resistor de 1 kΩ × ¼ W.

Repita o procedimento feito com as medições no retificador de meia-onda e faça as mesmas comparações lá sugeridas. Organize uma tabela com os valores obtidos e discuta os resultados com base no cálculo das integrais que levaram aos valores eficaz e médio.

4.3.3 Filtragem

Os diagramas esquemáticos apresentados nas Figuras 4.4 e 4.5 agregam a filtragem aos circuitos retificadores da subseção 4.3.2. O experimento dessa subseção irá modificar os valores das capacitâncias dos filtros e das resistências de carga para que possamos calcular o *ripple* decorrente do processo de carga e descarga do capacitor.

O *ripple* é determinado medindo-se a tensão pico a pico na resistência de carga usando-se um osciloscópio no modo AC. Para avaliarmos as variações do *ripple* faça suas medidas com diferentes pares de capacitâncias de filtro e resistências de carga.

Além do transformador, dos diodos semicondutores e dos instrumentos de medida usados no experimento da subseção 4.3.2 iremos utilizar também:

- 1 capacitor de 220 μF × 25 V;
- 1 capacitor de 2200 μF × 25 V;
- 1 resistor de 220 Ω × ½ W;
- 1 resistor de 1,2 kΩ × ½ W.

Os dois pares de capacitores e resistores podem ser combinados para produzirem diferentes constantes de tempo. Esses pares devem ser testados nas configurações de meia-onda e de onda completa dos retificadores. Elabore uma tabela para facilitar as comparações.

4.4 DISCUSSÃO

Quais são as diferenças de tensão elétrica que podem ser colhidas por meio de medições usando o osciloscópio e o voltímetro? Discuta os resultados obtidos. Fundamente matematicamente essa discussão, visando diferenciar medições com o multímetro (valores médios) e com o osciloscópio (valores de pico a pico).

Quanto ao *ripple*, fatores como os valores de R_L e de C devem ser decisivos na sua produção. No entanto, o tipo de retificador utilizado também tem um papel fundamental devido à alteração da frequência do sinal na entrada do filtro capacitivo. Discuta com atenção todos esses pontos.

Avalie a tensão média na carga para diferentes valores de resistência de carga.

Projete um experimento de uma fonte de alimentação com retificação de onda completa usando 2 diodos retificadores. Nesse caso, é necessário utilizar um transformador que tenha derivação central (*center tape*) no secundário. Compare os resultados dessa configuração com as sugeridas nos experimentos.

CAPÍTULO 5
Circuitos reguladores com diodos Zener

ESTUDO PRELIMINAR

Para estudar os reguladores abordados neste capítulo é necessário conhecer previamente o funcionamento das fontes de alimentação convencionais, as características dos diodos Zener e saber aplicar conceitos de análise de circuitos para o desenvolvimento do projeto de um regulador de tensão simplificado.

5.1 INTRODUÇÃO

Os diodos Zener são dispositivos que se diferenciam dos diodos semicondutores comuns por atuarem, na maior parte de suas aplicações, preferencialmente, mas não mandatoriamente, em polarização reversa. Os diodos Zener operam de maneira controlada na região de avalanche de modo a garantir uma tensão reversa aproximadamente fixa entre seus terminais e suportar variações de corrente reversa nessas condições. As características dos diodos Zener os tornam interessantes para aplicações em que seja necessário obter tensões fixas de referências e, com isso, obter limites elétricos para a proteção dos circuitos.

No Capítulo 2 deste livro foram apresentados circuitos limitadores de tensão e foi sugerido o projeto desses circuitos com base em diodos Zener. Além disso, conforme já foi abordado no Capítulo 4, as fontes de alimentação convencionais produzem *ripple* quando suas saídas são ligadas a cargas resistivas. As tensões de saída dessas fontes também podem ser influenciadas tanto pela variação da resistência de carga como pela variação da tensão elétrica da rede de fornecimento, uma vez que a tensão no enrolamento secundário do transformador da fonte é proporcional à tensão do primário. Um projeto da fonte de alimentação de boa qualidade deve ser desenvolvido estabelecendo como premissa a imunidade a esses tipos de variações. Para isso, em geral, nas fontes de alimentação são incluídos circuitos específicos que atuam na mitigação desses efeitos. A redução do *ripple* e das variações de tensão causadas pelas flutuações das tensões da rede elétrica podem ser alcançadas por meio de circuitos reguladores de tensão.

Existe uma grande quantidade de topologias de circuitos usados para fazer a regulação da tensão de uma fonte. Muitos desses circuitos são disponibilizados no mercado, encapsulados em circuitos integrados. O princípio fundamental de operação desses circuitos reguladores é baseado na comparação de uma tensão amostrada na saída da fonte com uma tensão de referência. A tensão de referência é, normalmente, obtida com circuitos que possuem diodos Zener. O resultado da comparação produz a tensão estabilizada e desejada na saída da fonte de alimentação.

O objetivo desse experimento é estudar o diodo Zener e sua utilização como componente fundamental na construção de circuitos reguladores como o dispositivo que estabelece a tensão de referência. O estudo aqui apresentado será direcionado inicialmente para a compreensão das características do diodo Zener e para a determinação da sua curva característica. Posteriormente, a partir dessa curva, será desenvolvido um projeto de um regulador de tensão simples.

5.2 TEORIA

Como é feito com os diodos semicondutores comuns, muitas vezes se emprega um circuito elétrico equivalente para representar um diodo Zener. Devido à particular condição de ter sua operação prioritária restrita à polarização reversa, na maior parte dos casos, o circuito equivalente do diodo Zener abole a componente da chave encontrada nos diodos comuns. A Figura 5.1 mostra o circuito equivalente do diodo Zener.

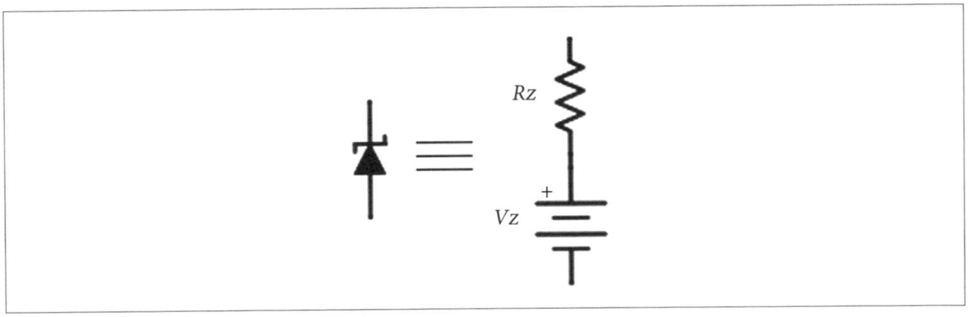

Figura 5.1 Modelo elétrico do diodo Zener.

Na representação da Figura 5.1, V_Z é a tensão Zener e R_Z é a resistência de corpo. Esse modelo é válido se a operação do Zener ocorrer com correntes dentro de uma faixa de valores apropriada, compreendendo um valor mínimo ($I_{Zmín}$) e um valor máximo ($I_{Zmáx}$), na região de avalanche, abaixo dos limites de dissipação do componente. Em algumas análises de circuitos que envolvem os diodos Zener, R_Z, por ter valor reduzido, não é usado nos cálculos. Na Figura 5.2 é apresentada a curva característica de um diodo Zener, em que se destaca a região de operação do dispositivo, com tensão V_Z aproximadamente constante, entre $I_{Zmín}$ e $I_{Zmáx}$.

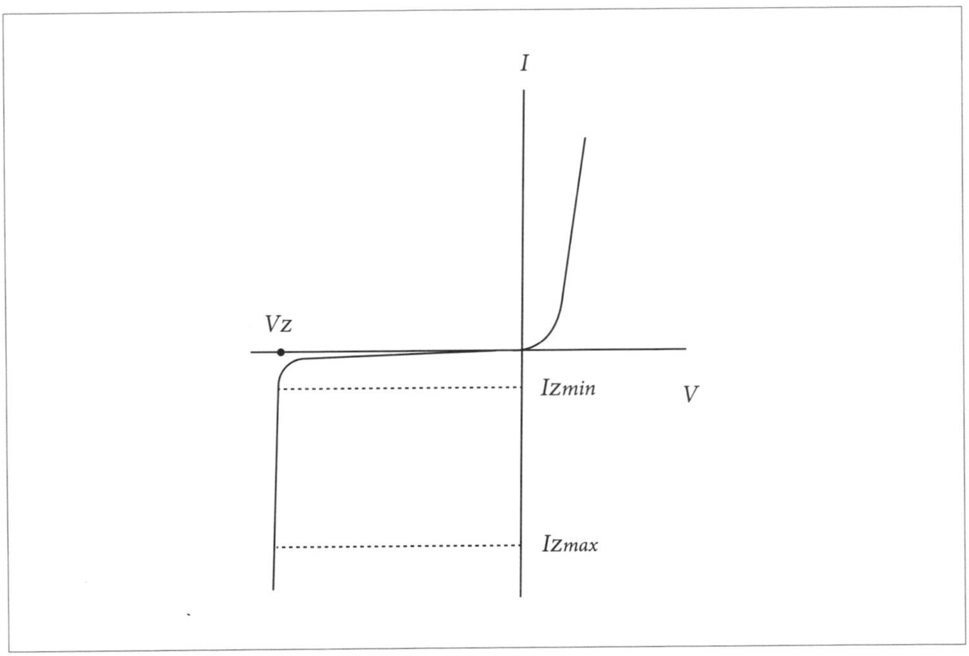

Figura 5.2 Curva característica de um diodo Zener.

O circuito básico de um regulador de tensão com diodo Zener é mostrado na Figura 5.3.

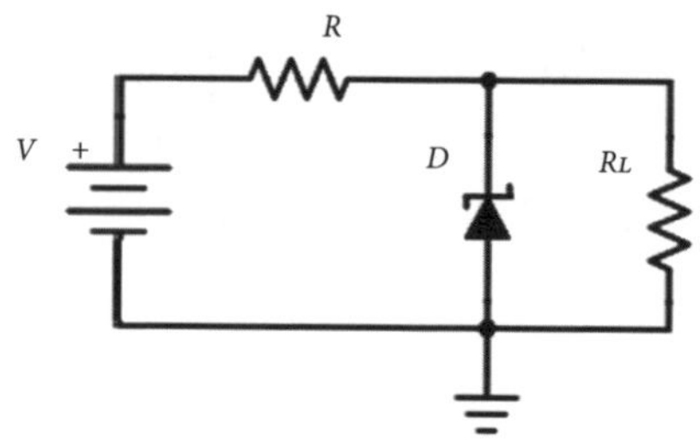

Figura 5.3 Circuito básico de um regulador de tensão simples com diodo Zener.

Para estudar esse circuito iremos substituir o diodo Zener pelo modelo elétrico mostrado na Figura 5.1 e desprezar R_Z. Nesse circuito, a fonte de tensão V proporciona a corrente I_R que circula resistência de R e se divide pelo Zener e pela carga R_L, I_Z e I_{RL}, respectivamente, como indicado na equação 5.1:

$$I_R = I_Z + I_{RL} \tag{5.1}$$

Desde que a corrente I_Z esteja na faixa de operação do componente, entre $I_{Zmín}$ e $I_{Zmáx}$, a tensão nos terminais do diodo Zener estará aproximadamente fixa em V_Z e, portanto, a tensão de saída em R_L terá o mesmo valor. Desse modo, pela lei de Kirchhoff para tensões,

$$V = V_R + V_Z \tag{5.2}$$

onde V_R é a tensão em R.

As distribuições de correntes e tensões no circuito do regulador apresentadas nas equações 5.1 e 5.2 podem passar por duas situações de alteração dos valores: a variação de V e a variação de R_L. Quando V diminui para seu valor mínimo, $V_{mín}$, a corrente I_R também decai. No entanto, o valor de I_R deve ser suficiente para garantir $I_{Zmín}$ na condição em que I_{RL} for máxima, ou seja, quando R_L for mínima. Essa condição é suficiente para que possamos determinar o valor de R usando a equação 5.3:

$$R = \frac{V_{min} - V_Z}{I_{Zmin} + I_{RLmax}} \tag{5.3}$$

Por outro lado, quando V aumenta para seu valor máximo, $V_{máx}$, a corrente I_R aumenta e estabelece a máxima potência dissipada em R. Além disso, nessa situação, quando a carga estiver consumindo a corrente mínima $I_{RLmín}$, o diodo Zener estará sob máxima dissipação de potência, $P_{Zmáx}$, percorrido por $I_{Zmáx}$. A partir disso, pode-se determinar as potências máximas dissipadas pelo resistor R ($P_{Rmáx}$) e pelo diodo Zener ($P_{Zmáx}$), dadas pelas equações 5.4 e 5.5, respectivamente:

$$P_{Rmax} = \frac{\left(V_{max} - V_Z\right)^2}{R} \tag{5.4}$$

$$P_{Zmax} = V_Z I_{Zmax} \tag{5.5}$$

Os valores obtidos com essas potências irão determinar as potências nominais dos componentes do regulador de tensão.

5.3 EXPERIMENTOS PROPOSTOS

Propomos a realização de dois experimentos para estudar o diodo Zener. O primeiro consiste na obtenção da curva característica de um diodo Zener na sua região de operação, ou seja, sob polarização reversa. O segundo experimento consiste em projetar um circuito regulador conforme o equacionamento desenvolvido na seção 5.2, construir o circuito e emular um *ripple* a partir da alteração manual da tensão elétrica fornecida pela fonte de alimentação que fornece a potência ao circuito, desde que os valores não ultrapassem a margem de regulação prevista no projeto.

5.3.1 A curva característica de um diodo Zener

A curva característica do diodo Zener é facilmente obtida usando-se a metodologia convencional já explorada no Capítulo 1 deste livro. No entanto, como o diodo Zener só é utilizado em polarização reversa para a função de regulação, apenas será determinada a curva no quadrante com tensões e correntes negativas (terceiro quadrante).

O experimento consiste em aplicar tensões reversas ao diodo Zener e medir as respectivas correntes que passam por esse componente. O circuito da Figura 5.4 é usado para obtenção da curva.

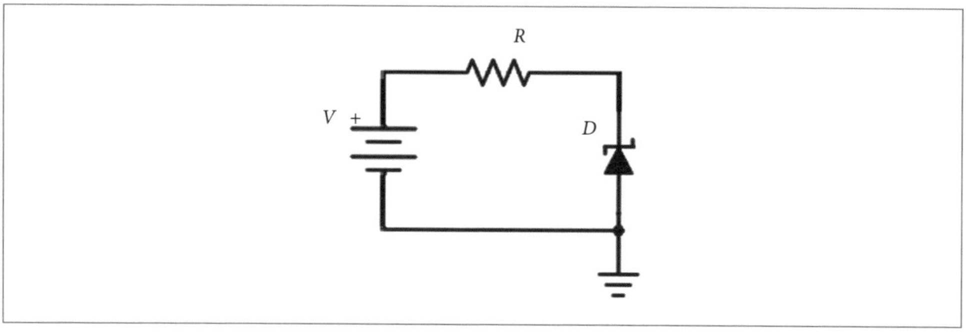

Figura 5.4 Diagrama esquemático do circuito usado para determinar a curva característica do diodo Zener.

Os materiais usados nesse experimento são:

- 1 fonte de alimentação ajustável entre 0 e 10 V;
- 2 multímetros;
- 1 diodo Zener 1N4733A (5,1V × 1 W);
- 1 resistor de 330 Ω × ¼ W.

O procedimento é similar ao usado para determinar a curva característica do diodo semicondutor comum. Use um dos multímetros na função voltímetro CC para monitorar a tensão no diodo Zener (V_Z). O outro multímetro é usado como amperímetro para medir as correntes no circuito (I_Z). Varie a tensão da fonte de 0 a 10 V em passos de 0,5 V, anotando para cada valor os pares (V_Z, I_Z). Com esses valores é possível fazer a curva característica ($V_Z \times I_Z$) e determinar as potências dissipadas em função da corrente I_Z.

Na região de operação do diodo Zener, ou seja, quando V_Z ficar em torno de 5,1 V, será notado que a curva característica possui uma inclinação muito próxima de um traçado vertical. Por meio dessa inclinação, calculada por $\Delta I_Z / \Delta V_Z$, obtém-se o valor inverso da resistência interna do componente. A inclinação com 90º seria a condição ideal, com resistência interna nula, retratada no modelo do projeto do circuito regulador.

5.3.2 O circuito regulador de tensão

De posse da curva característica do diodo Zener, podemos adotar o valor de I_Z mínimo para que ingressemos na região de regulação do componente. O valor de I_Z mínimo pode ser escolhido pela observação da curva do diodo Zener de modo a identificar a corrente em que a tensão V_Z apresenta variações desprezíveis. Essa corrente é de, aproximadamente, 10 mA para o diodo escolhido na seção 5.3.1.

Para o desenvolvimento do experimento iremos projetar o regulador de tensão esquematizado na Figura 5.2 a fim de obter uma tensão de saída de 5,1 V em uma carga R_L que consuma entre 20 e 50 mA. A tensão de entrada irá variar entre 6,0 e 8,0 V.

Assim, com auxílio das equações 5.3 a 5.5 obtemos os valores dos componentes a serem utilizados no circuito regulador. É importante notar que o valor de R calculado com a equação 5.3 pode não ser comercial. Nesse caso, deve-se adotar sempre um valor comercial imediatamente inferior ao calculado para que seja garantida a corrente mínima no diodo Zener. É evidente que as potências nominais dos componentes devem ser superiores àquelas obtidas com o cálculo. Considere usar potências nominais de pelo menos 50% a mais do que o calculado.

O procedimento para testar o circuito é simples. Basta impor as situações extremas de tensão de entrada (6,0 a 8,0 V) e da corrente na resistência de carga (20 a 50 mA) e medir a tensão V_{RL} para conferir se o valor permanece inalterado. O ajuste da fonte de alimentação do circuito é suficiente para promover os testes de regulação do circuito projetado.

5.4 DISCUSSÃO

O experimento para obtenção da curva característica do diodo Zener mostra que o dispositivo possui resistência interna bastante reduzida. Assim, o modelo em que se exclui essa resistência é uma aproximação razoavelmente adequada. Discuta possíveis efeitos dessa resistência interna no desenvolvimento do projeto do circuito regulador.

Uma das dificuldades de projeto com a configuração do regulador de tensão desenvolvido é a potência a ser dissipada pelos componentes. Evidentemente, componentes que dissipam potências elevadas são indesejáveis por conta do calor produzido e do volume físico. Faça uma discussão sobre os fatores que influenciam no aumento da potência dissipada tanto pelo resistor R como pelo diodo Zener. Avalie a viabilidade desse circuito em um outro projeto que empregue resistências de carga severas e largas variações da tensão da fonte.

CAPÍTULO 6
Curvas características de transistores bipolares

ESTUDO PRELIMINAR

Para a elaboração de curvas características de transistores bipolares é necessário conhecer a teoria básica das junções PN, assim como a estrutura, o funcionamento e a polarização dos transistores.

6.1 INTRODUÇÃO

A palavra *transistor* deriva do termo "transferência de resistência". Isso significa que se trata de um dispositivo em que é possível controlar a sua resistência por meio de uma tensão ou corrente elétrica. Os transistores se dividem em dois grupos: unipolares e bipolares. Os transistores unipolares são os transistores de efeito de campo (FET – *Field Effect Transistor*) e serão abordados nos capítulos 13 a 15. Neste capítulo trataremos da determinação das curvas características dos transistores bipolares.

A literatura sobre teoria de componentes semicondutores apresenta detalhes da estrutura interna e do funcionamento dos transistores bipolares. Esses transistores possuem três terminais, denominados: base (B), coletor (C) e emissor (E). Internamente, há duas junções semicondutoras PN, a junção BE e a junção CB. Há dois tipos de transistores bipolares – o NPN e o PNP, e a sequência dessas letras identifica o semicondutor extrínseco que compõe cada uma das partes do transistor na sequência C, B e E, respectivamente. A Figura 6.1 mostra os símbolos dos transistores NPN e PNP.

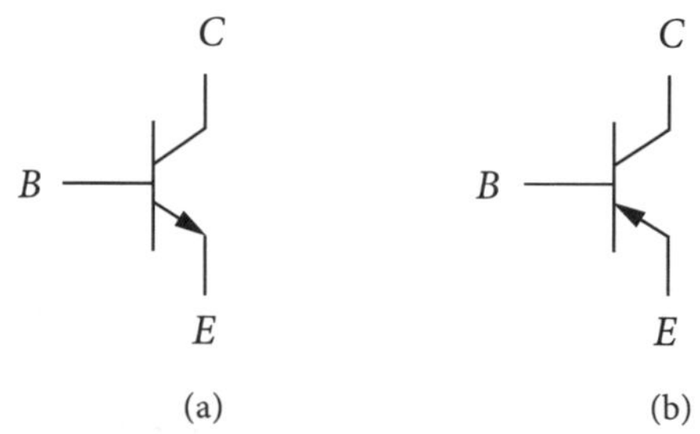

Figura 6.1 Simbologia dos transistores bipolares, (a) NPN e (b) PNP.

A polarização dos transistores consiste em aplicar tensões elétricas nas junções PN e tem como resultado a obtenção de correntes através dos terminais do transistor. As tensões no transistor são designadas por V_{BE} (tensão entre base e emissor), V_{CB} (tensão entre coletor e base) e V_{CE} (tensão entre coletor e emissor); e as correntes por I_B (corrente de base), I_C (corrente de coletor) e I_E (corrente de emissor).

Dependendo da polarização dessas junções, os transistores bipolares podem operar em três regiões de trabalho: corte, saturação e ativa. As regiões de corte e de saturação são direcionadas para a atuação dos transistores em aplicações que envolvam comutação. O fluxo de corrente através de C e E é aberto no corte e fechado na saturação, de modo a contemplar um comportamento similar ao de uma chave. Na região ativa o transistor opera no controle linear de I_C a partir de I_B. O parâmetro β é a constante de proporcionalidade entre I_C e I_B, que depende das características de construção do componente e da temperatura de operação. A Tabela 6.1 relaciona a polarização das junções com as regiões de trabalho e sua principal característica de operação.

Tabela 6.1 Polarização e características das regiões de operação dos transistores bipolares

Região de operação	Polarização da junção BE (V_{BE})	Polarização da junção CB (V_{CB})	Característica
Corte	Reversa	Reversa	Chave aberta
Saturação	Direta	Direta	Chave fechada
Ativa	Direta	Reversa	$I_C = \beta I_B$

A representação gráfica mais comum do comportamento elétrico dos transistores e a mais útil para a maioria das aplicações é a que relaciona I_C em função de V_{CE} para diversos valores de I_B. Essa representação consiste em uma família de curvas, em que cada uma delas está associada a um dado valor de I_B, plotada em um gráfico de V_{CE} (eixo das abcissas) versus I_C (eixo das ordenadas). O gráfico resultante dessa família de curvas permite localizar os pontos referentes a cada uma das regiões de operação e, particularmente, no caso da região ativa, também possibilita estimar o valor de β.

O objetivo do experimento desenvolvido neste capítulo é apresentar uma metodologia que permita determinar as curvas de I_C em função de V_{CE} para um conjunto de valores de I_B. A partir dessas curvas será possível identificar as regiões de trabalho e estimar os valores de β e da resistência de Early. As informações obtidas serão úteis para o desenvolvimento de projetos e de experimentos nos capítulos subsequentes.

6.2 TEORIA

Vamos estudar o comportamento dos transistores bipolares partindo do pressuposto de que a junção BE está polarizada diretamente. Considerando que o transistor seja do tipo NPN, com essa polarização direta entre base e emissor, a corrente I_E será prioritariamente composta de uma grande quantidade elétrons da região do emissor (dopagem do tipo N). Isso ocorre devido à forte dopagem do emissor. Na base, por ser estreita e levemente dopada, poucos elétrons se recombinam com as lacunas. Com isso, a maior parte desses elétrons é atraída pelo potencial positivo ligado ao coletor e, portanto, $I_E = I_B + I_C$. Diante disso, pode-se dizer que a corrente I_C é praticamente igual a I_E. A corrente em uma junção PN polarizada diretamente foi apresentada no Capítulo 1; assim, I_C pode ser escrita como

$$I_C = I_S e^{\frac{V_{BE}}{V_T}} \tag{6.1}$$

onde

I_S é a corrente de saturação;

V_T é a tensão térmica.

A corrente de base I_B será uma fração de I_C dada pela equação 6.2. Essas correntes definem o parâmetro β

$$I_B = \frac{I_C}{\beta} \tag{6.2}$$

A partir da equação 6.2 e da definição de I_E ($I_E = I_B + I_C$), obtém-se o parâmetro α, como mostra a equação 6.3:

$$\alpha = \frac{\beta}{\beta + 1} \tag{6.3}$$

Em transistores de média potência o valor de β é sempre superior a 100 e, consequentemente, α será sempre ligeiramente inferior a 1.

A equação (6.1) mostra que I_C é independente de V_{CB}; portanto, considerando que V_{BE} é constante (0,7 V para transistores de silício), I_C seria independente de V_{CE}, uma vez que $V_{CE} = V_{BE} + V_{CB}$. Assim, um gráfico simplificado de V_{CE} versus I_C será formado por um conjunto de linhas horizontais, em que cada qual está identificada a uma corrente de base. Cada uma dessas linhas traduz o comportamento de uma fonte de corrente ideal de valor I_C, controlada por I_B, e independente de V_{CE}. A Figura 6.2 ilustra esse comportamento.

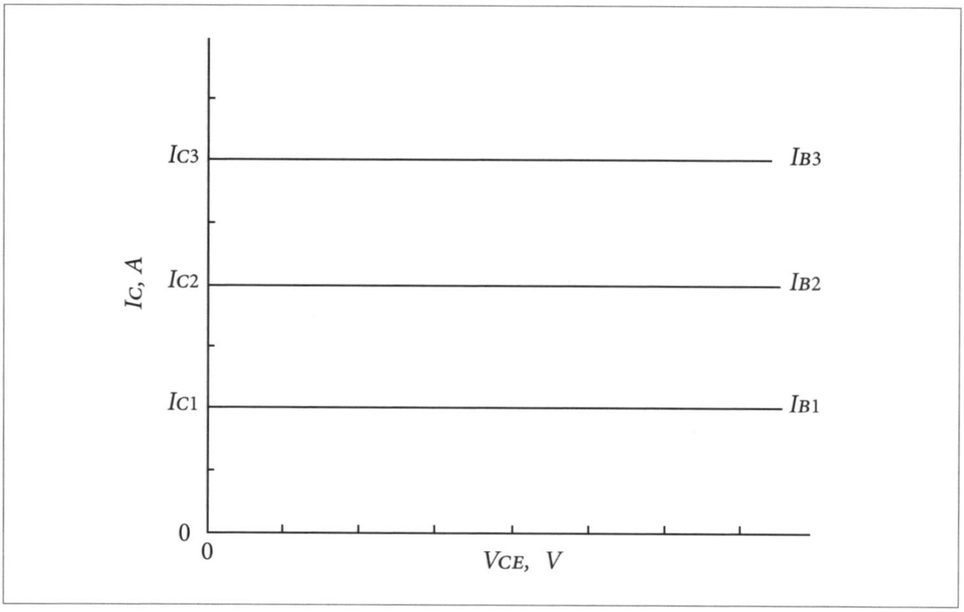

Figura 6.2 Comportamento ideal da corrente de coletor I_C em função de V_{CE} para diversos valores de I_B.

Todavia, não há uma plena independência de I_C em relação a V_{CE} e, na prática, as curvas obtidas experimentalmente apresentam uma certa inclinação, evidência de característica resistiva entre o coletor e o emissor. Essa resistência é chamada de resistência de Early. A correção I_C na equação 6.1, incluindo a resistência de Early, é reescrita pela redefinição da constante I_S como $I_S\,(1 + V_{CE}/V_A)$. Com isso, obtém-se a equação 6.4:

$$I_C = I_S e^{\frac{V_{BE}}{V_T}}\left(1+\frac{V_{CE}}{V_A}\right) \tag{6.4}$$

onde

V_A é chamada de tensão de Early, cujo significado é ilustrado na Figura 6.3.

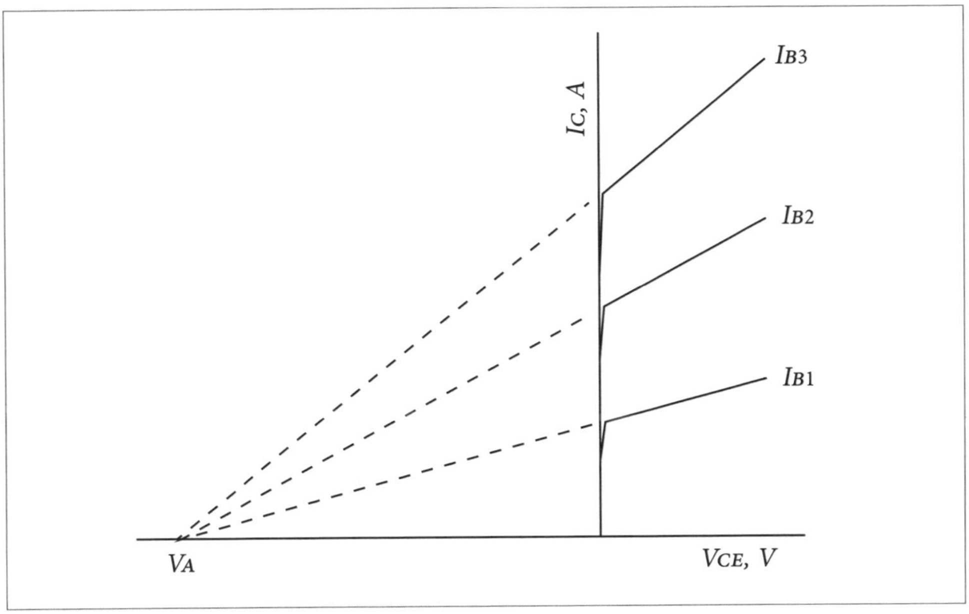

Figura 6.3 Corrente de coletor I_C em função de V_{CE} para diversos valores de I_B, levando-se em conta a resistência de Early. As linhas contínuas representam as curvas características do transistor. As linhas tracejadas representam o prolongamento tangencial das curvas do transistor na região ativa.

A resistência de Early, denotada por r_0, pode ser determinada pela equação 6.5:

$$\frac{1}{r_0} = \frac{\partial I_C}{\partial V_{CE}} \tag{6.5}$$

A potência dissipada pelos transistores deve-se principalmente à corrente de coletor. A potência dissipada devida à junção BE normalmente é desconsiderada, pois I_B é muito menor que I_C nos transistores de média potência. Desse modo, a potência dissipada, P_D, é dada pela equação 6.6:

$$P_D = V_{CE} I_C \tag{6.6}$$

A equação (6.6) define o valor máximo de dissipação de potência que pode ser representada no gráfico de I_C em função de V_{CE}. A Figura 6.4 mostra um exemplo dessa curva. Valores de potência que se encontram sob essa curva, ou seja, compreendidos pelos eixos coordenados, pelos valores máximos de I_C e V_{CE} ($I_{Cmáx}$ e $V_{CEmáx}$) e pela Equação 6.6, são permitidos e garantem que a dissipação de potência ocorrerá sem danificar o transistor. Necessariamente, para qualquer operação, o transistor deve estar polarizado com pares (V_{CE}, I_C) pertencentes a essa área. Valores de potência obtidos que transcendem a delimitação acima estão em uma região proibida de polarização do transistor.

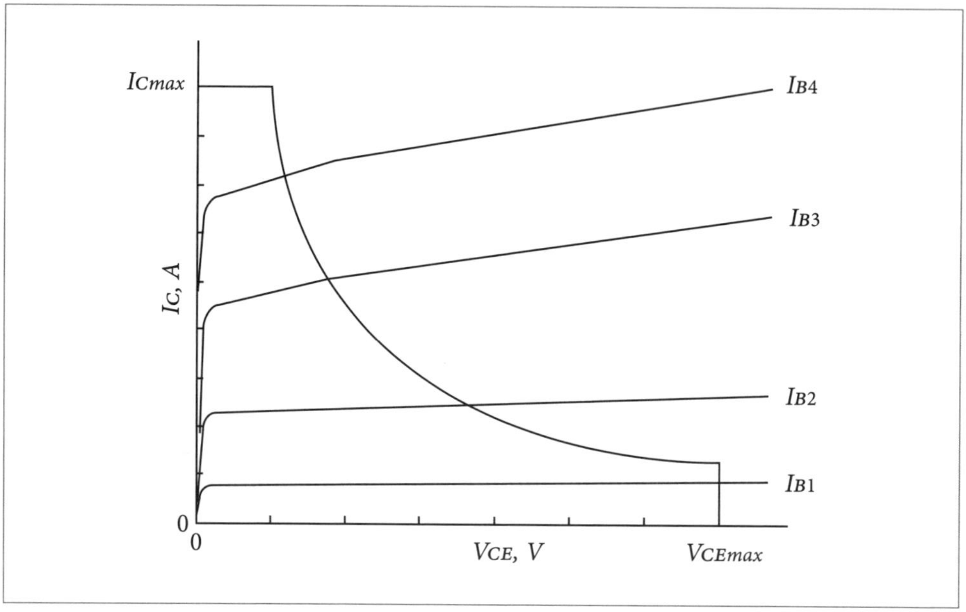

Figura 6.4 Curvas de I_C em função de V_{CE} para 4 valores de I_B e limitação de potência de dissipação pela parábola de potência e valores máximos de I_C e V_{CE}.

6.3 EXPERIMENTOS PROPOSTOS

O experimento a ser desenvolvido consiste na determinação das curvas $V_{CE} \times I_C$ do transistor BD135. A Figura 6.5 mostra o diagrama esquemático da montagem que é usada no experimento.

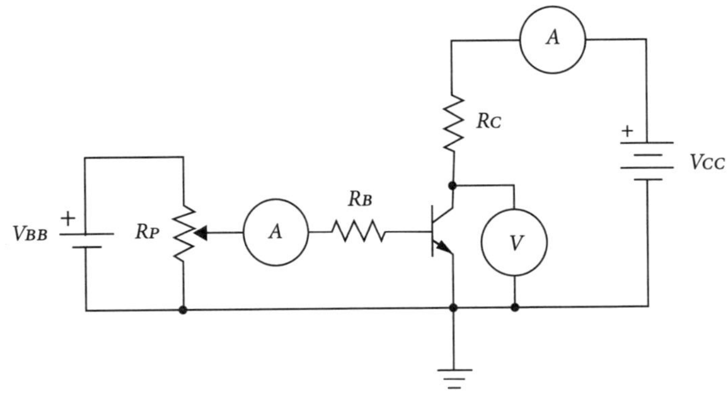

Figura 6.5 Diagrama esquemático do circuito utilizado para determinar as curvas de corrente de coletor em função da tensão entre coletor e emissor.

Os materiais usados no experimento são:

- 1 fonte de tensão contínua fixa de 5 V para V_{BB};
- 1 fonte de tensão contínua ajustável entre 0 e 30 V para V_{CC};
- 1 transistor BD135;
- 1 resistor de 910 Ω × 1/2 W para R_B;
- 1 potenciômetro de 47 kΩ para R_P;
- 1 resistor de 220 Ω × 5W para R_C;
- 3 multímetros, sendo 2 usados como amperímetro para medir I_B e I_C e 1 usado como voltímetro para medir V_{CE}.

Antes de iniciar o procedimento experimental, deve-se determinar o valor do parâmetro β do transistor usando um multímetro digital para futura comparação com o resultado a ser obtido experimentalmente.

O procedimento consiste em ajustar valores de I_B por meio de R_P e, para cada I_B mantido fixo, variar a tensão de V_{CC} de 0 a 30 V, medindo-se as evoluções de I_C e V_{CE}. Com isso, para cada valor de I_B obtêm-se pares de (V_{CE}, I_C) que comporão cada uma das curvas anteriormente mencionadas.

As variações de corrente na região de saturação exigem habilidades quanto ao melhor uso dos multímetros. Procure ajustar as escalas dos multímetros utilizados de modo que suas medições ocorram sempre com o maior número de dígitos significativos.

Os valores de I_B em μA que devem ser usados no experimento são: 0, 50, 100, 150, 200, 250 e 300. Esses valores são adequados para o transistor utilizado neste experimento. Para cada uma dessas correntes, deve-se começar de 0 V em V_{CC} e aumentar em passos para que as tensões V_{CE} sejam alcançadas. As tensões V_{CE}, em Volts, são: 0, 0,05, 0,1, 0,15, 0,2, 0,5, 1,0, 3,0, 5,0, 7,5, 10,0 e 15,0. Note que os passos dos primeiros 4 valores de V_{CE} são de 50 mV, fazendo que o experimento seja conduzido cuidadosamente, pois nessa faixa estamos na região de saturação do transistor em que as variações de I_C são mais pronunciadas.

Uma vez plotadas as curvas, observe e encontre no gráfico as regiões de corte, saturação e ativa do transistor. Pode-se determinar o valor de β escolhendo-se dois valores de I_C para a mesma tensão V_{CE} e de valores de I_B distintos. Os pares (V_{CE}, I_C) escolhidos devem estar na região ativa do transistor. O cálculo de β é feito com a equação 6.7:

$$\beta = \frac{\Delta I_C}{\Delta I_B} \tag{6.7}$$

Consultando-se a folha de dados do BD135, fornecida pelo fabricante, encontramos os valores máximos de V_{CE}, I_C e P_D (em temperatura ambiente) em 45 V, 1,5 A e 1,25 W, respectivamente, necessários para determinar a região de operação segura do transistor.

O próximo passo é determinar a resistência de Early por meio da inclinação das curvas na região ativa. Para isso, aplica-se uma aproximação da equação 6.5 com $1/r_0 = \Delta I_C/\Delta V_{CE}$. Por meio de r_0 pode-se calcular o valor da tensão de Early. Desenvolva um procedimento para obter V_A.

6.4 DISCUSSÃO

A escolha de um transistor bipolar para o projeto de um circuito passa, necessariamente, por um estudo preliminar e minucioso da folha de dados fornecida pelo fabricante para que tenhamos certeza de que o dispositivo a ser utilizado é ou não adequado. Minimamente é necessário conhecer o parâmetro β, os valores máximos de I_C e V_{CE} e a potência dissipada, P_D. Ao final do procedimento experimental adotado pode-se avaliar questões relacionadas aos valores de operação do dispositivo, confrontando-se as informações fornecidas pelo fabricante e as obtidas no experimento.

É importante salientar que a condução desse experimento deve ser feita com bastante cuidado, pois empregam-se correntes de base da ordem de μA que são obtidas por meio do ajuste de um potenciômetro. Certifique-se quanto às condições mecânicas de operação do potenciômetro para garantir que as correntes I_B sugeridas no experimento sejam, de fato, inseridas na base do transistor. Há potenciômetros de ajuste fino disponíveis no mercado que podem ser usados no experimento para facilitar a obtenção dos valores de I_B.

A fonte V_{CC} que foi utilizada no experimento pode ser ajustada entre 0 e 30 V. Sob tensões V_{CC} mais elevadas e utilizando-se de correntes de base maiores que as propostas no experimento, pode-se criar situações de saturação do transistor. Com isso, a curva não será completada para todos os valores de V_{CE} propostos. Discuta se esse problema pode ser corrigido e indique os cuidados que devem ser tomados para evitar danos aos componentes.

CAPÍTULO 7
Fonte de corrente com transistor bipolar

ESTUDO PRELIMINAR

O estudo deste capítulo deve ser precedido pela compreensão dos fundamentos de análise de circuitos básicos com transistores bipolares. Em vista das aplicações decorrentes do uso do transistor como fonte de corrente, também necessitamos que o leitor esteja familiarizado com dispositivos optoeletrônicos (diodos emissores de luz [LEDs] e fototransistores) e regulação em fontes de alimentação.

7.1 INTRODUÇÃO

Uma fonte de corrente ideal é um dispositivo que fornece sempre uma dada corrente a um dado dispositivo de carga, independentemente da sua resistência (ou impedância). Por outro lado, as fontes de corrente reais seriam fontes ideais com resistência interna ligadas em paralelo, de modo que a corrente total fornecida circula pela resistência interna e pela carga. Diferentemente de uma fonte de tensão, em que dispomos de dispositivos com essa finalidade (p. ex., as baterias eletroquímicas), as fontes de corrente são obtidas por meio de circuitos eletrônicos.

Os circuitos equivalentes de transistores, tanto bipolares como unipolares, contemplam fontes de corrente. Dessa forma, esses transistores desempenham um papel importante para a obtenção de circuitos que emulem fontes de corrente. Como exemplo, com transistores bipolares é possível construir circuitos em que a corrente que circula por um dado dispositivo seja controlada por uma tensão.

Para ilustrar a aplicação das fontes de corrente, podemos adotar como exemplo o acionamento de dispositivos optoeletrônicos como os diodos emissores de luz (LEDs). Os LEDs são diodos especiais que operam sob polarização direta. Na junção PN que os compõe, durante o processo de recombinação, os portadores majoritários perdem energia e emitem fótons. No mercado existem diferentes tipos de LED que percorrem o espectro eletromagnético visível e invisível. A intensidade luminosa emitida pelos LEDs é proporcional à sua corrente direta. Dessa forma, para muitas aplicações em que o controle da luminosidade é importante, esse dispositivo deve ser alimentado por correntes constantes. O símbolo esquemático de um LED é mostrado na Figura 7.1.

Figura 7.1 Representação esquemática de um LED.

Ainda, sobre a aplicação com LEDs, podemos citar o uso de dispositivos optoacopladores. Esses dispositivos apresentam-se em circuitos integrados que incluem, internamente, um LED e um fototransistor, como é mostrado na Figura 7.2. Há também outros dispositivos construídos com outros componentes que desempenham papel similar. Os optoacopladores são úteis para isolar eletricamente dois circuitos, sendo muito adequados para situações em que a proteção elétrica é imprescindível.

Figura 7.2 Símbolo esquemático de um optoacoplador.

Finalmente, e em complementação aos circuitos reguladores de tensão apresentados no Capítulo 5, os transistores podem ser utilizados com amplificadores de corrente a partir de uma tensão usada como referência. Essa estratégia de desenvolvimento de circuitos reguladores de tensão é muito presente, tanto em circuitos discretos como em circuitos integrados usados para mesma finalidade, no projeto de fontes de alimentação.

O objetivo deste capítulo é mostrar como um transistor pode ser usado como fonte de corrente. Embora as aplicações das fontes de corrente não se restrinjam aos circuitos com interação óptica e a reguladores de tensão, usamos esses exemplos para ilustração das aplicações e reconhecimento das propriedades de uma fonte de corrente.

7.2 TEORIA

Um transistor pode operar como fonte de corrente controlada por tensão. A configuração básica de uma fonte de corrente com transistor é mostrada na Figura 7.3. Ao aplicar uma tensão V_{BB} na base do transistor, obtém-se uma diferença de potencial V_E (entre o emissor do transistor e a terra) no resistor R_E, e, portanto, uma corrente fixa I_E se estabelece pelo transistor. Esse circuito é praticamente imune a variações de β, uma vez que a corrente de coletor é fixada pela resistência de R_E. A tensão V_E é determinada pela equação 7.1:

$$V_E = V_{BB} - V_{BE} \tag{7.1}$$

Como V_{BE} é praticamente fixo, a tensão V_E está atrelada ao valor de V_{BB}. Esse conceito é chamado de amarramento (*bootstrap*).

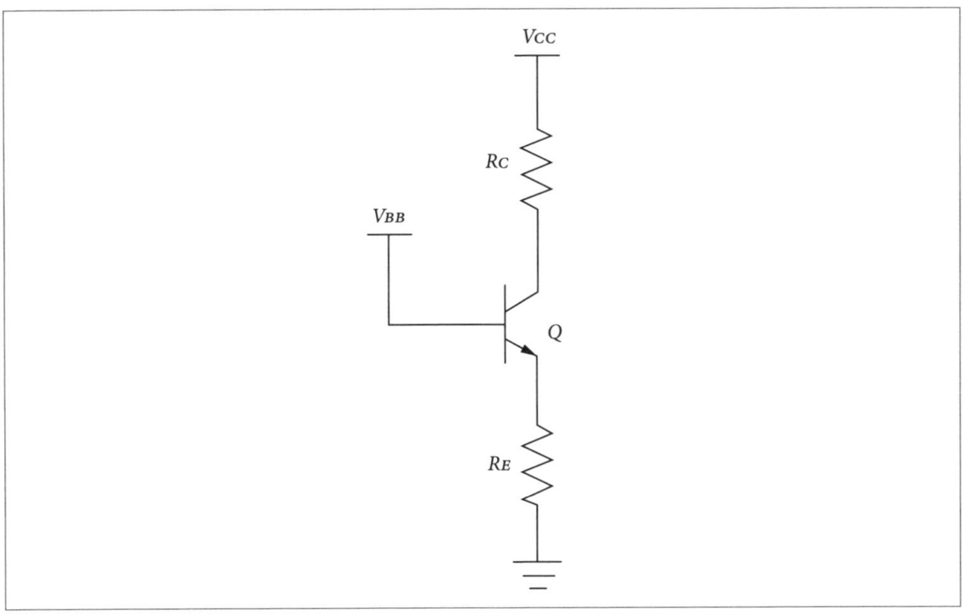

Figura 7.3 Diagrama esquemático de um circuito de fonte de corrente com transistor bipolar.

Deve ser observado que a corrente I_C é praticamente igual a I_E, e definida por R_E e V_{BB}. Portanto, desde que os valores de R_C e R_E não sejam muito elevados para não colocar o ponto de operação do transistor na região de saturação ($V_{CE} \approx 0$ V), o valor da resistência R_C não influencia a corrente I_E. Isso significa que a substituição de R_C por um dispositivo que opera a partir de uma corrente, como os LEDs, é viável nesse caso.

7.3 EXPERIMENTOS PROPOSTOS

Apresentamos um conjunto de experimentos para mostrar as aplicações dos transistores bipolares como fonte de corrente. O primeiro deles tem finalidade mais conceitual e consiste na montagem do circuito proposto na Figura 7.3, para que possamos verificar o comportamento das linhas de carga. Nos demais experimentos fazemos aplicações das fontes de corrente em acionadores de dispositivos optoeletrônicos e como amplificadores de corrente em reguladores de tensão para fontes de alimentação.

7.3.1 A fonte de corrente

Tomando como referência o circuito da Figura 7.3, iremos aplicar tensões V_{BB} e medir a tensão V_E e corrente I_C para vários cenários diferenciados por pares de resistores R_E e R_C. Os resultados experimentais serão usados para a determinação do ponto quiescente, o qual será incluído na linha de carga CC traçada para cada situação.

Para implementar o circuito da Figura 7.3 vamos usar os seguintes componentes:

- 2 fontes de alimentação simples, sendo uma fixa de 15 V para V_{CC} e outra ajustável entre 0 e 5 V para V_{BB};
- 2 multímetros;
- 1 transistor 2N3904;
- resistores de 100 Ω, 1 kΩ, 10 kΩ (R_E) (todos de ¼ W);
- resistores de 100 Ω, 1 kΩ, 10 kΩ (R_C) (todos de ¼ W).

Para cada par de resistores formados por R_E e R_C (9 pares) faça a linha de carga CC. Para a determinação do ponto quiescente, use a fonte de alimentação para ter $V_{CC} = 15$ V. Implemente circuitos para cada par de resistores e meça as respectivas I_C e V_{CE} com os multímetros para valores de V_{BB} iguais a 2,0 V, 3,0 V, 4,0 V e 5,0 V. Elabore uma tabela para melhor visualização dos resultados.

7.3.2 Acionamento de LEDs e optoacopladores

Aqui iremos utilizar dois circuitos derivados do circuito da Figura 7.3, onde R_C foi substituído por um LED. O primeiro deles, mostrado na Figura 7.4, é usado para o acionamento de um LED sob corrente constante. No circuito da Figura 7.5 usamos o mesmo conceito, mas em um optoacoplador para obter uma corrente estável em um outro circuito acoplado opticamente.

Considere o circuito da Figura 7.4. A partir de um transistor 2N3904, projete um circuito para fazer que a corrente em um LED vermelho possa ser ajustada entre 0 e 20 mA ao ajustar a tensão na base do transistor entre 0 e 5 V. Um LED vermelho em polarização direta opera em tensão de, aproximadamente, 2,0 V. Considere usar a fonte de alimentação de V_{CC} com 15 V e $R_E = 220\ \Omega$. Certifique-se de que a linha de carga do circuito garanta a operação do circuito como fonte de corrente.

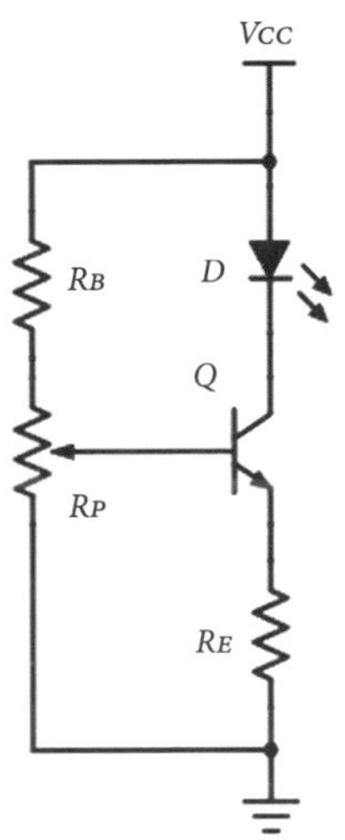

Figura 7.4 Diagrama esquemático de uma fonte de corrente que alimenta um LED.

Os valores de R_B e R_P devem ser escolhidos com base na ideia de que a corrente de I_B seja desprezível. Fica claro aqui que a resistência R_P máxima deve fixar em 5 V a tensão na base do transistor em relação à terra. Baseando-se em um divisor de tensão, fica fácil constatar que R_B deverá ter, no máximo, o dobro de R_P para que, com este, se ajuste os 5 V na base.

Com o circuito em operação, ao ajustar o potenciômetro será constatado visualmente que a intensidade luminosa do LED é modificada quando a tensão na base varia entre 0 e 5 V. Meça a corrente no LED para cada valor de V_{BB} utilizado.

Portanto, para a implementação desse experimento utilizaremos:

- 1 fonte de alimentação de 15 V;
- 1 multímetro;
- 1 transistor 2N3904;
- 1 LED MV5754A;
- 1 resistor de 220 Ω × ¼ W (R_E);
- resistores calculados para R_B e R_P.

Na Figura 7.5 apresentamos um diagrama esquemático de uma fonte de corrente que aciona um optoacoplador. O circuito da fonte de corrente é similar ao da Figura 7.3. Assim, a metodologia e critérios usados para o projeto desse circuito podem ser os mesmos.

Uma avaliação da folha de dados do optoacoplador 4N25 mostra que as correntes no LED podem variar entre 0,5 e 40 mA com uma correspondência não linear de corrente no coletor do fototransistor entre 0,1 e 30 mA. Confira essa informação na folha de dados do 4N25.

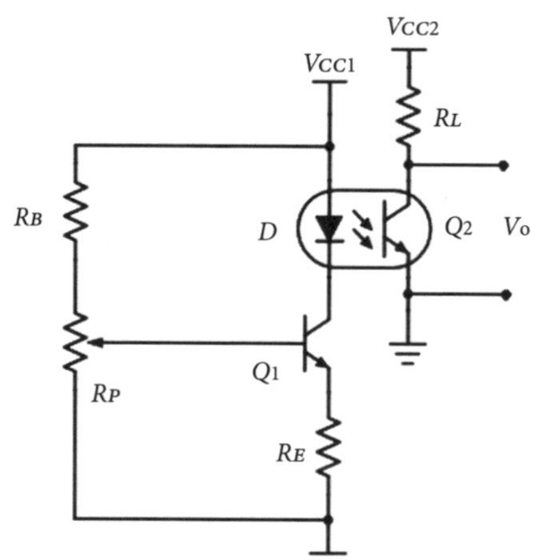

Figura 7.5 Diagrama esquemático de uma fonte de corrente que alimenta um optoacoplador.

O experimento proposto com esse circuito consiste em fazer circular uma corrente pelo coletor do fototransistor (I_{C2}) de 10 mA. Segundo a curva característica do fototransistor que relaciona a corrente de coletor com a corrente direta no LED (I_F), I_{C2} = 10 mA é obtida com I_F = 10 mA. Como exemplo, use V_{CC2} de 10 V e obtenha V_o de 5 V. Para o projeto do circuito de acionamento do LED podem ser usadas as mesmas diretrizes propostas no desenvolvimento do circuito da Figura 7.4. Avalie a linearidade da resposta da corrente do coletor do fototransistor em função da corrente no LED. Para isso, deve-se modificar o valor de R_E substituindo esse resistor por uma associação em série deste com um potenciômetro.

7.3.3 Circuito regulador de tensão a transistor bipolar

No Capítulo 5 foi proposto um circuito regulador de tensão para uma fonte de alimentação. Uma avaliação dos valores obtidos por meio do modelo utilizado e mesmo nas aplicações práticas mostra que surgem limitações de uso daquele circuito causadas por restrições de potência dos diodos Zener comerciais. No Capítulo 5 foram propostas discussões acerca dessas limitações.

Nesse experimento buscamos apresentar uma proposta de superação das restrições de potência do circuito regulador de tensão por meio do uso de um transistor amplificador de corrente. O circuito da Figura 7.6 mostra o diagrama esquemático de um circuito regulador de tensão.

O estudo desse circuito é feito a partir da análise de três malhas dadas pelas equações 7.2, 7.3 e 7.4:

$$V_{RL} = V_Z - V_{BE} \tag{7.2}$$

onde

V_{RL} é a tensão de saída na carga R_L;

V_Z é a tensão nominal do diodo Zener;

V_{BE} é a tensão na junção base-emissor do transistor de 0,7 V;

$$V_i = V_{CE} - V_{RL} \tag{7.3}$$

onde

V_i é a tensão de entrada do regulador;

V_{CE} é a tensão entre o coletor e o emissor do transistor;

$$V_i = V_{RS} - V_Z \tag{7.4}$$

onde

V_{RS} é a tensão no resistor de polarização do diodo Zener.

A tensão V_{CE} é igual a V_{BE} + V_{CB}, onde V_{CB} é a tensão entre o coletor e a base do transistor.

Nesse circuito, a malha formada por V_i, R_S e D_Z estabelece uma tensão de referência fixa na base do transistor Q. O ponto de trabalho do diodo Zener deve ser posicionado adequadamente na sua região de trabalho em que a tensão V_Z é, aproximadamente, constante.

Das equações 7.2 a 7.4, verifica-se que quando a tensão V_i aumentar, então V_{RS} e V_{CB} aumentam e, consequentemente, V_{CE} aumenta, mantendo V_{RL} constante. O contrário, isto é, quando V_i diminui, então V_{RS}, V_{CB} e V_{CE} diminuem e V_{RL} também se mantém constante.

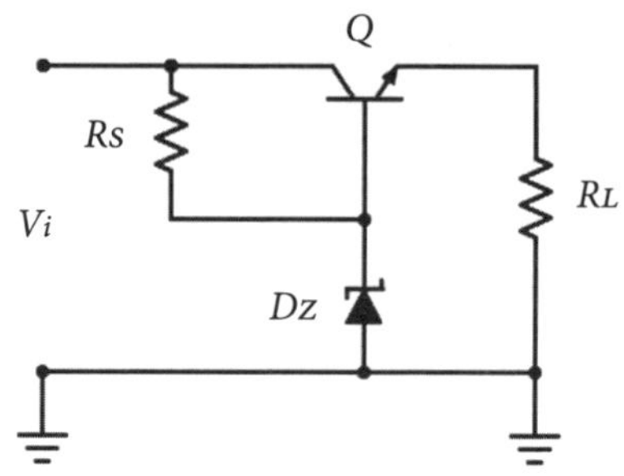

Figura 7.6 Diagrama esquemático de um regulador de tensão a Zener com amplificador de corrente.

Como foi feito no Capítulo 5, o projeto do regulador de tensão passa pela determinação da resistência e da potência dissipada pelo resistor R_S, e pela potência dissipada pelo diodo Zener, conhecida sua tensão V_Z e sua corrente máxima. O valor de R_S é calculado para garantir a corrente mínima para o diodo Zener operar com V_Z constante. A menor corrente é obtida quando a tensão de entrada V_i for mínima ($V_{imín}$). A potência máxima a ser dissipada no diodo Zener é obtida quando a tensão de entrada for máxima ($V_{imáx}$). Desse modo, a partir da equação 7.4 pode-se escrever que

$$V_{Imin} = R_S\left(I_{Zmin} + I_{Bmax}\right) + V_Z \tag{7.5}$$

$$V_{Imax} = R_S\left(I_{Zmax} + I_{Bmin}\right) + V_Z \tag{7.6}$$

onde

$I_{Zmín}$ e $I_{Zmáx}$ são a menor e a maior corrente no diodo Zener, respectivamente;

$I_{Bmín}$ e $I_{Bmáx}$ são a menor e a maior corrente de base no transistor, respectivamente.

As correntes $I_{Bmín}$ e $I_{Bmáx}$ são obtidas por meio da corrente que será exigida pela carga R_L (I_{RL}). Essa corrente nada mais é do que a corrente de emissor do transistor

(I_E). Portanto, da definição do parâmetro β dos transistores, obtêm-se os valores extremos de I_B com a equação 7.7:

$$I_B = \frac{I_E}{\beta + 1} \tag{7.7}$$

A potência máxima dissipada no resistor R_S ($P_{RSmáx}$) é determinada a partir da equação 7.4, usando-se os valores máximos de V_i e V_{RS} pela equação 7.8:

$$P_{RSmáx} = \frac{V_{RSmáx}^2}{R_S} \tag{7.8}$$

Para o desenvolvimento do experimento iremos projetar o regulador de tensão esquematizado na Figura 7.4 a fim de obter uma tensão de saída de 4,5 V, aproximadamente, em uma carga R_L que consuma entre 20 e 50 mA. A tensão de entrada irá variar entre 6,0 e 8,0 V. Como a potência de saída poderá chegar próximo a 0,5 W, recomenda-se usar um transistor de potência, e sugere-se o BD135. Os materiais para desenvolver esse experimento são:

- 1 fonte de alimentação ajustável entre 6,0 e 8,0 V;
- 2 multímetros;
- 1 transistor BD135;
- 1 diodo Zener de 5,1 V (pode ser o mesmo usado no experimento do Capítulo 5);
- resistores diversos obtidos a partir dos cálculos.

O procedimento para avaliação da regulação da tensão é similar ao desenvolvido no estudo do regulador feito no Capítulo 5 e consiste em medir as tensões e correntes nas partes do circuito. Compare os resultados experimentais com os esperados por meio dos cálculos.

7.4 DISCUSSÃO

Inicialmente é importante destacar que as fontes de corrente obtidas não operam na condição ideal. Portanto, todo circuito tem suas limitações de que o projetista deve ter ciência anteriormente.

Do circuito da Figura 7.3, particularmente, na malha de coletor, deve-se esperar que ele opere de maneira similar a uma fonte de corrente mesmo que a resistência de coletor (R_C) seja modificada. Deve ser verificado se isso realmente se confirma. É importante discutir sob quais valores de R_C e R_E a condição de fonte de corrente pode ser deturpada.

Em relação ao circuito da Figura 7.4, avalie as possibilidades de modificação do circuito para obter maior brilho no LED. Um LED vermelho comum normalmente opera com tensões diretas de, aproximadamente, 1,9 V. LEDs de outras cores operam com tensões e correntes diferentes. Assim, para projetos similares deve-se consultar as folhas de dados fornecidas pelos fabricantes de LEDs para sua adequação às correntes e brilho esperados.

As discussões referentes ao circuito da Figura 7.5 podem ser desenvolvidas sob o mesmo direcionamento do circuito anterior. Ao variar a corrente no LED obtemos variações na corrente do coletor do fototransistor. A partir dos dados experimentais obtidos na curva de corrente de coletor em função da corrente no LED, avalie a linearidade do optoacoplador.

No tocante ao circuito regulador de tensão da Figura 7.6, discuta as possíveis diferenças entre um regulador de tensão sem o transistor, ou seja, na configuração desenvolvida no Capítulo 5, e o circuito atual. Discuta também as limitações do circuito em face do uso do transistor de potência (BD135).

CAPÍTULO 8
Transistores bipolares em corte e saturação

ESTUDO PRELIMINAR

Para o estudo dos circuitos com transistores bipolares que operam nas regiões de corte e de saturação é precedido o conhecimento do funcionamento desses componentes como comutador. Para as aplicações em comutação, além dos conceitos de análise de circuitos, é adequado estudar os dispositivos que farão parte desses circuitos, como dispositivos optoeletrônicos e eletromagnéticos.

8.1 INTRODUÇÃO

A região de trabalho de um transistor bipolar é definida pela polarização das junções base-emissor (BE) e coletor-base (CB). Um transistor opera na região linear, isto é, satisfazendo a relação $I_C = \beta I_B$ quando a junção BE está em polarização direta e a junção CB em polarização reversa. No entanto, há outras duas outras possibilidades de operação do transistor, que são a região de corte e a de saturação. Nessas regiões o transistor não possui uma relação de linearidade das correntes de base e de coletor; portanto, a definição do coeficiente β na região ativa não é válida.

A região de corte é caracterizada por ter polarização reversa na junção BE, o que faz que os portadores majoritários do emissor não sejam inseridos no coletor e, com isso, não haverá uma corrente significativa entre o coletor e o emissor, mas apenas uma corrente de fuga (I_{CE0}). Isso equivalente a um comportamento similar ao de uma chave aberta, uma vez que essa corrente de fuga é considerada desprezível.

A região de saturação é caracterizada pela polarização direta na junção CB. Nessa condição a tensão entre coletor e emissor deve ser de alguns décimos de Volts (em geral, cerca de 0,2 V para os transistores de silício) e o transistor opera emulando, aproximadamente, o comportamento de uma chave fechada. Nessas duas regiões de operação não há proporcionalidade das correntes de coletor e de base, e o ponto de operação ficará posicionado nas extremidades da linha de carga CC.

O interesse prático de empregar os transistores bipolares nessas regiões de operação encontra-se nas aplicações de circuitos de comutação, em que se necessita abrir ou fechar a passagem de corrente através de um dispositivo que consuma correntes mais elevadas do que uma fonte de sinal possa fornecer. Por exemplo, a porta de saída de um microcontrolador não fornece potência elétrica suficiente para ligar ou desligar um relé ou outro dispositivo similar.

Os objetivos deste capítulo são tanto mostrar que os transistores bipolares podem ser usados como chave como evidenciar as características elétricas das duas condições de chaveamento. Além disso, iremos propor a elaboração de circuitos para aplicações voltadas à comutação.

8.2 TEORIA

Para estudar os transistores bipolares operando em corte e saturação emprega-se o circuito de referência mostrado na Figura 8.1.

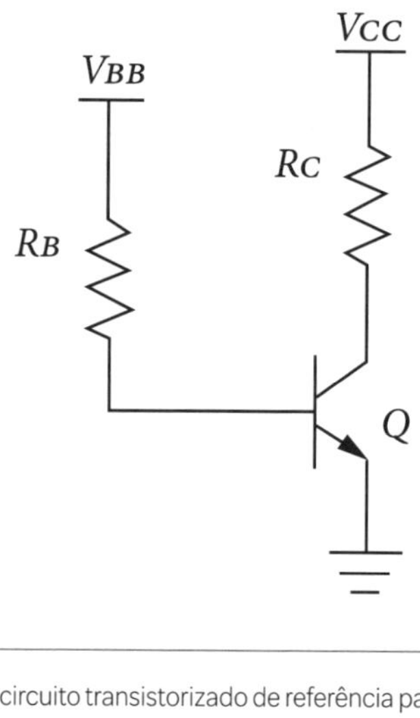

Figura 8.1 Diagrama esquemático do circuito transistorizado de referência para estudo das operações de corte e saturação.

Quando a corrente de base I_B desse circuito for igual a 0 A, diz-se que o ponto quiescente é o ponto de corte em que $V_{CE}(corte) = V_{CC}$ e $I_C = 0$. Do ponto de vista prático, existe uma região de corte em que correntes de base, próximas a 0 A, são suficientes para interromper o fluxo significativo de corrente através da malha do coletor do transistor.

Por outro lado, a corrente de base pode alcançar valores mais elevados, de modo que a condução através da malha do coletor do transistor amplia-se de tal forma que a diferença de potencial V_{CE} cai próximo a 0 V ($V_{CE(sat)} = 0$ V). Nesse caso, a junção CB deixa de ter polarização reversa e o transistor deixa de operar convencionalmente, isto é, com a corrente de base controlando linearmente a corrente de coletor. Portanto, a corrente de base, $I_{B(sat)}$, impõe uma corrente de coletor máxima, $I_{C(sat)} = V_{CC}/R_C$, dependente exclusivamente da resistência de coletor e da tensão da fonte de alimentação.

De acordo com o circuito da Figura 8.1, a corrente de base I_B é obtida por meio do equacionamento da malha formada pela fonte de tensão V_{BB}, pelo resistor R_B e pela junção BE do transistor Q apresentado na equação 8.1:

$$I_B = \frac{V_{BB} - V_{BE}}{R_B} \tag{8.1}$$

É importante salientar que a corrente de coletor I_C que fluirá na malha composta pela fonte de tensão V_{CC}, pelo resistor R_C e pelo coletor e emissor do transistor Q deverá ser proporcional ao parâmetro β se o transistor estiver operando na região linear. No entanto, é um equívoco dizer que β seja um valor constante, pois, além das variações amostrais do próprio componente devido aos processos de fabricação, β também depende da corrente de coletor, da tensão entre coletor e emissor e da temperatura.

Pode-se imaginar uma situação em que a corrente I_B, ao ser multiplicada por β, resulte em uma corrente I_C cujo valor determine uma queda de tensão em R_C maior que V_{CC}! Nesse caso, o valor de β deveria ser revisto, pois seria menor do que aquele previsto inicialmente. Esse é o caso da saturação que leva a I_C ter dependência praticamente exclusiva de R_C.

8.3 EXPERIMENTOS PROPOSTOS

Como experimentos para empregar os transistores bipolares em situações de comutação, vamos apresentar um circuito genérico, com uma pequena análise de sua operação, e dois circuitos usados em aplicações. O primeiro circuito prático consiste em acender e apagar um LED. O segundo trata do acionamento de um relé eletromagnético.

8.3.1 Circuito de referência

Como exemplo, tomamos o circuito da Figura 8.1, com os seguintes componentes na malha da base do transistor: $V_{BB} = 5$ V, $R_B = 1$ kΩ e $V_{BE} = 0{,}7$ V. Substituindo esses valores na equação 8.1 obtemos $I_B = 4{,}3$ mA. O valor médio do parâmetro β de um transistor de média potência como o 2N3904, segundo o fabricante, é de 200. Desse modo, com esse componente a corrente pela malha do coletor do transistor será de $I_C = 860$ mA (convém observar que essa corrente de coletor está acima do valor máximo suportado pelo 2N3904). Se a fonte V_{CC} for de 10 V e o resistor $R_C = 220$ Ω, então o equacionamento da malha do coletor viola a lei de Kirchhoff para tensões, pois a queda de tensão em R_C seria de 189,2 V! Note que a máxima corrente que poderia circular pela malha de coletor seria de, aproximadamente, 45,4 mA decorrente do caso em que $V_{CE} = 0$ V e, portanto, $I_C = V_{CC}/R_C$. Isso significa que o valor de β seria de 10,6.

O exemplo numérico descrito no parágrafo anterior nos proporciona uma regra prática para a elaboração de circuitos de comutação. Sabe-se que transistores de pequeno sinal, em sua maioria, possuem parâmetros β sempre superiores a 100. No entanto, admitiremos que o valor de β seja 10 para maior abrangência da regra. Sob essa condição, propomos uma regra para a situação de saturação forte que irá ocorrer quando I_{Bsat} for 10% do valor de I_C. Deve-se entender que mesmo considerando valores de β maiores ainda poderemos ter saturação, mas não tão impositiva quanto a definida pela regra para saturação forte aqui proposta.

Diante do exposto, propomos a elaboração de um experimento com as seguintes características: fonte de alimentação de tensão contínua com $V_{BB} = V_{CC} = 15$ V e carga $R_C = 100$ Ω. Usaremos o transistor 2N3904, o qual, segundo sua folha de dados, tem β entre 100 e 300. De acordo com a folha de dados do 2N3904, a corrente máxima de coletor desse transistor em regime contínuo é de 200 mA. Faça o projeto considerando a regra de saturação forte. O valor de R_B deverá ser de 1 kΩ. Antes de montar o circuito meça o parâmetro β do transistor usando o multímetro. Em seguida, ligue o circuito e estabeleça as condições de corte e saturação abrindo e fechando a malha de base do circuito. Para ambos os casos, monitore os valores de I_B, I_C e V_{CE}. Com os valores experimentais de I_B e I_C estime o valor de β em saturação e compare com o resultado obtidos com o multímetro.

Os materiais utilizados nesse experimento são:

- 1 fonte de alimentação de 15 V (V_{BB} e V_{CC});

- 1 multímetro;
- 1 transistor 2N3904;
- 1 resistor de 100 Ω × 2 W (R_C);
- 1 resistor de 1 kΩ × ¼ W (R_B).

8.3.2 Acionador de LED

O diagrama esquemático da Figura 8.2 é usado para acender e apagar LEDs. A chave *S* define se o transistor *Q* está em corte (*S* aberta) ou em saturação (*S* fechada).

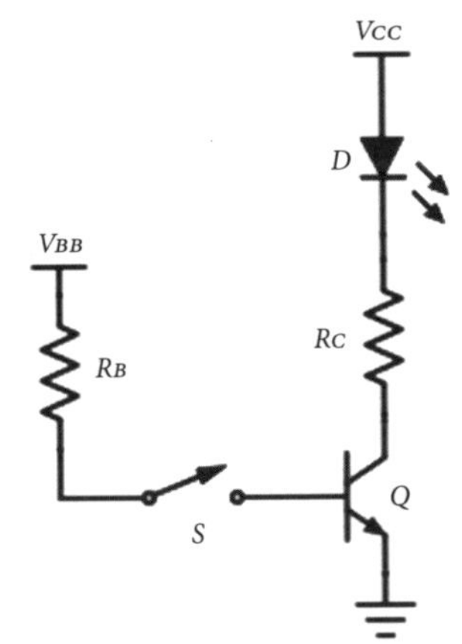

Figura 8.2 Diagrama esquemático do circuito acionador de LED.

Para elaboração do projeto vamos propor que o LED vermelho acenda com um brilho intenso. Isso ocorre quando ele é percorrido por uma corrente direta de 20 mA. Pode-se adotar as fontes de alimentação com a mesma tensão ($V_{BB} = V_{CC} = 15$ V). De acordo com a regra para saturação forte, $I_B = 2$ mA, logo, pela equação 8.1, $R_B = 7{,}15$ kΩ (adotamos o valor comercial de 6,8 kΩ). Considerando a saturação com $V_{CE} = 0$ V e que o LED consuma 2,0 V em polarização direta, obtemos o valor de $R_C = (V_{CC} - V_{LED})/I_{Csat} = 650\ \Omega$ (adotamos o valor comercial de 680 Ω).

Para esse experimento, o procedimento experimental será o idêntico ao anterior, ou seja, a monitoração dos valores de I_B, I_C e V_{CE}.

Como proposta complementar a esse experimento, propõe-se curto-circuitar a chave *S* e substituir V_{BB} por um gerador de funções que produza sinais no padrão TTL (sinal quadrado de 0 a 5 V). Refaça os cálculos e verifique o funcionamento do circuito usando uma frequência de oscilação perceptível ao olho humano.

Ainda no mesmo experimento, aumente a frequência do sinal de entrada e visualize simultaneamente os sinais do gerador de funções e no coletor do transistor com o osciloscópio. A visualização dos dois sinais permitirá avaliar se ocorre *slew-rate* (*SR*) no transistor. O *SR* é determinado pela equação 8.2:

$$SR = \frac{\Delta V}{\Delta t} \tag{8.2}$$

onde

$\Delta V = 0{,}9\ V_{máx} - 0{,}1\ V_{máx}$;

Δt são os tempos correspondentes às tensões usadas para determinar ΔV.

Os materiais utilizados nesse experimento são:

- 1 fonte de alimentação de 15 V (V_{BB} e V_{CC});
- 1 gerador de funções;
- 1 multímetro;
- 1 transistor 2N3904;
- 1 LED MV5754A;
- 1 resistor de 680 Ω × ¼ W (R_C);
- 1 resistor de 6,8 kΩ × ¼ W (R_B).

8.3.3 Acionador de relé

O diagrama esquemático mostrado na Figura 8.3 mostra um circuito em que o transistor *Q* atua como chave para uma carga indutiva. As variações bruscas de corrente no indutor induzem picos de tensões reversas e, consequentemente, sobrecarga no transistor. Assim, para esse tipo de circuito é necessário utilizar um diodo semicondutor em paralelo com a carga indutiva para curto-circuitar as tensões reversas geradas na transição do corte de corrente.

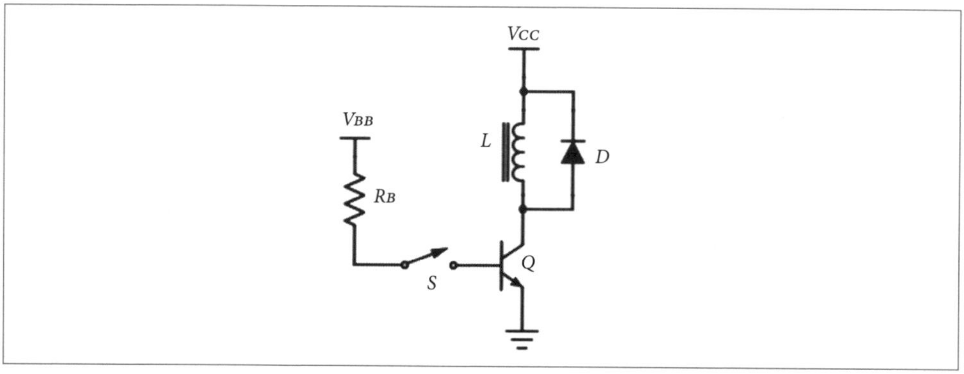

Figura 8.3 Diagrama esquemático do circuito de chaveamento de cargas indutivas.

Ressalta-se que os diodos semicondutores de proteção devem ser de chaveamento em alta velocidade. Essa característica é necessária, uma vez que o diodo exerce a proteção do circuito no momento da transição do pulso quadrado. Um exemplo de diodo que atende a essa característica é o 1N4148, que chaveia em tempos da ordem de nanossegundos. Um diodo semicondutor comum, usado em circuitos retificadores (p. ex., 1N4007), não é recomendado para esse tipo de aplicação.

Os relés são dispositivos de acionamento eletromagnético constituídos por um indutor e uma chave posicionados em circuitos distintos; portanto, isolados eletricamente. O acionamento da chave é feito por interação eletromagnética. Os relés são importantes no acionamento de circuitos de elevada potência, pois, estando isolados das etapas de baixa potência, evitam danos a estes, causados por eventuais fugas.

Na Figura 8.4 é mostrado um circuito de acionamento de uma lâmpada incandescente (R_{AC}) na rede elétrica por meio de um relé eletromagnético (R_L) acionado por um transistor bipolar (Q), atuando em corte e saturação. O circuito de potência elevada pode ser substituído por outro com correntes contínuas.

Vamos utilizar um relé AZ1RC2 da Metaltex. Esse relé chaveia com tensões de 12 V e pode acionar cargas com tensões e correntes de até 125 V e 10 A em corrente alternada, respectivamente. Para efeito de projeto do circuito de acionamento usamos a resistência elétrica da bobina do relé (400 Ω ± 10%) e tensões $V_{BB} = 5$ V e $V_{CC} = 12$ V.

A partir da definição do projeto pode-se determinar I_C e, em seguida, I_B seguindo a regra da saturação forte para calcular R. O circuito então pode ser construído e seu funcionamento verificado por meio da chave S com a monitoração dos valores de I_B, I_C e V_{CE}. Por se tratar de um relé, um componente eletromecânico, a inércia não permite chaveamentos velozes.

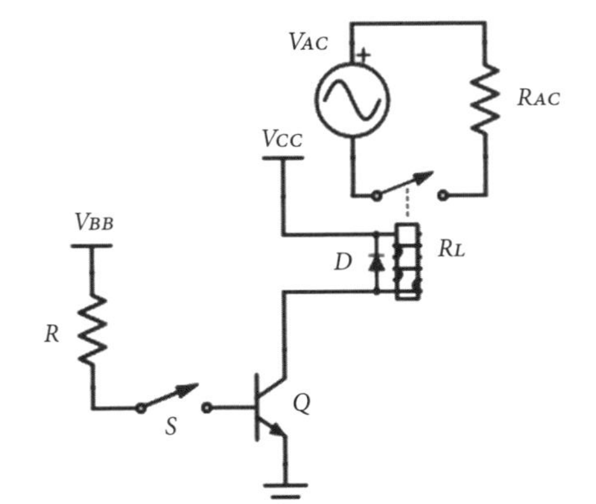

Figura 8.4 Diagrama esquemático de circuito para acionamento de uma lâmpada incandescente.

8.4 DISCUSSÃO

Com os resultados obtidos com o circuito da Figura 8.1, estabeleça uma comparação dos valores de β medidos com o multímetro e calculados a partir dos resultados experimentais.

A velocidade do chaveamento é um fator limitante para os circuitos de comutação. A tecnologia usada para o desenvolvimento de componentes eletrônicos define famílias que são mais ou menos adequadas para essas aplicações. Uma das formas de avaliar a resposta dos componentes é pela determinação do *SR*. Discuta as possíveis causas e as consequências do *SR*.

A inclusão de um capacitor em paralelo com o resistor de base é uma alternativa adequada para chaveamentos em altas frequências. Discuta a inclusão desse capacitor levando em conta que esse componente é apropriado especialmente quando o circuito opera sob elevada demanda de corrente no coletor. Como o parâmetro β influi nesse caso?

Em circuitos de chaveamento que empregam cargas reativas, especialmente as indutivas, podem ser geradas tensões reversas que danificam os transistores. Assim como foi proposto no circuito da Figura 8.4, o uso de diodos semicondutores rápidos constitui uma forma de proteção dos transistores. Além disso, é comum encontrar diodos na junção BE (cátodo na base e ânodo no emissor para transistores NPN) ou diodos entre o coletor e o emissor (cátodo no coletor e ânodo no emissor para transistores NPN). Um aprofundamento sobre as questões de proteção dos transistores e aumento de perdas no chaveamento pode ser encontrado em artigos que tratam de *snubbers*. Os *snubbers* são circuitos que mitigam efeitos de crescimento de corrente, no momento do fechamento da chave, e da tensão quando há interrupção da corrente nos transistores (Rashid, 2001).

CAPÍTULO 9
Polarização do transistor bipolar e conceitos de amplificação

ESTUDO PRELIMINAR

Antes de realizar o experimento você deve ter compreendido a teoria de funcionamento dos transistores bipolares, dos seus circuitos de polarização, dos circuitos equivalentes para corrente alternada e os conceitos principais sobre análise de amplificadores. Além disso, devido ao uso de sinais alternados, o experimentador deve estar habituado com o cálculo de valores médios a partir de leituras feitas com o osciloscópio. Em relação à resposta em frequência do amplificador, o experimentador deve ter estudado os conceitos de filtros passivos encontrados em livros de análise de circuitos elétricos.

9.1 INTRODUÇÃO

Em geral, a resposta desejável de um amplificador de pequenos sinais é linear, ou muito próxima da linearidade. Por essa razão, os transistores desses amplificadores devem ter o ponto de trabalho (ou ponto quiescente) posicionado na região ativa do transistor. A posição do ponto de trabalho, assim como sua estabilidade, deve ser proporcionada pelo circuito de polarização.

Neste capítulo iremos propor a polarização de um transistor bipolar na configuração polarização de base, encontrar seu ponto quiescente e traçar a linha de carga.

Embora a polarização de base não seja a mais adequada devido à sua baixa estabilidade em relação à variação de temperatura, o procedimento de polarizar o transistor irá possibilitar compreender vários aspectos tanto da própria polarização como de conceitos de amplificação de sinais. A Figura 9.1 apresenta o diagrama esquemático desse circuito de polarização do transistor.

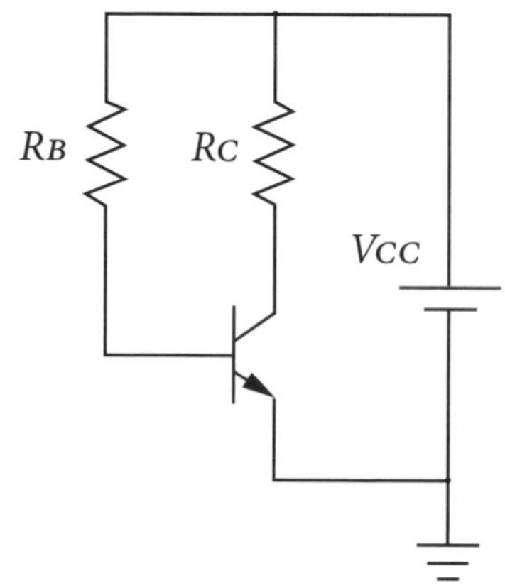

Figura 9.1 Circuito polarizador de base para o transistor bipolar.

A função de um amplificador é ampliar a potência de um sinal proveniente de uma fonte de sinal. Para finalidades práticas, essa fonte pode ser considerada uma fonte de tensão senoidal. A ampliação da potência desse sinal é realizada empregando-se a potência fornecida por uma fonte de alimentação. A potência resultante do processo de amplificação é entregue a um circuito de carga. Com isso, há, essencialmente, quatro potências a serem consideradas: as potências fornecidas pela fonte de alimentação e pela fonte de sinal, a potência entregue à carga e a potência dissipada pelos componentes do circuito devido à presença da propriedade resistiva em todos os componentes.

Para a elaboração de um amplificador, um sinal senoidal de baixa amplitude, proveniente de um gerador de funções, é acoplado à base do transistor por um capacitor cuja reatância, na menor frequência de operação, seja desprezível em relação à resistência de entrada "vista" a partir da base. Um resistor de carga será acoplado ao coletor do transistor, também por meio de um capacitor de reatância desprezível. A Figura 9.2 apresenta o diagrama esquemático do amplificador na configuração emissor comum e polarização de base. Esse circuito possui restrições quanto à estabilidade, porém será de grande valia para a compreensão dos conceitos de amplificação a serem discorridos ao longo deste livro.

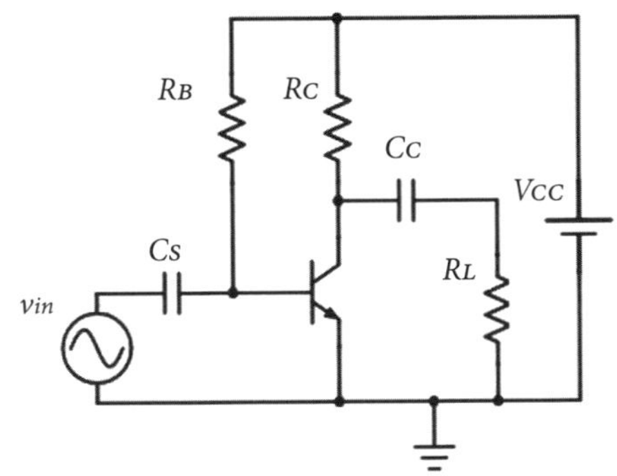

Figura 9.2 Diagrama esquemático do amplificador.

O objetivo do capítulo é mostrar os conceitos fundamentais de um circuito amplificador transistorizado, desde o circuito de polarização, passando pelo acoplamento do sinal a ser amplificador, pela resposta em frequência e pela eficiência.

9.2 TEORIA

A teoria necessária para balizar o experimento a ser desenvolvido passa, inicialmente, pelo circuito de polarização do transistor e, em seguida, pelo acoplamento do sinal alternado a ser inserido na entrada do amplificador. Outro ponto fundamental a ser considerado nos amplificadores é seu balanço de potências. O balanço das potências conduz à definição da eficiência dos sistemas. Nesta seção dedicamos três subseções para discorrer sobre a polarização, as propriedades fundamentais do amplificador (ganho de tensão, impedâncias de entrada e saída e resposta em frequência) e o cálculo da eficiência. Os conceitos aqui desenvolvidos são fundamentais para o entendimento dos conceitos básicos de amplificação de sinais.

9.2.1 Polarização de base do transistor bipolar

Considerando o circuito da Figura 9.1, utilizando a lei de Kirchhoff para tensões na malha da base (V_{CC}, R_B e V_{BE}) encontramos a corrente de base I_B por meio da equação 9.1:

$$I_B = \frac{V_{CC} - V_{BE}}{R_B} \tag{9.1}$$

A partir da análise da malha de coletor (V_{CC}, R_C e V_{CE}) do circuito da Figura 9.1 obtém-se a linha de carga, dada pela equação 9.2, na qual encontram-se todos os pontos de operação possíveis do circuito:

$$I_C = \frac{V_{CC} - V_{CE}}{R_C} \tag{9.2}$$

Os amplificadores em geral necessitam que o ponto quiescente seja posicionado na região ativa observada nos gráficos de V_{CE} versus I_C do transistor empregado. Esse posicionamento é adequado para garantir o comportamento linear do transistor ($I_C = \beta I_B$), afastando seu ponto de trabalho das regiões de corte e saturação. Portanto, o ponto quiescente Q = (V_{CEQ}, I_{CQ}) deve ser preferencialmente posicionado próximo à abcissa $V_{CE} = V_{CC}/2$.

9.2.2 O amplificador de sinais de baixa amplitude

O circuito da Figura 9.2 mostra o circuito de polarização do transistor acrescido dos acoplamentos capacitivos do sinal de entrada v_{in} e da carga R_L. O acoplamento capacitivo correto faz que o sinal de entrada seja aplicado ao amplificador sem que ocorram perdas significativas. O capacitor de acoplamento deve apresentar reatância capacitiva desprezível a partir da menor frequência de operação prevista no projeto do amplificador. A partir da análise do circuito equivalente *ca* do amplificador, tomando-se o modelo de Ebers-Moll para o transistor e assumindo que as reatâncias capacitivas dos capacitores são desprezíveis, obtém-se o circuito do modelo *ca*, como mostra a Figura 9.3. Os desenvolvimentos completos desses modelos são encontrados nas bibliografias listadas no final do livro.

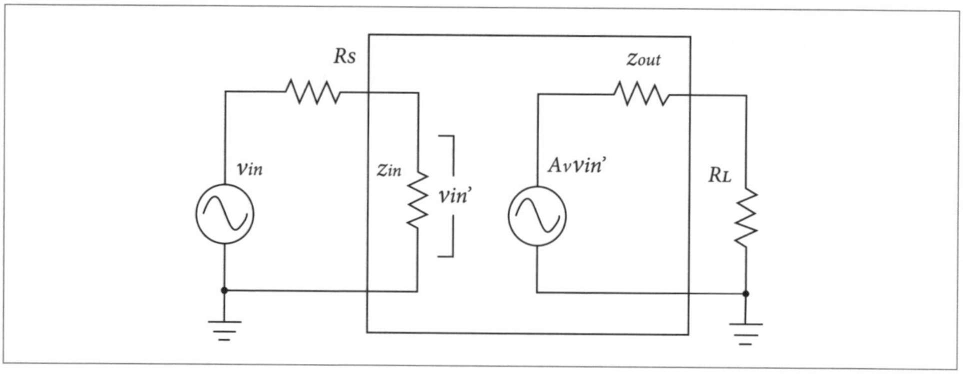

Figura 9.3 Diagrama esquemático do modelo *ca* do amplificador.

As impedâncias de entrada e saída (representadas na Figura 9.3 por resistências), z_i e z_o, respectivamente, e o ganho de tensão do amplificador em malha aberta, A_{vo}, são dados pelas equações 9.3, 9.4 e 9.5, respectivamente.

$$z_i = \frac{R_B \beta r_e^{'}}{R_B + \beta r_e^{'}} \tag{9.3}$$

onde $r_e^{'} = \dfrac{25mV}{I_E(mA)}$ é a resistência ca do emissor.

$$z_o = R_C \tag{9.4}$$

$$A_{v0} = -\frac{R_C}{r_e^{'}} \tag{9.5}$$

Em experimentos de laboratório, normalmente utilizamos um gerador de funções como fonte de sinais de corrente alternada. Esses equipamentos possuem impedância de saída muito menor que z_i. Portanto, a tensão de entrada do amplificador é praticamente a mesma da fonte de sinal.

A inclusão de capacitores de acoplamento irá definir circuitos *RC* formados por essas capacitâncias e por resistências do circuito. As resistências que compõem cada circuito *RC* serão determinadas pelo circuito "visto" pelos terminais do respectivo capacitor.

A escolha da capacitância desses circuitos é regida por uma regra prática em que na menor frequência de operação a reatância capacitiva de C (X_C) deve ser de até 10% do valor de R, ou seja, $X_C < 0{,}1R$. O atendimento a essa condição produz o que denominamos acoplamento estabilizado. A interpretação do significado físico desse termo nos remete a um circuito *RC* série alimentado com uma fonte de tensão senoidal de amplitude V e sendo percorrido por uma corrente I. Um acoplamento ideal entre a fonte V e a resistência R ocorreria, hipoteticamente, quando a reatância capacitiva fosse nula; logo, teríamos a corrente máxima no circuito dada por $I = V/R$. Em um caso real, para haver acoplamento estabilizado, segundo a regra já exposta, a corrente que flui pelo circuito *RC* nunca terá uma diferença menor que 0,5% em relação ao valor ideal. Ademais, ainda na teoria básica dos circuitos *RC*, sabendo-se que a frequência de corte (f_c) é obtida para $X_C = R$, a imposição da regra prática faz que se estabeleça uma nova frequência de corte 10 vezes maior.

Voltando aos amplificadores, em que é desejável haver ganho constante ao longo da faixa de frequência de operação, é necessário que os capacitores de acoplamento promovam o acoplamento estabilizado a partir de uma frequência mínima (f_m) de operação do amplificador que seja $f_m = 10f_c$. No circuito da Figura 9.2 formam-se dois filtros *RC* passa-alta, cujas frequências de corte são determinadas pelas equações 9.6 e 9.7.

$$f_{c1} = \frac{1}{2\pi\left(R_S + z_i\right)C_S} \tag{9.6}$$

$$f_{c2} = \frac{1}{2\pi\left(R_L + z_o\right)C_C} \tag{9.7}$$

Essas equações orientam a determinação dos capacitores de acoplamento C_S e C_C. Em um projeto, sabendo-se da definição da frequência mínima de operação do amplificador, toma-se a frequência de corte, 10 vezes menor que a mínima, e calculam-se as capacitâncias segundo as equações 9.6 e 9.7. Evidentemente, se nas equações 9.6 e 9.7 for utilizada a frequência mínima ao invés da de corte, as capacitâncias obtidas deverão ser multiplicadas por 10.

9.2.3 Potências e eficiência

Todo circuito amplificador é constituído, minimamente, por duas fontes que entregam energia ao circuito. A primeira dessas fontes é a de sinal (tensão ou corrente), cuja potência será, efetivamente, amplificada. Essa potência de entrada é designada como p_{in}. A segunda fonte é a de alimentação, a qual fornece a potência adicional, dada por p_S, a ser agregada à potência do sinal de entrada.

O sinal amplificado pelo circuito é entregue a uma carga, tendo potência p_L, a qual poderá ser convertida em outro tipo de energia, dependendo da finalidade do amplificador. Além disso, devido à propriedade resistiva presente nos componentes do circuito amplificador, outra potência é convertida em calor (p_D). Em suma, um amplificador recebe as potências (p_{in} e p_S), provenientes das fontes de sinal e de alimentação, e entrega potências (p_L e p_D) à carga e dissipando calor.

A partir dessas quatro potências pode-se estabelecer uma relação de eficiência que se define como a potência a ser utilizada ou convertida na carga pelas potências que são entregues ou dissipadas pelo amplificador. A equação 9.8 apresenta a relação percentual que define a eficiência

$$\eta\left(\%\right) = \frac{p_L}{p_{in} + p_S} \times 100\% \tag{9.8}$$

Em geral, a potência p_{in} é muito pequena e acaba sendo desprezada.

Ademais, como a corrente de base é muito menor que a de coletor, p_D acaba sendo calculada apenas em termos da dissipação no transistor, assim, de maneira simplificada e prática, $p_D = V_{CEQ}.I_{CQ}$.

9.3 EXPERIMENTOS PROPOSTOS

O experimento deste capítulo propõe o desenvolvimento de um estudo sobre a polarização do transistor (configuração de polarização de base). Em seguida, a esse circuito de polarização, faz-se o acoplamento de um sinal de entrada a ser amplificado, o que leva efetivamente à concepção de um amplificador. Então, o experimento propõe analisar os resultados decorrentes da função de amplificação em termos de ganho, resposta em frequência e eficiência.

9.3.1 Circuito de polarização de base

Preliminarmente, será projetado um circuito de polarização de base de um transistor bipolar 2N3904 a ser alimentado por uma fonte de 15,0 V, com V_{CEQ} de 7,5 V e I_{CQ} de 2,5 mA. De acordo com a folha de dados desse transistor, seu parâmetro β (ou h_{FE}) pode ter variação entre 100 e 300. Adotaremos $\beta = 200$. Os cálculos são feitos a partir das equações 9.1 e 9.2 e recomendações são apresentadas na subseção 9.2.1.

A partir dessas considerações e levando em conta os valores comerciais dos componentes, segue a lista de materiais para o experimento:

- 1 fonte de alimentação de 15,0 V;
- 1 multímetro;
- 1 transistor 2N3904;
- 1 resistor 910 kΩ × ¼ W (R_B);
- 1 resistor 2,7 kΩ (ou resistor de 3,3 kΩ) × ¼ W (R_C).

Inicialmente, monte e alimente o circuito da Figura 9.1. Use o multímetro para medir V_{CEQ} e I_{CQ}. Compare os valores experimentais com aqueles obtidos a partir do modelo. Espera-se que V_{CEQ} tenha valor próximo à metade da tensão da fonte de alimentação. Caso isso não seja verificado, considere refazer os cálculos alterando-se o parâmetro β do transistor. Esse parâmetro poderá ser aferido se você estiver usando um multímetro digital com essa função implementada. Finalize o experimento traçando a linha de carga do circuito e posicionando o ponto quiescente.

9.3.2 Amplificador

Use o circuito polarizador desenvolvido na seção 9.3.1 para acoplar o sinal alternado provindo de um gerador de funções. As impedâncias de entrada e saída do amplificador da Figura 9.2 são calculadas com as equações 9.3 e 9.4, respectivamente. A partir desses valores determine as capacitâncias dos capacitores de acoplamento para uma frequência de corte inferior de 20 Hz; portanto, a frequência mínima de operação do amplificador será de 200 Hz. Utilize capacitores de acoplamento com capacitâncias sempre superiores às encontradas nos cálculos.

Com a carga aberta (R_L infinita), use um gerador de funções para alimentar o circuito com um sinal senoidal na frequência de 1 kHz (ou superior) e com uma amplitude da ordem de miliVolts. Um osciloscópio de 2 canais, configurado no modo *ca*, será utilizado para monitorar a entrada (terminal de base) e a saída (terminal de coletor) do amplificador. Assegure-se de que com a amplitude do sinal de entrada utilizada seja obtida uma tensão de saída com forma senoidal (sem assimetrias, portanto) e com 180º de defasagem em relação à entrada. Esse procedimento permitirá a determinação do ganho de tensão em malha aberta pela razão das tensões de saída e entrada. Aumente a tensão de entrada até verificar que o sinal de saída comece a apresentar forma distorcida. Em seguida, repita o procedimento anterior com a carga $R_L = R_C$ e, novamente, determine o ganho do amplificador a partir das tensões dos sinais de entrada e saída. Trace as linhas de carga *ca* para esses dois casos no mesmo gráfico da linha de carga *cc* feita no procedimento descrito na seção 9.3.1. A partir dessas linhas de carga estime a excursão máxima (*compliance*) prevista teoricamente e compare-a com a máxima amplitude que pode ser conseguida na saída, desde que se mantenha a condição de simetria desse sinal.

Por meio das tensões de saída obtidas com o circuito aberto e com $R_L = R_C$, determine o circuito equivalente de Thévenin da saída do amplificador. A impedância de saída pode ser diferente de R_C por conta da tolerância do valor das resistências R_C e R_L, mas também devido aos efeitos da resistência de Early.

Além dos materiais usados na primeira parte do experimento (9.3.1), para implementar e testar o amplificador serão necessários:

- 1 gerador de funções;
- 1 osciloscópio;
- 2 capacitores eletrolíticos com capacitância calculada pelas equações 9.6 e 9.7 para a frequência de 20 Hz e tensão de isolação de 25 V (a escolha de capacitores eletrolíticos deve-se à ordem de μF a ser obtida nos cálculos) (C_S e C_C);
- 1 resistor 2,7 kΩ (ou resistor de 3,3 kΩ) × ¼ W (R_L).

Reduza a frequência do sinal de entrada, mas sem alterar a amplitude. Verifique se a tensão de saída apresenta uma redução de 3 dB nas proximidades da frequência de corte (a tensão de saída deve estar em aproximadamente 70% do valor na faixa de operação do amplificador), ou seja, em 200 Hz. Faça esse procedimento para as duas atribuições feitas de R_L. Compare os resultados experimentais e teóricos.

Em uma frequência da faixa de operação do amplificador, usando o osciloscópio, meça a tensão de saída sobre a carga R_L e, em seguida, calcule a potência média dissipada na carga. Note que, dependendo da leitura feita no osciloscópio (tensão de pico ou de pico a pico), o cálculo do valor médio é diferente. Com o multímetro, meça a tensão e a corrente fornecida pela fonte de alimentação e calcule a potência fornecida. A potência de entrada é, geralmente, desprezada por apresentar um valor muito pequeno. A potência dissipada nos componentes pode ser determinada a partir de tensões e corrente obtidas com um multímetro. Em geral, a maior parcela dessa potência é devida ao transistor (vide 9.3.2). A potência dissipada pelo divisor resistivo é, normalmente, muito menor, e acaba sendo desprezada na maior parte dos casos.

9.4 DISCUSSÃO

Em relação ao circuito polarizador, deve-se fazer uma avaliação sobre as questões da baixa estabilidade da polarização proposta. Discuta também sobre as variações que pode haver nos valores nominais dos componentes utilizados, especialmente em relação ao parâmetro β do transistor, e as consequências em relação ao posicionamento do ponto Q. Considerando que propusemos o ponto Q localizado no ponto médio da linha de carga, quais seriam as consequências de deslocar esse ponto para valores de V_{CE} maiores ou menores?

Em relação ao amplificador, pode-se inicialmente discutir a importância dos capacitores de acoplamento. Foi sugerido usar capacitores com capacitâncias ligeiramente superiores às calculadas. Quais são os efeitos que podem ser causados pelo uso de capacitâncias inferiores às calculadas?

Com o aumento gradual da amplitude do sinal de entrada, observa-se o aumento da excursão do sinal de saída. Todavia, muitas vezes verifica-se crescimento assimétrico nos potenciais positivo e negativo. Prosseguindo com a ampliação da amplitude do sinal de entrada, chega-se à deformação do sinal de saída. Propõe-se que as discussões se aprofundem quanto às causas e às consequências das alterações das formas de onda do sinal de saída.

Uma análise teórica desses amplificadores mostra que a eficiência pode ser, idealmente, de até 25%. No entanto, os cálculos obtidos experimentalmente devem apontar para resultados inferiores. Discuta as possíveis causas de haver eficiência menor que as previstas na teoria.

CAPÍTULO 10
Amplificadores de pequenos sinais com transistores bipolares em classe A

ESTUDO PRELIMINAR

Aos leitores que pretenderem desenvolver os experimentos e projetos propostos neste capítulo é recomendado que haja prévios estudos sobre os transistores bipolares e seus circuitos elementares. Esses estudos abrangem as curvas características, o modelo de Ebbers-Moll, as configurações de polarização e as análises de amplificadores baseadas nos teoremas da superposição e de Miller.

10.1 INTRODUÇÃO

Neste capítulo iremos propor experimentos com amplificadores baseados em transistores bipolares para sinais de pequena amplitude nas configurações emissor comum (EC), coletor comum (CC) e base comum (BC). O termo *comum* que está na designação das configurações identifica o terminal do transistor que pertence tanto aos circuitos de entrada como aos de saída. A identificação desse terminal é muito facilitada quando se usa a representação de um modelo equivalente *ca*.

As características de cada uma das configurações serão apresentadas e evidenciadas nos experimentos e nas propostas de projetos, de modo a direcionar o leitor a estabelecer associações com a aplicação dada ao circuito. No Capítulo 9 foi apresentado um amplificador em EC, mas com polarização de base, a qual não é habitualmente empregada devido às instabilidades térmicas que esse circuito de polarização impõe ao transistor. Os experimentos sugeridos neste capítulo superam satisfatoriamente as deficiências de estabilidade ao utilizar, em todos os casos, circuitos de polarização mais estáveis, como o de polarização por divisor de tensão.

Como critério de concepção dos circuitos, os transistores usados nos amplificadores são polarizados de modo a ter o ponto quiescente no ponto médio da linha de carga e, com isso, garantir que a operação dos transistores seja na região ativa. Os testes dos amplificadores são realizados por meio de um sinal de entrada senoidal, de baixa amplitude, fornecido por um gerador de funções. As frequências dos sinais de entrada estarão apenas na faixa de frequência que corresponde à largura de banda, onde os amplificadores terão ganho de tensão constante. No Capítulo 11 serão estudados os efeitos das frequências elevadas no comportamento dos amplificadores aqui abordados.

Os circuitos sugeridos para a realização dos experimentos são todos de classe A. A operação em classe A significa que durante todo o ciclo de operação o transistor opera na região ativa, consumindo potência fornecida pela fonte de alimentação durante todo esse período. Por consequência, esses amplificadores apresentam baixa eficiência energética, mas são menos suscetíveis a distorções.

Os objetivos dos experimentos deste capítulo consistem em identificar as diferenças nas configurações por meio das características próprias de impedância de entrada e saída e ganho de tensão (circuitos equivalentes *ca*) de cada uma destas para que possam ser direcionadas para projetos específicos. Portanto, após tomar contato com os circuitos sugeridos, o leitor terá condições de fazer escolhas apropriadas para seleção de amplificadores de futuros projetos.

Na configuração EC serão estudados quatro circuitos. O mais conhecido é mostrado na Figura 10.1. Essa versão também pode ser implementada com um resistor de linearização e usando transistores do tipo Darlington. Além disso, também será estudada a versão com realimentação de coletor. O circuito da Figura 10.2 é usado para ilustrar a configuração CC, usada como amplificador de correntes. Por fim, a configuração BC, que é a com menor número de aplicações, é ilustrada na Figura 10.3.

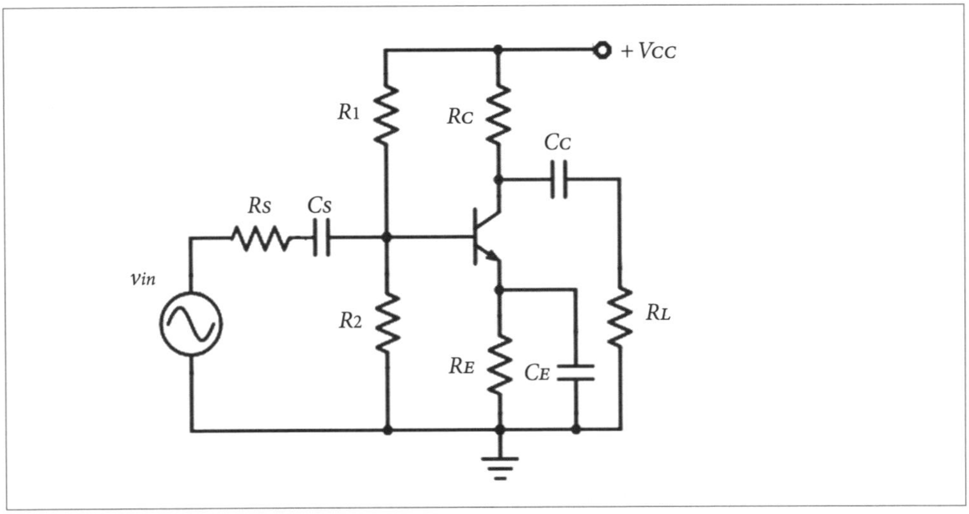

Figura 10.1 Diagrama esquemático de um amplificador com transistor bipolar na configuração emissor comum.

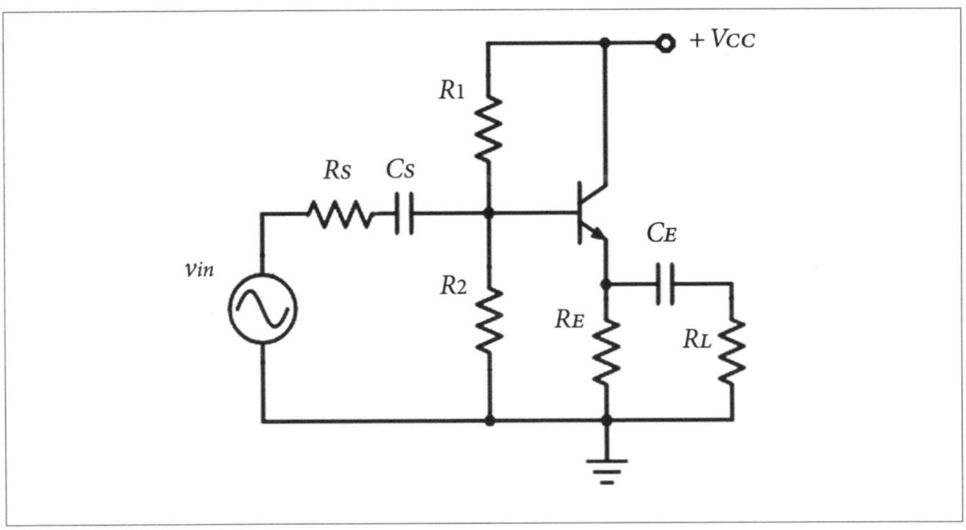

Figura 10.2 Diagrama esquemático de um amplificador com transistor bipolar na configuração coletor comum.

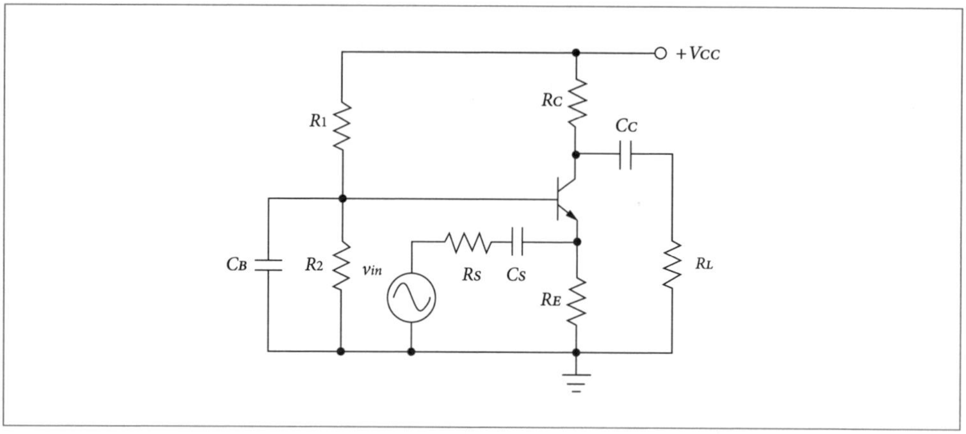

Figura 10.3 Diagrama esquemático de um amplificador com transistor bipolar na configuração base comum.

No decorrer do capítulo são apresentados os circuitos mencionados e algumas de suas variações como circuitos alternativos para serem testados. Todos os circuitos foram abordados de maneira sistematizada de modo que cada circuito possa ser estudado pelo método da superposição, na qual se desenvolve a análise *cc*, em que se fazem recomendações e orientações para a definição do ponto quiescente, e a análise *ca*, em que apresentam os elementos para a determinação das impedâncias de entrada e saída e do ganho do amplificador. Por fim, é estudada a resposta em baixas frequências, em que são apresentados os cálculos para as capacitâncias de acoplamento e de desvio.

10.2 TEORIA

A seção de teoria será dividida em subseções relacionadas às três configurações propostas. Desse modo, em 10.2.1 serão apresentados todos os circuitos nas configurações EC e nas subseções 10.2.2 e 10.2.3 as configurações CC e BC, respectivamente. O modelo de transistor utilizado é o de Ebbers-Moll, já mencionado anteriormente. Não foram consideradas nas análises a resistência de Early.

10.2.1 Configuração EC

O estudo da configuração EC será dividido em quatro partes: a convencional, a linearizada, a convencional com transistores do tipo Darlington e a de realimentação de coletor. Em todas elas, o projeto do amplificador EC inicia-se pela polarização do transistor. Os preceitos para essa polarização já foram anunciados no Capítulo 9 e consistem, basicamente, em prover um ponto de trabalho para o transistor situado na sua região ativa, ou seja, onde a relação entre I_C e I_B seja linear.

10.2.1.1 Configuração EC convencional

Usa-se o circuito da Figura 10.1 com a fonte *ca* em curto-circuito. Portanto, só haverá correntes contínuas no circuito e, com isso, os capacitores são considerados abertos. O circuito resultante é mostrado na Figura 10.4.

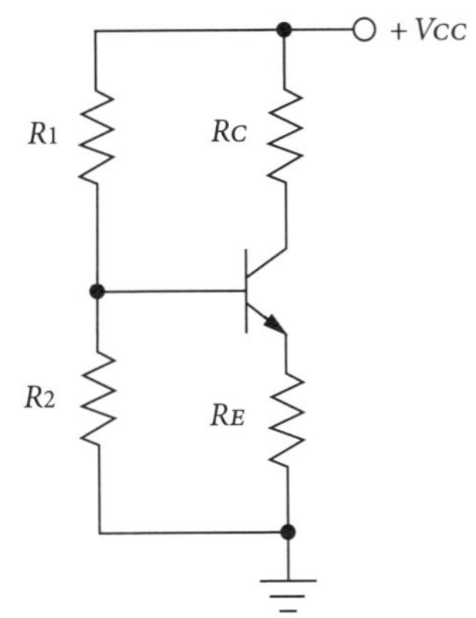

Figura 10.4 Diagrama esquemático do circuito *cc* do amplificador da Figura 10.1.

Existem algumas regras práticas para realizar a polarização desse circuito sob as condições já apresentadas. Considera-se que a corrente de base seja desprezível, o que é bastante razoável na grande maioria dos casos, pois os transistores bipolares para médias potências apresentam parâmetros β elevados, da ordem de 300. Isso significa que a tensão V_B é definida pela corrente I_{12} que percorre o divisor de tensão formado por R_1 e R_2.

As regras consistem em adotar:

a) $V_{RE} = 0{,}1V_{CC}$;
b) $V_{CEQ} = V_{RC}$;
c) $I_{12} = 0{,}1I_{CQ}$.

Passando para o circuito *ca*, o circuito equivalente representado genericamente na Figura 9.3 pode ser utilizado aqui. As impedâncias de entrada e saída, z_i e z_o, respectivamente, e o ganho de tensão do amplificador em malha aberta, A_{vo}, são expressos nas equações 10.1, 10.2 e 10.3, respectivamente.

$$z_i = \frac{R_{12}\beta r_e'}{R_{12} + \beta r_e'} \tag{10.1}$$

onde $r_e^{'} = \dfrac{25mV}{I_E(mA)}$ é a resistência *ca* do emissor e $R_{12} = \dfrac{R_1R_2}{R_1 + R_2}$

$$z_o = R_C \tag{10.2}$$

$$A_{v0} = -\frac{R_C}{r_e^{'}} \tag{10.3}$$

Os capacitores de acoplamento C_S e C_C, assim como o de desvio, C_E, são determinados por meio da definição das frequências de corte dos filtros passa-alta (f_{c1}, f_{c2} e f_{c3}) dados pelas equações 10.4, 10.5 e 10.6, respectivamente. As observações realizadas no Capítulo 9, em relação à condição estabilizada de operação, para os capacitores de acoplamento também são análogas para o capacitor de desvio. A componente resistiva dessas equações é determinada aplicando-se o circuito "visto" pelo respectivo capacitor. Ao aplicar esse teorema a um dos capacitores, as demais capacitâncias serão consideradas infinitas.

$$f_{c1} = \frac{1}{2\pi\left(R_S + z_i\right)C_S} \tag{10.4}$$

$$f_{c2} = \frac{1}{2\pi\left(R_L + z_o\right)C_C} \tag{10.5}$$

$$f_{c3} = \frac{1}{2\pi\dfrac{R_E\left(\dfrac{1}{\beta}\dfrac{R_SR_{12}}{R_S + R_{12}} + r_e^{'}\right)}{R_E + \left(\dfrac{1}{\beta}\dfrac{R_SR_{12}}{R_S + R_{12}} + r_e^{'}\right)}C_E} \tag{10.6}$$

Deve ser observado que normalmente o termo $\left(\dfrac{1}{\beta}\dfrac{R_SR_{12}}{R_S + R_{12}} + r_e^{'}\right)$ é muito menor que R_E; logo, na prática, pode-se desconsiderar este termo em $R_E + \left(\dfrac{1}{\beta}\dfrac{R_SR_{12}}{R_S + R_{12}} + r_e^{'}\right)$ no cálculo de C_E.

10.2.1.2 Configuração EC convencional linearizada

A Figura 10.5 mostra uma variação do circuito da Figura 10.1. Trata-se do amplificador EC linearizado. O procedimento de análise do circuito é o mesmo; no entanto, o ganho em malha aberta é diminuído por conta de o resistor de linearização $R_{E'}$ participar do circuito equivalente *ca*. As equações 10.7, 10.8 e 10.9 fornecem as impedâncias de entrada e saída e o ganho em malha aberta, respectivamente.

$$z_i = \frac{R_{12}\beta(R_E^{'} + r_e^{'})}{R_{12} + \beta(R_E^{'} + r_e^{'})} \tag{10.7}$$

$$z_o = R_C \tag{10.8}$$

$$A_{v0} = -\frac{R_C}{R_E^{'} + r_e^{'}} \tag{10.9}$$

Os capacitores C_S, C_C e C_E também são determinados por meio da definição das frequências de corte (vide observações na seção 9.2.2) dos filtros passa-alta (f_{c1}, f_{c2} e f_{c3}) e são dados pelas equações 10.10, 10.11 e 10.12, respectivamente:

$$f_{c1} = \frac{1}{2\pi\left(R_S + z_i\right)C_S} \tag{10.10}$$

$$f_{c2} = \frac{1}{2\pi\left(R_L + z_o\right)C_C} \tag{10.11}$$

$$f_{c3} = \frac{1}{2\pi \dfrac{R_E\left(\dfrac{1}{\beta}\dfrac{R_S R_{12}}{R_S + R_{12}} + R_E^{'} + r_e^{'}\right)}{R_E + \left(\dfrac{1}{\beta}\dfrac{R_S R_{12}}{R_S + R_{12}} + R_E^{'} + r_e^{'}\right)} C_E} \tag{10.12}$$

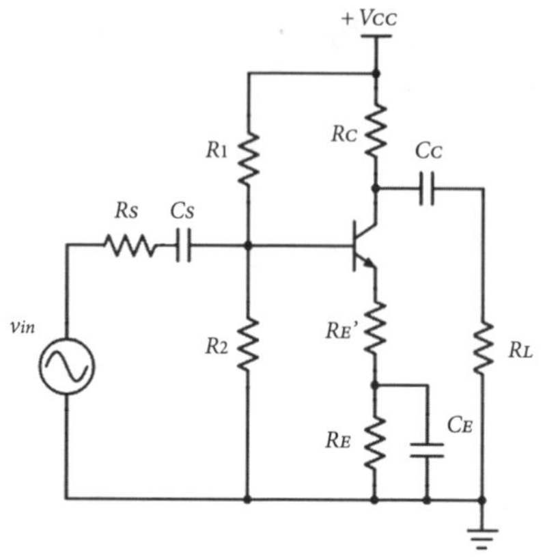

Figura 10.5 Diagrama esquemático de um amplificador com transistor bipolar na configuração emissor comum linearizado.

10.2.1.3 Configuração EC com transistores Darlington

Os transistores Darlington são oriundos de uma composição de dois transistores bipolares conectados como mostrado na Figura 10.6. Esses transistores são encontrados comercialmente em um único encapsulamento que engloba ambos os dispositivos originais. No entanto, em grande parte dos casos, os projetistas acabam optando pela composição do transistor Darlington com um transistor de baixa potência (Q_1), normalmente com parâmetro β elevado (maior que 200) e outro de alta potência (Q_2), com o β reduzido, da ordem de algumas dezenas. O resultado dessa composição é um transistor com um parâmetro β igual a $\beta_1 \beta_2$. Assim, o fator de ampliação da corrente nesses transistores é muito elevado. Além disso, a queda de tensão entre a base e o emissor é dada por $V_{BE} = V_{BE1} + V_{BE2}$. Por fim, a partir do modelo de Ebbers-Moll, a resistência de emissor será $r_{e'} = r_{e1'} + r_{e2'}$. Os índices 1 e 2 correspondem a Q_1 e Q_2, respectivamente.

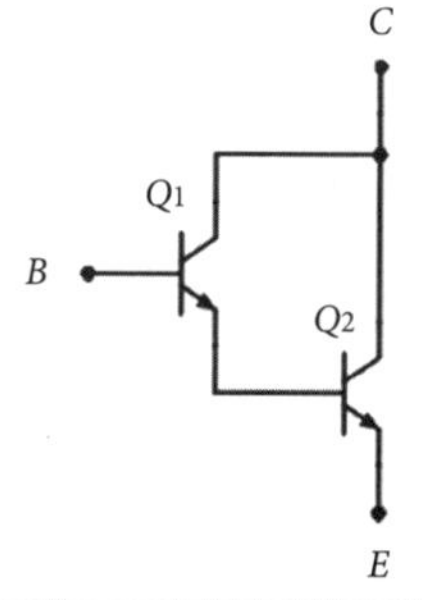

Figura 10.6 Representação esquemática de um transistor Darlington.

Os transistores Darlington são normalmente utilizados nas configurações EC e CC. Na Figura 10.7 é apresentado o diagrama esquemático de um amplificador baseado em um transistor Darlington na configuração EC.

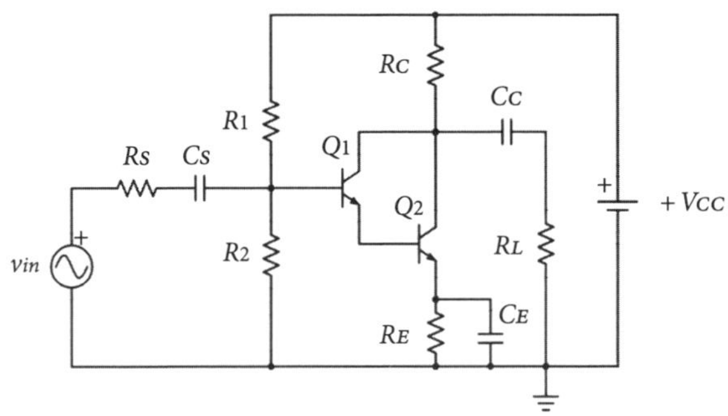

Figura 10.7 Diagrama esquemático de um amplificador com transistor bipolar do tipo Darlington na configuração emissor comum.

Em vista do exposto e da similaridade dos circuitos das Figuras 10.1 e 10.7, a análise do amplificador na configuração EC com transistores do tipo Darlington é, praticamente, a mesma que aquela desenvolvida para o circuito da Figura 10.1, desde que os valores de β, V_{BE} e $r_{e'}$ sejam corrigidos. Assim como nos demais amplificadores iremos promover uma pequena apresentação com resultados da análise dos circuitos equivalentes *cc* e *ca*. Explicações detalhadas sobre o desenvolvimento da análise desse amplificador são encontradas em Arnold *et al.* (2014).

Para a análise *cc* consideramos apenas a fonte de alimentação $+V_{CC}$. A fonte de tensão de sinal de entrada é curto-circuitada e os capacitores de acoplamento e desvio estão abertos. Desse modo, o circuito resultante é mostrado na Figura 10.8.

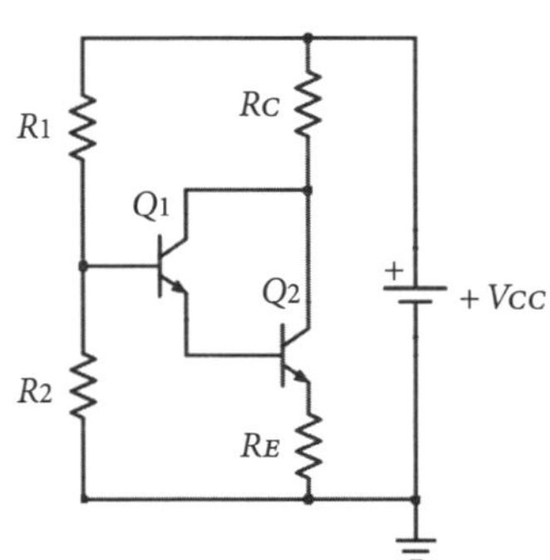

Figura 10.8 Diagrama esquemático do circuito *cc* do amplificador da Figura 10.7.

A polarização desse circuito é baseada nas mesmas regras práticas firmadas para o amplificador EC convencional. Evidentemente, consideram-se Q_1 e Q_2 como um único transistor com $V_{BE} = 1,4$ V.

Na Figura 10.9 é apresentado o circuito equivalente *ca* do amplificador.

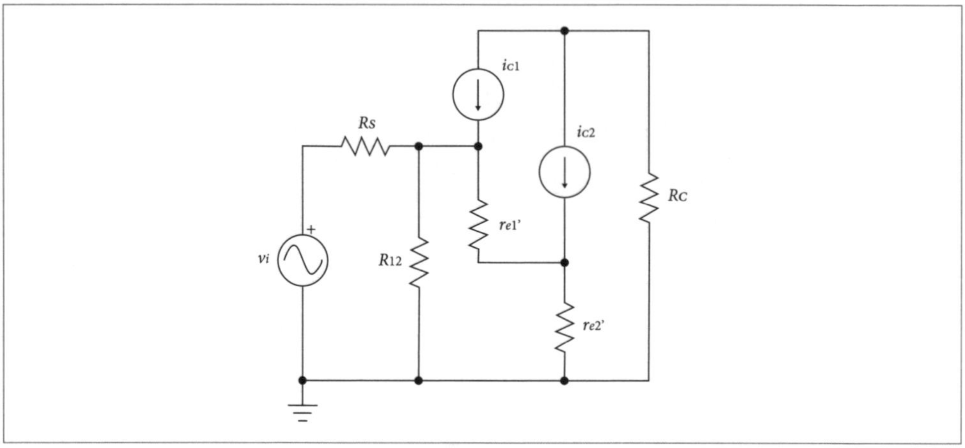

Figura 10.9 Diagrama esquemático do circuito *ca* do amplificador da Figura 10.7 sem considerar a carga R_L.

Os resultados obtidos para o ganho de tensão em malha aberta e as impedâncias de entrada e saída são encontrados nas equações 10.13, 10.14 e 10.15.

$$z_i = \frac{R_{12} r_{ib}}{R_{12} + r_{ib}} \tag{10.13}$$

onde $r_{ib} = (1+\beta_1)(r'_{e1} + r'_{e2}) + (1+\beta_2) r'_{e2}$ é a resistência "vista" pela base de Q_1 e

$$R_{12} = \frac{R_1 R_2}{R_1 + R_2}$$

$$z_o = R_C \tag{10.14}$$

$$A_{v0} = -\frac{R_C (1+\beta_2)}{r'_{e1} + (1+\beta_2) r'_{e2}} \tag{10.15}$$

Os capacitores de acoplamento e de desvio são determinados por meio da definição das frequências de corte dos filtros passa-alta (f_{c1}, f_{c2} e f_{c3}) dados pelas equações 10.16, 10.17 e 10.18, respectivamente, mas os valores escolhidos são multiplicados por dez para se obter o acoplamento (ou desvio) quase ideal.

$$f_{c1} = \frac{1}{2\pi\left(R_S + z_i\right)C_S} \tag{10.16}$$

$$f_{c2} = \frac{1}{2\pi\left(R_L + z_o\right)C_C} \tag{10.17}$$

$$f_{c3} = \frac{1}{2\pi\left(\frac{r_E R_E}{r_E + R_E}\right)C_E} \tag{10.18}$$

onde

$$r_E = \frac{1}{\beta_1\beta_2}\frac{R_S R_{12}}{R_S + R_{12}} + \frac{r'_{e1}}{\beta_2} + r'_{e2}$$

Note que o termo das resistências da equação 10.18 deve ser próximo a r_E, pois esse valor é, normalmente, muito menor que R_E. Além disso, r_E deve ser próximo à parcela de r_{e2}, uma vez que as demais possuem no denominador valores elevados de β.

10.2.1.4 Configuração EC com realimentação por coletor

Na Figura 10.10 é apresentado um amplificador na configuração EC, mas com polarização por realimentação de coletor. A realimentação negativa é uma técnica usada em circuitos amplificadores que será mais bem explorada no Capítulo 21. No caso do circuito da Figura 10.10, a realimentação é feita por R_F.

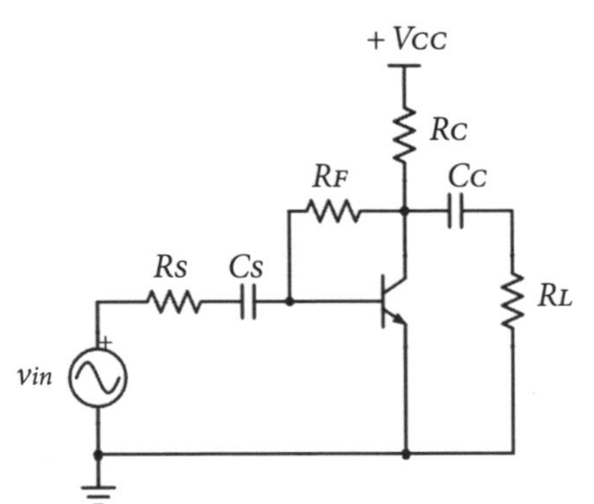

Figura 10.10 Diagrama esquemático de um amplificador com transistor bipolar na configuração emissor comum com polarização por realimentação de coletor.

Assim como nos demais amplificadores, a análise do circuito é feita separando-se em um circuito *cc* e outro *ca*. A Figura 10.11 mostra o circuito *cc* do amplificador da Figura 10.10.

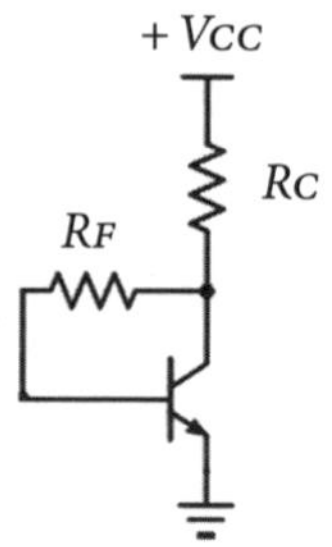

Figura 10.11 Diagrama esquemático do circuito cc do amplificador da Figura 10.10.

A aplicação da lei de Kirchhoff para tensões na malha composta por $+V_{CC}$, R_C e V_{CE} resulta na equação 10.19:

$$I_C = \left(1 + \frac{1}{\beta}\right)\frac{V_{CC} - V_{CE}}{R_C} \qquad (10.19)$$

Como β possui valor elevado, o termo entre parênteses é aproximadamente 1. Com isso, a corrente de saturação do coletor é V_{CC}/R_C.

Aplicando-se novamente a lei de Kirchhoff na malha formada por $+V_{CC}$, R_C, R_F e V_{BE} chega-se à equação 10.20:

$$I_C = \frac{V_{CC} - V_{BE}}{R_C + \dfrac{R_C}{\beta} + \dfrac{R_F}{\beta}} \qquad (10.20)$$

Normalmente R_F é muito maior que R_C, assim a parcela R_C/β do denominador da equação 10.20 é desprezada nos cálculos.

A regra prática para projetar um circuito com polarização por coletor também considera que V_{CE} deva ter a metade do valor de V_{CC}. Considerando as aproximações sugeridas nos comentários das equações 10.19 e 10.20 e admitindo que V_{BE} seja muito menor que V_{CC}, obtemos $R_F = \beta\, R_C$.

A Figura 10.12a mostra o circuito *ca* do amplificador da Figura 10.10. Verifica-se que a resistência R_F estabelece uma ponte entre os circuitos de entrada e saída. Para esse tipo de configuração é adequado aplicar o teorema de Miller para incorporar o efeito da realimentação nos circuitos de entrada e saída do amplificador, o que torna o procedimento de análise mais simples. Assim, aplicando-se esse teorema, o circuito equivalente *ca* do amplificador passa a ser representado pela Figura 10.12b.

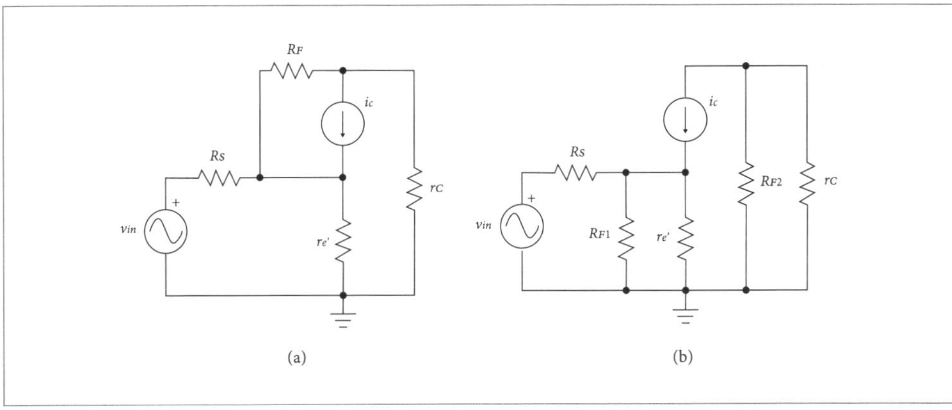

Figura 10.12 (a) Diagrama esquemático do circuito *ca* do amplificador da Figura 10.10; (b) diagrama esquemático do circuito *ca* do amplificador da Figura 10.10 com aplicação do teorema de Miller.

De acordo com o teorema de Miller, as projeções R_{F1} e R_{F2} são dadas pelas equações 10.21 e 10.22, respectivamente:

$$R_{F1} = \frac{R_F}{(1-A)} \tag{10.21}$$

$$R_{F2} = R_F \frac{A}{A-1} \tag{10.22}$$

onde A é o ganho do amplificador sem realimentação dado por $A = -\frac{R_C}{r_e'}$.

A análise do circuito da Figura 10.12b permite determinar as impedâncias de entrada ("vista" a partir do terminal de base do transistor) e saída (sem a resistência de carga) e o ganho de tensão em malha aberta do amplificador expressos pelas equações 10.23, 10.24 e 10.25, respectivamente.

$$z_i = \frac{R_{F1}\beta r_e'}{R_{F1} + \beta r_e'} \tag{10.23}$$

$$z_o = \frac{R_C R_{F2}}{R_C + R_{F2}} \tag{10.24}$$

$$A_{v0} = -\frac{\dfrac{R_C R_{F2}}{R_C + R_{F2}}}{r_e'} \tag{10.25}$$

Os capacitores de acoplamento C_S e C_C são determinados segundo os critérios explicados no Capítulo 9, pelas frequências de corte dos filtros passa-alta (f_{c1} e f_{c2}) dados pelas equações 10.26 e 10.27, respectivamente:

$$f_{c1} = \frac{1}{2\pi\left(R_S + z_i\right)C_S} \tag{10.26}$$

$$f_{c2} = \frac{1}{2\pi\left(R_L + z_o\right)C_C} \tag{10.27}$$

10.2.2 Configuração CC

O circuito da Figura 10.2, configuração CC, normalmente é utilizado como casador de impedâncias de circuitos, pois apresenta ganho de tensão unitário, impedância de entrada elevada e impedância de saída reduzida. Com essas características um sinal com uma dada amplitude e fornecido por uma fonte de baixa potência pode ser entregue a uma carga que consuma correntes maiores sem diminuição da amplitude da tensão.

A Figura 10.13 mostra o circuito *cc* do amplificador da Figura 10.2.

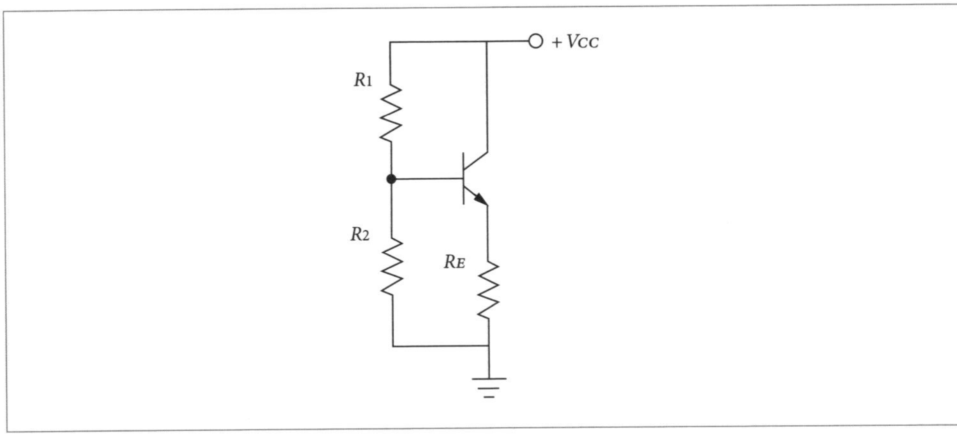

Figura 10.13 Diagrama esquemático do circuito *cc* do amplificador da Figura 10.2.

As regras práticas adotadas para polarizar o amplificador CC são:

a) $V_{RE} = 0{,}5V_{CC}$;
b) $I_{12} = 0{,}1I_{CQ}$.

A Figura 10.14 mostra o circuito *ca* do amplificador da Figura 10.2.

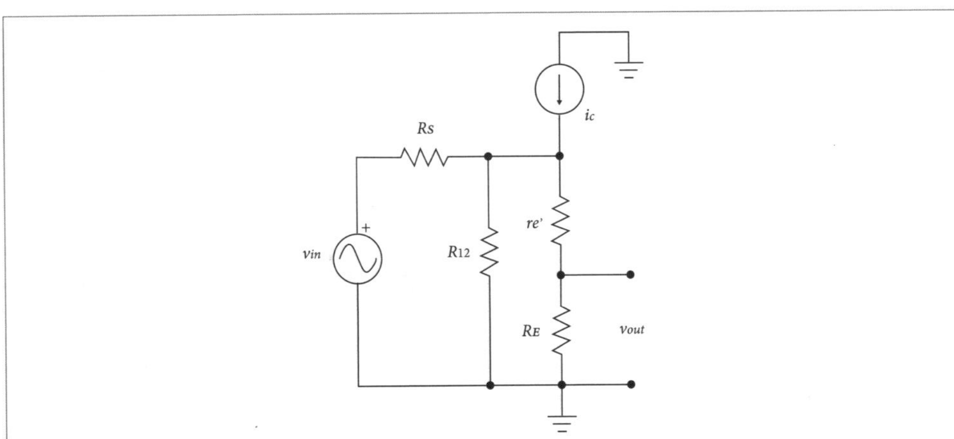

Figura 10.14 Diagrama esquemático do circuito *ca* do amplificador da Figura 10.2 sem considerar a carga R_L.

As impedâncias de entrada e saída (representadas na Figura 6.3 por resistências) e o ganho de tensão do amplificador em malha aberta são dados pelas equações 10.28, 10.29 e 10.30, respectivamente.

$$z_{in} = \frac{R_{12}\beta R_E}{R_{12} + \beta R_E} \tag{10.28}$$

$$z_{out} = \frac{R_E r_{oE}}{R_E + r_{oE}} \tag{10.29}$$

onde

$$r_{oE} = r_e' + \frac{1}{\beta}\frac{R_S R_{12}}{R_S + R_{12}}$$

$$R_{12} = \frac{R_1 R_2}{R_1 + R_2}$$

$$r_e' = \frac{25mV}{I_E(mA)}$$

$$A_{v0} = \frac{R_E}{R_E + r_{oE}} \tag{10.30}$$

O termo r_{oE} representa a impedância "vista" a partir do resistor R_E, excluído este evidentemente. Normalmente, r_{oE} apresenta um valor inferior a R_E e, com isso, o ganho do amplificador CC aproxima-se de 1. Da mesma forma, a impedância de saída tende a ser muito pequena e se aproximar de r_{oE}.

Em experimentos de laboratório, normalmente utilizamos um gerador de funções como fonte de sinais de corrente alternada. Esses equipamentos possuem impedância de saída muito menor que z_{in}. Portanto, a tensão de entrada do amplificador é praticamente a mesma da fonte de sinal.

Os capacitores de acoplamento são determinados por meio da definição de frequência de corte dos filtros passa-alta pelas equações 10.31 e 10.32 e em acordo com o critério de acoplamento descrito no Capítulo 9.

$$f_{c1} = \frac{1}{2\pi\left(R_S + z_{in}\right)C_S} \tag{10.31}$$

$$f_{c2} = \frac{1}{2\pi\left(R_L + z_{out}\right)C_E} \tag{10.32}$$

10.2.3 Configuração BC

O circuito da Figura 10.3 é um amplificador em configuração de base comum. Esse tipo de circuito é menos utilizado que os dois outros amplificadores já mencionados. Os amplificadores BC possuem baixa impedância de entrada, o que, na maior parte das vezes, restringe seu uso em baixas frequências. Fontes de sinais de baixa impedância de saída são mais comuns em circuitos de radiofrequência. Desse modo, os amplificadores BC são mais utilizados nessa faixa mais elevada de frequências. A Figura 10.15 mostra o circuito equivalente *cc* do amplificador mostrado na Figura 10.3. Repare que se trata do mesmo circuito equivalente do amplificador EC convencional. Portanto, a metodologia para determinação dos resistores de polarização será a mesma do circuito EC.

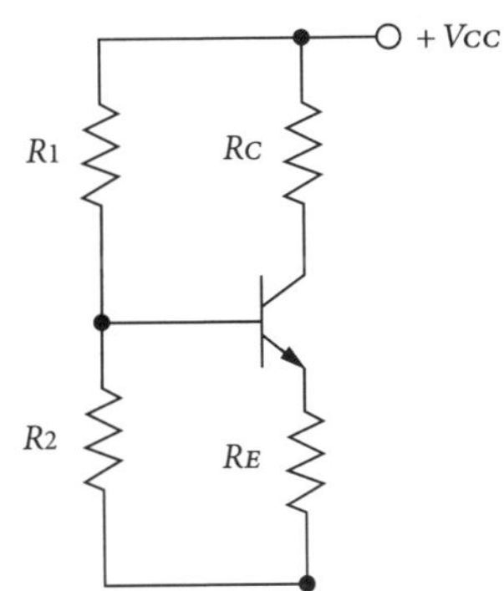

Figura 10.15 Diagrama esquemático do circuito *cc* do amplificador da Figura 10.3.

Na Figura 10.16 é apresentado o circuito equivalente *ca* do amplificador BC.

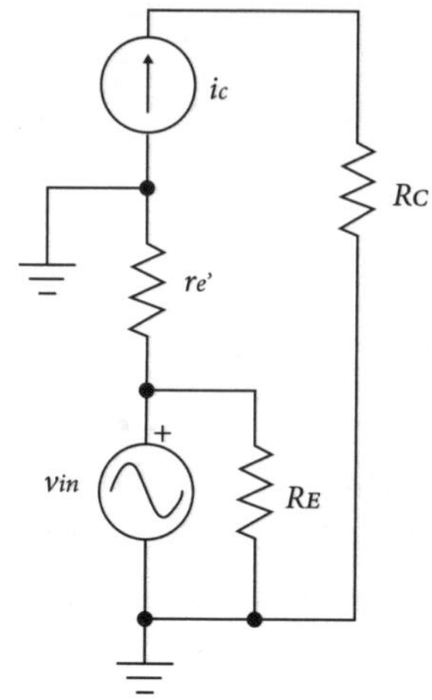

Figura 10.16 Diagrama esquemático do circuito *ca* do amplificador da Figura 10.3, sem considerar a carga R_L.

As impedâncias de entrada e saída, z_i e z_o, respectivamente, e o ganho de tensão do amplificador em malha aberta, A_{vo}, são expressos nas equações 10.33, 10.34 e 10.35, respectivamente.

$$z_i = \frac{R_E r_e^{'}}{R_E + r_e^{'}} \tag{10.33}$$

$$z_o = R_C \tag{10.34}$$

$$A_{v0} = \frac{R_C}{r_e^{'}} \tag{10.35}$$

É importante destacar nas características do amplificador na configuração BC que a impedância de entrada está, na prática, próxima a r_e, pois o valor dela é normalmente muito menor que o de R_E. A impedância de saída e o módulo do ganho de tensão do BC assumem os mesmos valores que os de EC, exceto pelo fato de o sinal de saída ficar em fase com o de entrada.

Os capacitores de acoplamento C_S e C_C, assim como o de desvio, C_B, em conformidade ao observado no Capítulo 9, são determinados por meio da definição das frequências de corte dos filtros passa-alta (f_{c1}, f_{c2} e f_{c3}) dados pelas equações 10.36, 10.37 e 10.38, respectivamente:

$$f_{c1} = \frac{1}{2\pi\left(R_S + z_i\right)C_S} \tag{10.36}$$

$$f_{c2} = \frac{1}{2\pi\left(R_L + z_o\right)C_C} \tag{10.37}$$

$$f_{c3} = \frac{1}{2\pi\left(\frac{R_{SE}R_{12}}{R_{SE} + R_{12}}\right)C_B} \tag{10.38}$$

onde

$$R_{SE} = \beta\left(r_e^{'} + \frac{R_E R_S}{R_E + R_S}\right)$$

10.3 EXPERIMENTOS PROPOSTOS

Os experimentos propostos para este capítulo focam as três configurações apresentadas na teoria e algumas variações também apresentadas como circuitos alternativos. Serão apresentadas também regras práticas que permitem fazer pequenos projetos de amplificadores transistorizados e modificar os experimentos propostos. Essas regras práticas são decorrentes de sugestões e experiência na montagem dos circuitos.

10.3.1 Circuitos EC

Conforme já mencionado, na configuração EC o terminal do emissor é comum aos circuitos de entrada e saída do amplificador. Nesta subseção são apresentadas as configurações convencional, linearizada, convencional com transistores do tipo Darlington e por polarização com realimentação de coletor.

10.3.1.1 Amplificadores EC convencional e linearizado

Usaremos o diagrama esquemático do circuito da Figura 10.1 para projetar um amplificador de pequenos sinais. Arbitrariamente foram escolhidas a fonte de alimentação com V_{CC} = 15V e o transistor NPN 2N3904, cujo parâmetro β fica próximo a 300. O transistor será polarizado no ponto quiescente (V_{CEQ}, I_{CQ}) = (6,75V, 1,0mA), portanto $r_{e'}$ = 25 Ω. Ao observar as curvas características de I_C em função de V_{CE} do 2N3904, note que o ponto quiescente escolhido está seguramente posicionado na região ativa. O amplificador terá uma frequência de corte inferior em 100 Hz; portanto, a frequência mínima de operação será de 1 kHz, e uma carga R_L maior ou igual a R_C. O sinal de entrada será fornecido por um gerador de funções cuja resistência de saída (R_S) é de 50 Ω.

A partir das premissas adotadas, a tensão V_B será de 2,2 V, pois V_{BE} = 0,7 V. Aplicando as regras de polarização sugeridas na teoria obteremos: R_E = 1,5 kΩ, R_C = 6,75 kΩ, R_1 = 12,8 kΩ e R_2 = 2,2 kΩ. Uma vez definido o circuito de polarização, trace as linhas de carga *cc* e *ca* do amplificador.

Os capacitores de acoplamento e desvio são calculados por meio das equações 10.4 a 10.6, resultando em C_S = 1,0 μF, C_C = 235,9 nF e C_E = 64,2 μF. O valor de C_C foi determinado considerando-se R_L = 0 Ω para produzir o valor mais elevado de capacitância. Na listagem estão relacionados os valores comerciais aproximados das resistências e capacitâncias encontradas. As capacitâncias sempre são arredondadas para valores mais elevados a fim de garantir a resposta de frequência desejada.

Os materiais usados nesse experimento são:

- 1 fonte de alimentação com V_{CC} = 15 V;
- 1 osciloscópio de 2 canais;
- 1 gerador de funções;
- 1 multímetro;
- 1 transistor 2N3904;
- 1 resistor de 1,5 kΩ × ¼ W (R_E);
- 2 resistores de 6,8 kΩ × ¼ W (R_C e R_L);
- 1 resistor de 12 kΩ × ¼ W (R_1);
- 1 resistor de 2,2 kΩ × ¼ W (R_2);
- 1 capacitor eletrolítico de 1,0 μF × 25 V (C_S);
- 1 capacitor de poliéster de 330 nF × 250 V (C_C);
- 1 capacitor eletrolítico de 68 μF × 25 V (C_E);
- resistores diversos, com potência nominal de ¼ W e resistências superiores a 6,8 kΩ para variar R_L.

Os testes do amplificador consistem em, inicialmente, verificar o ponto quiescente do transistor com o multímetro. É evidente que essa medição é feita sem a inclusão do sinal do gerador de funções.

Em seguida, use o gerador de funções para aplicar um sinal de entrada senoidal com amplitude de 10 mV e frequência de 5 kHz. Usando o osciloscópio, meça a tensão de saída com a carga em aberto e determine o ganho em malha aberta. Compare com o ganho esperado pela teoria dado pela equação 10.3, que é de –272. É importante observar que a tensão de saída deve estar com defasagem de 180º em relação à da entrada. Caso isso não ocorra, a operação do amplificador não estará correta. Sugere-se então aumentar o valor dos capacitores. Intuitivamente, a primeira capacitância a ser substituída deveria ser C_E, pois tem forte dependência de r_e, que é o valor no qual não medimos diretamente, mas apenas determinamos por um modelo simplificado.

Diminua a frequência do sinal de entrada e encontre a frequência de corte inferior do amplificador. A frequência de corte será encontrada quando houver uma redução de 3 dB da tensão de saída em relação à medição feita na frequência de 5 kHz. Cada capacitor inserido no circuito define uma frequência de corte que pode ser calculada teoricamente. Compare esses valores com a frequência de corte obtida experimentalmente. Verifique se, efetivamente, o ganho se mantém constante acima da frequência mínima proposta de 1 kHz.

Retorne a frequência do sinal de entrada para a faixa de passagem (p. ex., 5 kHz). Introduza resistores de carga com valores diversos a partir de $R_L = R_C$. Meça as tensões de saída e desenvolva um procedimento para determinar o circuito equivalente de Thévenin da saída equivalente do amplificador.

Aumente discretamente a amplitude do sinal de entrada e repare os efeitos sobre a forma de onda do sinal de saída. As observações feitas nesse procedimento justificam o uso de amplificadores linearizados como o do circuito mostrado na Figura 10.5. Por meio do procedimento descrito no Capítulo 9, obtenha a eficiência do amplificador para diferentes amplitudes do sinal de saída. Represente graficamente a eficiência em função das tensões de entrada. Deve-se observar que o sinal de saída não deve estar distorcido em relação à entrada ao fazer as medições necessárias para a determinação das potências e, por conseguinte, da eficiência.

Iremos desenvolver um amplificador com as mesmas características do anterior. Assim, os resistores R_1, R_2 e R_C serão os mesmos. O resistor de emissor será separado em $R_{E'} = 300\ \Omega$ (o valor comercial mais próximo é 330 Ω) e $R_E = 1{,}2\ k\Omega$. Todo o procedimento anterior deve ser repetido nesse amplificador. O cálculo das capacitâncias é executado por meio das equações 10.10 a 10.12. Não apresentaremos esses valores aqui, pois basta notar que a introdução de $R_{E'}$ aumenta a componente resistiva nas equações e, com isso, as capacitâncias seriam reduzidas. Como já adotamos no experimento anterior valores de capacitâncias maiores, esse lastro é suficiente para garantir a faixa de frequências prevista no projeto. Portanto, a lista de materiais usados para esse experimento é a mesma da anterior, com apenas a substituição do resistor de 1,5 kΩ × ¼ W (R_E) por outros 2, de 1,2 kΩ × ¼ W (R_E) e 330 Ω × ¼ W ($R_{E'}$).

Em termos de comparação, o ganho esperado no amplificador linearizado é significativamente reduzido para 19,15.

10.3.1.2 Amplificador EC com transistor do tipo Darlington

O experimento a ser conduzido com transistor do tipo Darlington é baseado no circuito mostrado na Figura 10.7, usando-se $V_{CC} = 15$ V e os transistores NPN 2N3904 (Q_1) e BD135 (Q_2), cujos parâmetros β ficam próximos a 300 e 40, respectivamente. O ponto quiescente do transistor Q_2 é (V_{CEQ}, I_{CQ}) = (6,75 V, 10,0 mA), ou seja, optamos por aumentar I_{CQ} em dez vezes em relação ao circuito convencional. Essa escolha de Q_2 leva a $r_{e2'} = 2{,}5\ \Omega$ e a $r_{e1'} = 100\ \Omega$. O amplificador terá uma frequência de corte inferior em 100 Hz; portanto, uma frequência mínima de operação de 1 kHz, e uma carga R_L maior ou igual a R_C. O sinal de entrada será fornecido por um gerador de funções cuja resistência de saída (R_S) é de 50 Ω.

A partir das premissas adotadas, a tensão V_B será de 2,9 V, pois $V_{BE} = 1{,}4$ V. Aplicando as regras de polarização sugeridas na teoria, obteremos: $R_E = 150\ \Omega$, $R_C = 6{,}75$ kΩ, $R_1 = 12{,}1$ kΩ e $R_2 = 2{,}9$ kΩ.

Os capacitores de acoplamento e desvio são calculados por meio das equações 10.10 a 10.12, resultando em $C_S = 686{,}4$ nF, $C_C = 2{,}3$ μF e $C_E = 318{,}5$ μF. Na listagem estão relacionados os valores comerciais aproximados das resistências e capacitâncias encontradas. O critério de correção das capacitâncias são os mesmos que os adotados no circuito anterior.

Os materiais usados nesse experimento foram tomados como valores comerciais próximos aos calculados:

- 1 fonte de alimentação com $V_{CC} = 15$ V;
- 1 osciloscópio de 2 canais;
- 1 gerador de funções;
- 1 multímetro;
- 1 transistor 2N3904;
- 1 resistor de 150 Ω × ¼ W (R_E);
- 2 resistores de 680 Ω × ¼ W (R_C e R_L);
- 1 resistor de 12 kΩ × ¼ W (R_1);
- 1 resistor de 2,7 kΩ × ¼ W (R_2);
- 1 capacitor eletrolítico de 1 μF × 25 V (C_S);
- 1 capacitor eletrolítico de 4,7 μF × 25 V (C_C);
- 1 capacitor eletrolítico de 330 μF × 25 V (C_E);
- resistores diversos, com potência nominal de ¼ W e resistências superiores a 680 Ω para variar R_L.

Os procedimentos experimentais e testes para esse amplificador são os mesmos que os realizados na subseção 10.3.1.1., observadas as peculiaridades do transistor Darlington.

10.3.1.3 Amplificador EC com polarização por realimentação de coletor

Para o experimento com o amplificador EC com polarização por realimentação de coletor utilizaremos uma fonte de alimentação de 15 V e o transistor NPN 2N3904 ($\beta \approx 300$) que será polarizado no ponto quiescente (V_{CEQ}, I_{CQ}) = (7,5 V, 5,0 mA); portanto, obtém-se $r_{e'} = 5{,}0\ \Omega$. A corrente que circula por R_C é praticamente a mesma de I_{CQ}, tendo em vista que a resistência R_F é sempre muito maior que R_C. A partir de cálculos elementares obtêm-se $R_C = 1{,}5\ k\Omega$ e $R_F = 450\ k\Omega$ (aproximado para o valor comercial de 470 kΩ). Com os valores sugeridos as capacitâncias de acoplamento resultam ambas em um valor aproximado de 1,1 μF, os quais foram aproximados para valores comerciais de 2,2 μF. Como a frequência mínima de operação do amplificador será de 1 kHz, o cálculo das capacitâncias levará em conta uma frequência de corte de 100 Hz.

Os materiais usados nesse experimento são:

- 1 fonte de alimentação com $V_{CC} = 15$ V;
- 1 osciloscópio de 2 canais;
- 1 gerador de funções;
- 1 multímetro;
- 1 transistor 2N3904;
- 2 resistores de 1,5 kΩ × ¼ W (R_C e R_L);
- 1 resistor de 470 kΩ × ¼ W (R_F);
- resistores diversos, com potência nominal de ¼ W e resistências superiores a 1,5 kΩ para variar R_L;
- 2 capacitores eletrolíticos de 2,2 μF × 25 V (C_S e C_C).

Determine os valores esperados pelo modelo proposto na subseção 10.2.1.4, desenvolva um procedimento experimental similar ao que já foi feito nos amplificadores anteriores e compare os resultados experimentais e teóricos.

10.3.2 Circuito CC

O circuito, cujo diagrama esquemático está na Figura 10.2, será utilizado para ilustrar o projeto de um amplificador de ganho de aproximadamente 1. A fonte de alimentação com $V_{CC} = 15$V e o transistor NPN 2N3904 ($\beta \approx 300$) será polarizado no ponto quiescente (V_{CEQ}, I_{CQ}) = (7,5 V, 10,0 mA), portanto $r_{e'} = 2{,}5\ \Omega$. O amplificador terá uma frequência de corte inferior em 100 Hz; logo, a frequência mínima de operação será de 1 kHz, e uma carga R_L maior ou igual a R_E. O sinal de entrada será fornecido por um gerador de funções cuja resistência de saída (R_S) é de 50 Ω.

A partir dessas premissas, a tensão V_B será de 8,2 V, pois V_{BE} = 0,7 V. Desde que a corrente de base seja desprezada, o que é razoável, pois o parâmetro β do transistor é elevado, obtemos: R_E = 750 Ω, R_1 = 6,9 kΩ e R_2 = 8,2 kΩ.

Considerando $R_L = R_E$, as capacitâncias C_S e C_E foram calculadas por meio das equações 10.31 e 10.32 e resultaram em 420 nF e 2,1 μF, os quais foram aproximados para valores comerciais superiores, conforme critério já esclarecido anteriormente.

Os materiais usados nesse experimento são:

- 1 fonte de alimentação com V_{CC} = 15 V;
- 1 osciloscópio de 2 canais;
- 1 gerador de funções;
- 1 multímetro;
- 1 transistor 2N3904;
- 2 resistores de 750 Ω × ¼ W (R_E e R_L);
- 1 resistor de 6,8 kΩ × ¼ W (R_1);
- 1 resistor de 8,2 kΩ × ¼ W (R_2);
- 1 capacitor de poliéster de 470 nF × 250 V (C_S);
- 1 capacitor eletrolítico de 2,2 μF × 25 V (C_E);
- resistores diversos, com potência nominal de ¼ W e resistências superiores a 750 Ω para variar R_L.

O desenvolvimento experimental é o mesmo que foi realizado para os amplificadores EC. No entanto, deve-se observar algumas diferenças em relação aos amplificadores em EC. O ganho do amplificador está praticamente igual a 1 devido às escolhas feitas, as quais atenderam à aproximação de r_{oE} ser muito pequena (2,7 Ω é o valor determinado pelo modelo). Além disso, a tensão de entrada pode ser variada em uma faixa de amplitude de alguns Volts até que ocorra algum tipo de distorção no sinal de saída.

10.3.3 Circuito BC

A proposta de experimento com o amplificador BC emprega o circuito do diagrama esquemático da Figura 10.3. Escolheremos as mesmas características iniciais que foram utilizadas no projeto do amplificador EC, ou seja, a fonte de alimentação com V_{CC} = 15 V, o transistor NPN 2N3904, com parâmetro β em torno de 300, e o ponto quiescente (V_{CEQ}, I_{CQ}) = (6,75 V, 1,0 mA), portanto $r_{e'}$ = 25 Ω, frequência de corte inferior em 100 Hz; logo, a frequência mínima de operação será de 1 kHz, carga R_L maior ou igual a R_C e sinal de entrada fornecido por um gerador de funções cuja resistência de saída (R_S) é de 50 Ω.

A partir das premissas adotadas, a tensão V_B será de 2,2 V, pois V_{BE} = 0,7 V. Aplicando as regras de polarização sugeridas na teoria, obteremos: R_E = 1,5 kΩ, R_C = 6,75 kΩ, R_1 = 12,8 kΩ e R_2 = 2,2 kΩ. Os capacitores de acoplamento e desvio são calculados por meio das equações 10.36 a 10.38, resultando em C_S = 2,1 μF, C_C = 234,2 nF e C_E = 910,5 nF. Na listagem estão relacionados os valores comerciais aproximados das resistências e capacitâncias encontradas. As capacitâncias foram aproximadas para valores mais elevados.

Os procedimentos de teste desse amplificador são os mesmos que os realizados com o amplificador EC. No entanto, sugere-se incluir resistores de poucas dezenas de ohms em série com o gerador de funções e comparar as tensões de saída.

Os materiais usados nesse experimento são:

- 1 fonte de alimentação com V_{CC} = 15 V;
- 1 osciloscópio de 2 canais;
- 1 gerador de funções;
- 1 multímetro;
- 1 transistor 2N3904;
- 1 resistor de 1,5 kΩ × ¼ W (R_E);
- 2 resistores de 6,8 kΩ × ¼ W (R_C e R_L);
- 1 resistor de 12 kΩ × ¼ W (R_1);
- 1 resistor de 2,2 kΩ × ¼ W (R_2);
- resistores diversos, com potência nominal de ¼ W e resistências superiores a 6,8 kΩ para variar R_L;
- resistores de 4,7 Ω, 10 Ω, 22 Ω, 33 Ω, 51 Ω e 100 Ω × ¼ W para serem ligados em série com o gerador de funções;
- 1 capacitor eletrolítico de 2,2 μF × 25 V (C_S);
- 1 capacitor de poliéster de 330 nF × 250 V (C_C);
- 1 capacitor eletrolítico de 1 μF × 25 V (C_E).

10.4 DISCUSSÃO

Diante do volume e da diversidade de experimentos apresentados sobre as configurações de amplificadores de classe A baseados em transistores bipolares, recomenda-se ao experimentador fazer, inicialmente, um estudo comparativo das configurações apresentadas. É importante observar que as regras para a polarização dos transistores em todos os circuitos passam pela mesma diretriz, qual seja, de situar o ponto quiescente na região ativa. No entanto, as configurações são bastante diferentes entre si no tocante à análise comparativa das impedâncias de entrada e saída e dos ganhos de tensão e corrente. A clareza na distinção entre os circuitos será um fator determinante para se avaliar a correção do experimento que está sendo reproduzido. A obtenção dos esquemáticos dos modelos *ca* de cada configuração leva a importantes conclusões sobre a operação dos amplificadores. Use esses diagramas para fomentar a comparação entre os diversos circuitos.

Outro ponto que merece comparação refere-se à polarização que é proposta para os diferentes tipos de amplificadores e a consequente estabilidade. No Capítulo 9 foi apresentada a polarização de fixa de base que, reconhecidamente, é aquela em que menor estabilidade é obtida. Os circuitos do Capítulo 10 (polarização por divisor de tensão e polarização por realimentação de coletor) foram concebidos com polarizações que garantem maior estabilidade aos circuitos. Recomenda-se pesquisar e estabelecer comparações das expressões teóricas das estabilidades e possíveis regras práticas advindas desses circuitos com o intuito de incluir esse quesito no projeto de novos amplificadores.

O circuito do amplificador EC convencional (circuito da Figura 10.1) apresenta alguns pontos que merecem ser discutidos. Trata-se de um amplificador que apresenta ganhos de tensão e de corrente elevados, ambos definidos pela polarização do transistor. Contudo, em termos de amplificação, a excursão máxima que se pode ter na saída é muito inferior àquela prevista teoricamente quando traçamos as linhas de carga *cc* e *ca*. O experimento proposto permite constatar que à medida que incrementos da ordem de mV são feitos na tensão de entrada, o sinal amplificado é progressivamente distorcido. De início, a distorção se manifesta por meio de assimetria entre os semiciclos positivo e negativo. Discuta as assimetrias do sinal de saída das configurações EC convencional e linearizada (circuito da Figura 10.5). Posteriormente, com amplitudes ainda mais elevadas, as formas do sinal de saída terão suas amplitudes ceifadas. Essas restrições, junto com a baixa eficiência, são pontos que direcionam o uso desses amplificadores para aplicações com sinais de pequena amplitude, em geral, na ordem de mV.

A mesma análise pode ser feita com o circuito da configuração EC baseada em transistor Darlington (circuito da Figura 10.7). Uma diferença importante no experimento apresentado com esse circuito é a escolha do ponto quiescente. Note que usamos um valor de I_{CQ} 10 vezes maior que o do circuito convencional. Essa diferença garante aos circuitos com transistor Darlington maior drenagem de corrente para a carga.

O circuito amplificador da configuração CC apresenta ganho de tensão próximo de 1. Discuta sobre os valores dos componentes que podem causar diminuição desse ganho levando em conta as impedâncias de entrada e saída e a polarização. Em relação ao amplificador, na configuração BC discuta a influência da impedância de entrada.

Discuta os possíveis efeitos do uso de capacitâncias de acoplamento e de desvio dos diversos circuitos com valores abaixo dos recomendados. Note que valores superiores das capacitâncias são sempre desejados para garantir a operação na faixa de frequências do amplificador.

CAPÍTULO 11
Resposta em frequência de amplificadores com transistores bipolares

ESTUDO PRELIMINAR

O estudo da resposta em frequência dos amplificadores deve ser precedido pelos experimentos realizados com amplificadores com frequências da faixa de passagem. Ademais, os estudos deste capítulo também exigirão conhecimentos de análise de circuitos de corrente alternada.

11.1 INTRODUÇÃO

Ao se abordar a resposta em frequência de amplificadores baseados em transistores bipolares, e mesmo em outros dispositivos, a descrição mais genérica que se pode prever é que todo amplificador possui uma curva de resposta em frequência similar à de um filtro passa-faixa. Na banda passante desse filtro, o ganho de tensão (e/ou corrente) do amplificador permanece constante e define-se a faixa de frequências recomendada para operação do amplificador. Contudo, todo filtro passa-faixa também possui duas frequências de corte, a inferior e a superior, as quais correspondem a uma atenuação de 3 dB do ganho em relação à faixa de passagem.

A frequência de corte inferior nos amplificadores é devida ao efeito reativo das capacitâncias de acoplamento e desvio, as quais já foram mencionadas nos Capítulos 9 e 10. A composição dessas capacitâncias com as partes adjacentes do circuito amplificador que se apresentam com propriedades resistivas remete a formações equivalentes de filtros passa-alta. Por exemplo, tomando-se um amplificador baseado em transistores bipolares na configuração EC convencional, como o apresentado na Figura 10.1, que possui dois capacitores de acoplamento e um de desvio, formam-se três filtros passa-alta. O filtro que apresentar a frequência de corte mais elevada determina a frequência de corte inferior do amplificador.

Por outro lado, a frequência de corte superior deve-se aos efeitos das capacitâncias intrínsecas das junções dos transistores. Essas capacitâncias estão distribuídas entre os terminais dos transistores, conforme mostra a Figura 11.1. A pergunta a ser respondida é: em que condições tais capacitâncias afetam o desempenho do transistor e, por consequência, do amplificador? Tomando-se como exemplo o mesmo amplificador na configuração EC citado no parágrafo anterior, e considerando que ele possui as capacitâncias mencionadas, pode-se constatar que C_{be} é uma capacitância ligada unicamente ao circuito de entrada. Já C_{cb} é uma capacitância que compõe uma malha de realimentação ligando o terminal de saída (coletor) ao terminal de entrada (base).

A análise do circuito realimentado se faz com auxílio do teorema de Miller. A aplicação desse teorema transforma os efeitos da capacitância de realimentação em capacitâncias agregadas aos circuitos de entrada e saída. Dessa forma, o teorema de Miller elimina a malha de realimentação fazendo que os efeitos de C_{cb} sejam distribuídos como novas capacitâncias a serem conectadas em paralelo com as capacitâncias dos circuitos de entrada e saída. Isso significa que o circuito resultante terá dois circuitos equivalentes de filtro passa-baixa. A menor frequência de corte desses filtros irá definir a frequência de corte superior do amplificador.

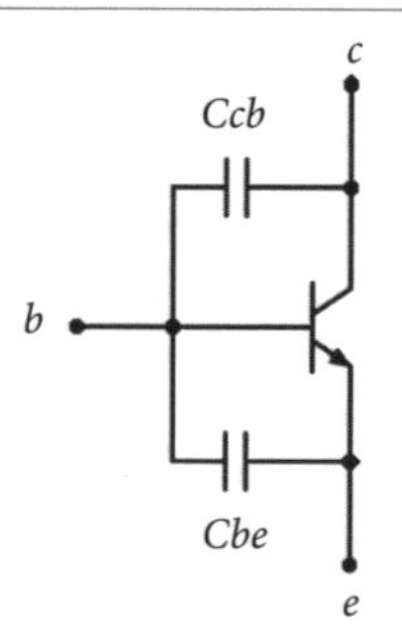

Figura 11.1 Capacitâncias intrínsecas de um transistor bipolar.

Os experimentos desenvolvidos neste capítulo são ilustrações de dois métodos para a identificação da frequência de corte superior do amplificador. O primeiro método é baseado no uso de um sinal senoidal aplicado à entrada do amplificador nas frequências em que se pretende investigar a resposta dele. Trata-se da mesma metodologia utilizada para frequências inferiores, mas fazendo uso de frequências elevadas. O segundo método é mais prático e rápido e emprega uma fonte de sinal quadrada na entrada. A resposta na saída do amplificador também será um sinal próximo a uma onda quadrada, mas com um tempo de transição entre os estados que pode ser medido. O tempo de subida do sinal de saída está relacionado com a frequência de corte superior do amplificador.

O objetivo deste capítulo é mostrar, com auxílio dos métodos experimentais propostos, o corte na resposta em frequência elevada causado pelos efeitos das capacitâncias intrínsecas dos transistores bipolares na resposta em frequências de um amplificador na configuração EC.

11.2 TEORIA

O amplificador que será utilizado para estudar a resposta em altas frequências é o da configuração EC, já abordado no Capítulo 10. O diagrama esquemático desse amplificador é replicado na Figura 11.2.

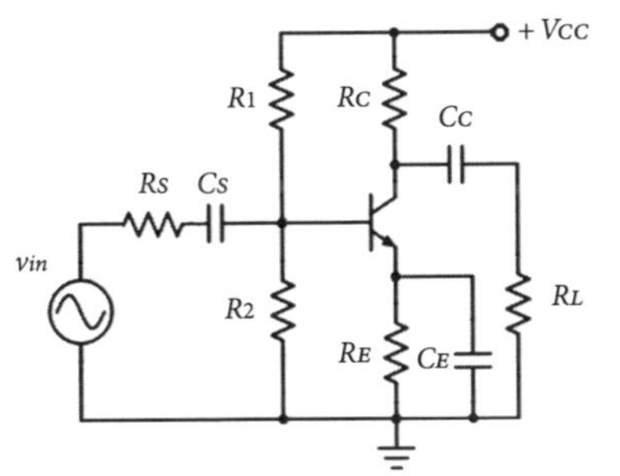

Figura 11.2 Diagrama esquemático de um amplificador com transistor bipolar na configuração emissor comum.

O circuito equivalente *ca* desse amplificador, considerando as capacitâncias das junções, é mostrado na Figura 11.3.

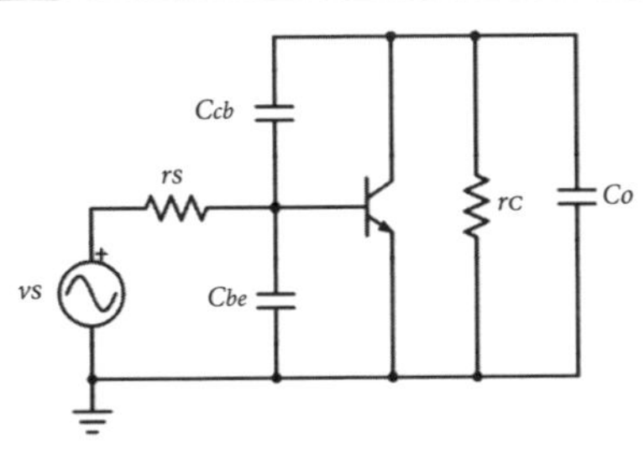

Figura 11.3 Diagrama esquemático do circuito equivalente *ca* do amplificador da Figura 11.2.

Na Figura 11.3, v_S e r_S constituem o circuito equivalente de Thévenin do circuito de entrada formado pela fonte v_{in} e pelos resistores R_S, R_1 e R_2; e r_C é a resistência equivalente da saída formada pela associação em paralelo das resistências R_C e R_L. A capacitância C_o é resultante da acumulação das capacitâncias entre o coletor e o emissor do transistor, da fiação do circuito e da possível entrada de um próximo estágio.

Verifica-se na Figura 11.3 que a capacitância C_{cb} constitui um ramo de realimentação que conecta o terminal de saída (coletor) ao terminal de entrada (base). A análise desse circuito é muito facilitada quando se aplica o teorema de Miller no capacitor C_{cb}. O teorema de Miller produz um circuito equivalente ao da Figura 11.3, mas converte os efeitos do ramo de realimentação introduzindo as capacitâncias C_{M1} e C_{M2} nos circuitos de entrada e saída, respectivamente, conforme é visto na Figura 11.4.

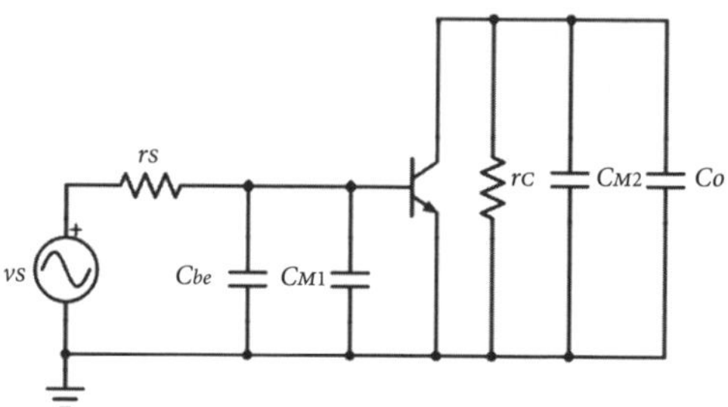

Figura 11.4 Diagrama esquemático do circuito equivalente *ca* do amplificador da Figura 11.3 após a aplicação do teorema de Miller.

As capacitâncias C_{M1} e C_{M2} são calculadas por meio do teorema de Miller e expressas pelas equações 11.1 e 11.2:

$$C_{M1} = C_{cb}\left(1 - A\right) \tag{11.1}$$

$$C_{M2} = C_{cb}\frac{A-1}{A} \tag{11.2}$$

onde

$A = -r_C/r_{e'}$ é o ganho do amplificador EC.

Se o transistor da Figura 11.4 for substituído pelo equivalente de Ebbers-Moll (na Figura 11.4 o efeito de $r_{e'}$ foi transferido para o circuito de entrada resultando em β

$r_{e'}$), formam-se, conforme mostra a Figura 11.5, dois filtros passa-baixa. Cada um desses filtros possui uma frequência de corte. Portanto, a menor frequência de corte irá definir a limitação em frequências elevadas do amplificador.

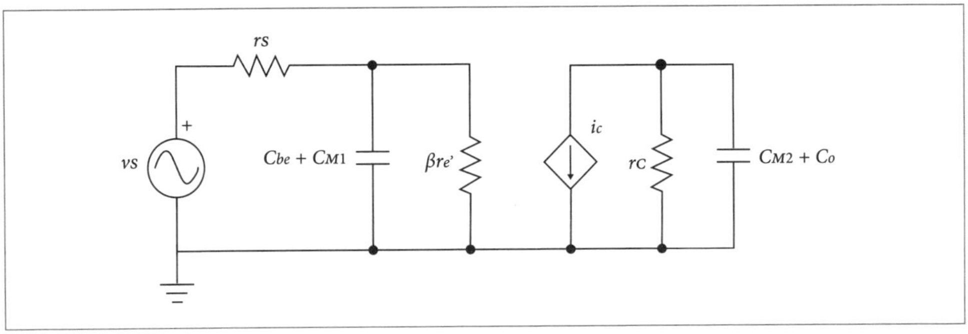

Figura 11.5 Diagrama esquemático do circuito equivalente *ca* do amplificador da Figura 11.3 após a aplicação do teorema de Miller e substituição do transistor pelo seu equivalente de Ebbers-Moll.

Ademais, no circuito da Figura 11.5, tanto no circuito RC da entrada, em que ϐre' pode ser incorporado a r_S, como no circuito R_C da saída, cuja fonte de corrente e r_C estão no formato de equivalente de Norton, pode-se aplicar a transformação para ter uma representação no formato de um equivalente de Thévenin. No circuito resultante da Figura 11.6 é mostrado que o amplificador foi convertido em dois circuitos *RC*.

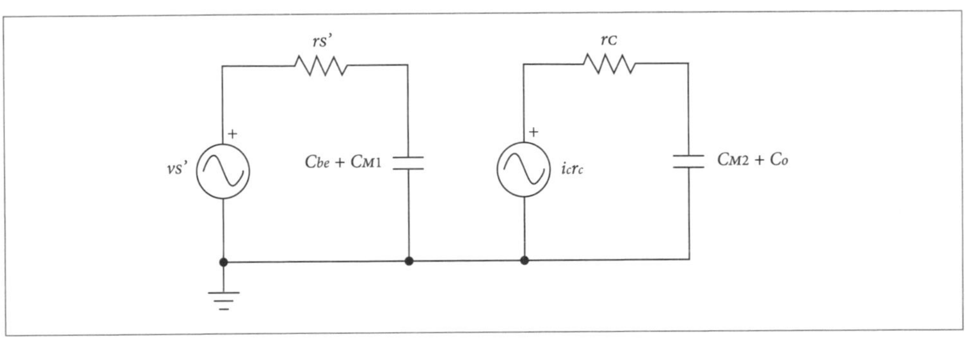

Figura 11.6 Diagramas esquemáticos dos filtros passa-baixa decorrentes das transformações realizadas no circuito da Figura 11.5.

Na Figura 11.6, os valores de $r_{S'}$ e $v_{S'}$ são decorrentes do processo de uso do teorema de Thévenin, sendo que $r_{S'}$ é obtida pela associação em paralelo de r_S com $\beta_{re'}$ e $v_{S'}$ vem da divisão de tensão de r_S e $\beta_{re'}$.

As frequências de corte dos filtros passa-baixa mostrados na Figura 11.6 são calculadas genericamente pela equação 11.3:

$$f_c = \frac{1}{2\pi RC} \tag{11.3}$$

Portanto, a banda de operação do amplificador possui uma limitação em altas frequências definida pela equação 11.3. Como há uma frequência de corte para cada filtro, efetivamente, o menor valor de f_c constitui a referida limitação.

A frequência de corte superior pode ser obtida por meio do tempo de subida do sinal de saída quando se aplica na entrada do amplificador um sinal quadrado. Esse aspecto caracteriza um segundo método para determinação da frequência de corte superior de um amplificador. Nos circuitos *RC*, quando alimentados por uma fonte de sinal quadrado de amplitude *V*, o capacitor, que inicialmente encontrava-se descarregado, se carrega ao longo do tempo *t* de acordo com a equação 11.4:

$$v_C(t) = V\left(1 - \exp\left(-\frac{t}{RC}\right)\right) \tag{11.4}$$

Define-se o tempo de subida como o intervalo que leva para a carga (ou tensão $v_c(t)$) do capacitor subir de 10% a 90% do seu valor máximo. Substituindo-se os percentuais dessa definição, na equação 11.4 encontra-se o tempo de subida T_S = 2,2*RC*. Combinando-se o tempo de subida com a frequência de corte do filtro passa-baixa dada pela equação 11.3, obtém-se a equação 11.5, que viabiliza o método da fonte de sinal quadrado para determinação da frequência de corte superior do amplificador.

$$f_c = \frac{0,35}{T_S} \tag{11.5}$$

11.3 EXPERIMENTOS PROPOSTOS

Antes de adentrar aos experimentos, apresentamos o circuito a ser utilizado e algumas previsões teóricas baseadas no modelo apresentado. Para o experimento utilizaremos o circuito usado no Capítulo 10 da configuração EC, mostrado na Figura 11.2. A listagem de materiais usados nesse experimento é repetida a seguir:

- 1 fonte de alimentação com V_{CC} = 15 V;
- 1 osciloscópio de 2 canais;

- 1 gerador de funções;
- 1 multímetro;
- 1 transistor 2N3904;
- 1 resistor de 1,5 kΩ × ¼ W (R_E);
- 2 resistores de 6,8 kΩ × ¼ W (R_C e R_L);
- 1 resistor de 12 kΩ × ¼ W (R_1);
- 1 resistor de 2,2 kΩ × ¼ W (R_2);
- 1 capacitor eletrolítico de 1 μF × 25 V (C_S);
- 1 capacitor de poliéster de 330 nF × 250 V (C_C);
- 1 capacitor eletrolítico de 68 μF × 25 V (C_E);
- resistores com resistências superiores a 6,8 kΩ para variar a R_L.

O experimento será realizado com R_L aberto e com $R_L = R_C$. Por meio de uma consulta à folha de dados fornecida pelo fabricante do transistor 2N3904 foram encontrados: $C_{be} = 8$ pF e $C_{cb} = 4$ pF.

O ganho do amplificador em malha aberta, determinado no Capítulo 10, é de −272. Assim, de acordo com as equações 11.1 e 11.2, $C_{M1} = 1{,}09$ nF e $C_{M2} = 4{,}01$ pF. Em geral, as capacitâncias que formam C_o são pequenas em relação a C_{M2} e poderão ser desconsideradas no cálculo. Desse modo, as frequências de corte previstas são de 2,92 MHz e 5,84 MHz para os filtros passa-baixa da entrada e da saída, respectivamente.

O ganho do amplificador quando $R_L = R_C = 6{,}8$ kΩ é de −136. Com isso, temos $C_{M1} = 548$ pF e $C_{M2} = 4{,}03$ pF e as frequências de corte 5,45 MHz e 11,62 MHz da entrada e da saída.

Esses resultados são estimativas feitas a partir do modelo do transistor e serão utilizados para confrontar com os resultados experimentais. Utilizamos o transistor de uso comum 2N3904, mas sugerimos ao leitor também realizar o experimento com um transistor com finalidade de operação em radiofrequência, como o BF494 ou o BF254.

11.3.1 Método com fonte de sinal senoidal

Assim como foi feito no Capítulo 10, encontre, inicialmente, a faixa de frequência em que o ganho seja constante. Naquele caso usamos frequências de 5 kHz para obter um valor para o ganho de tensão em malha aberta como referência. Lembre-se de que a previsão teórica foi de um ganho de −272. Assegure-se que a tensão de entrada (com amplitude da ordem de alguns miliVolts) produza um sinal de saída livre de distorções. Aumente gradativamente a frequência do sinal produzido pelo gerador de funções e monitore com o osciloscópio as tensões de entrada e saída.

Espera-se que em algumas centenas de kHz a tensão de saída comece a diminuir. Encontre a frequência para a qual o ganho tenha uma redução de 3 dB em relação ao ganho de referência. Esta será a frequência de corte superior. Compare com as frequências de corte calculadas teoricamente pelas equações 11.3. Repita o procedimento usando a carga $R_L = R_C$. Compare os resultados obtidos experimentalmente com os esperados pelo modelo.

11.3.2 Método com fonte de sinal quadrada

Para esse experimento, o gerador deve ser configurado para gerar sinais quadrados. Mantenha a frequência de 5 kHz na entrada do gerador de funções. Monitore os sinais de entrada e saída com o osciloscópio. Ao obter o sinal quadrado de saída, aumente a velocidade da varredura de tempo do osciloscópio para conseguir visualizar detalhadamente a forma de onda da saída durante a transição dos estados. Identifique os momentos em que as tensões estão com os valores de 10% e 90% da excursão total e encontre o tempo que separa esses dois valores, que chamamos de tempo de subida. A Figura 11.7 ilustra a forma de onda do sinal de saída e os pontos referenciais para tomada do tempo de subida.

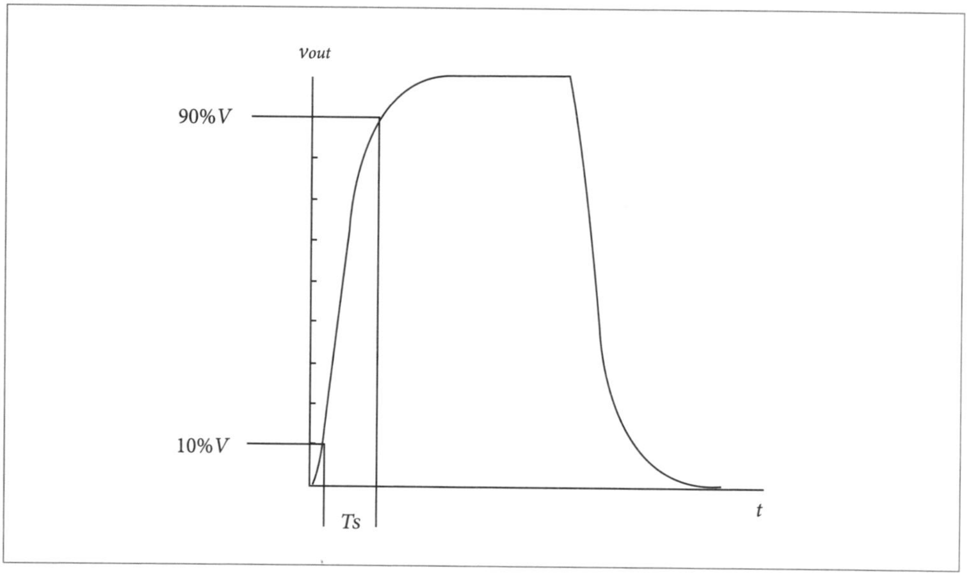

Figura 11.7 Ilustração da forma de onda do sinal de saída do amplificador alimentado por um sinal quadrado na entrada para determinação do tempo de subida, *TS*.

Determine o tempo de subida usando a equação 11.5 e compare com os resultados experimentais do método do sinal senoidal e com a previsão teórica.

11.4 DISCUSSÃO

A montagem de circuitos em matrizes de contato pode se tornar problemática a partir do momento em que as frequências envolvidas nos experimentos se elevam. De fato, o tratamento dado aos circuitos eletrônicos na faixa de radiofrequências, em que o comprimento de onda dos sinais se compara com as dimensões físicas dos componentes e das fiações, exige que os modelos utilizados sejam redefinidos. Além disso, sob o ponto de vista prático, são introduzidos efeitos reativos (indutivos e capacitivos) pela própria fiação, o que pode gerar resultados diferentes do esperado.

Como discussão dos resultados experimentais obtidos, convém comparar, inicialmente, os resultados teóricos e experimentais. Deve-se notar que as frequências de corte obtidas experimentalmente são sempre inferiores às previstas no modelo.

Deve ser observado também que há uma predominância da frequência de corte no circuito de entrada. Como isso pode ser justificado?

Na determinação teórica da frequência de corte foi proposto desconsiderar os valores de C_o. Quais são as razões para tornar razoável essa desconsideração?

Os resultados também devem mostrar que a presença de carga na saída do amplificador afeta a resposta em frequência. Discuta as causas dessa influência.

Por fim, justifique por que o método do sinal de entrada com forma quadrada é mais direto e prático para a determinação da frequência de corte. Quais são as razões experimentais para elegê-lo como preferencial? Deve-se ponderar também que o gerador de funções não fornece o sinal de entrada perfeitamente quadrado.

Foi proposto utilizar um transistor usado em aplicações de radiofrequência como o BF494 ou o BF254 em substituição ao 2N3904. Rigorosamente falando, por serem transistores diferentes, o circuito de polarização deveria ser recalculado de acordo com as características desses dispositivos. Considerando uma postura menos rigorosa de simplesmente substituir um dos transistores de radiofrequência sugeridos no circuito de polarização do 2N3904, qual deveria ser o resultado esperado em termos de resposta em frequência? Substancie sua discussão resgatando as características dos transistores de radiofrequência para utilizá-las no modelo proposto.

CAPÍTULO 12
Amplificadores transistorizados em cascata

ESTUDO PRELIMINAR

Além dos conceitos fundamentais de análise de circuitos, o estudo dos amplificadores transistorizados em cascata deve ser precedido pela compreensão dos conceitos básicos de amplificadores e circuitos transistorizados vistos nos Capítulos 9 e 10, assim como dos conceitos sobre resposta em frequência abordados no Capítulo 11.

12.1 INTRODUÇÃO

Cada tipo de amplificador possui um conjunto de características próprias. As impedâncias de entrada e saída e os ganhos de tensão e corrente de cada amplificador são os parâmetros fundamentais que definem, em cada amplificador, sua adequação para uma dada aplicação. Na maior parte dos casos é necessário agrupar diferentes circuitos amplificadores para produzir um efeito final de amplificação que atenda às necessidades finalísticas do circuito em projeto. Nesse caso, diz-se que os amplificadores são ligados em cascata.

No Capítulo 10 estudamos, separadamente, as configurações EC e CC de amplificadores baseados em transistores bipolares. Neste capítulo vamos propor a conexão em cascata de dois circuitos amplificadores. O primeiro formado por dois circuitos idênticos na configuração EC linearizado. O segundo será formado por um EC (também linearizado) como primeiro estágio e por um CC como segundo estágio. A Figura 12.1 mostra um exemplo de diagrama de blocos de um amplificador genérico, em cascata, composto de dois estágios. No próprio diagrama se evidenciam as características primárias de cada um dos blocos amplificadores, as quais podem ser resumidas no ganho de tensão e nas impedâncias de entrada e saída. A concepção desses blocos já foi discutida em capítulos anteriores.

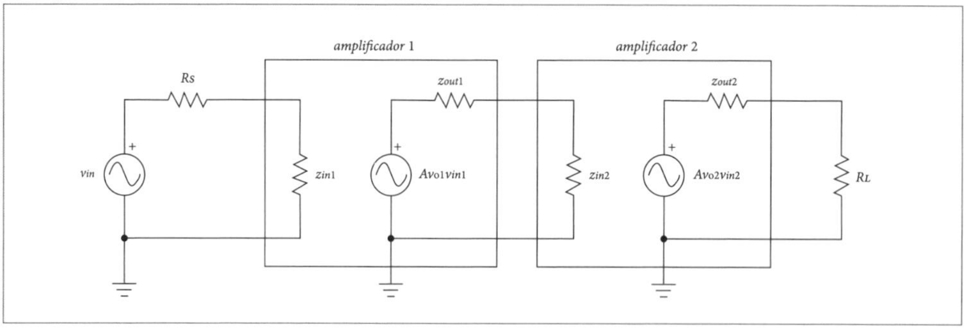

Figura 12.1 Diagrama de blocos de um amplificador em cascata genérico.

O sucesso da conexão de amplificadores em cascata é que a transferência de potência de um estágio para o seguinte ocorra de maneira otimizada para que o resultado final do processo de amplificação consiga estabelecer o ganho de potência que atenda às necessidades do projeto.

No Capítulo 10 verificamos que entre as configurações EC e CC dos amplificadores baseados em transistores bipolares há uma diferença fundamental em termos de ganho; o primeiro provém ganho de tensão, ao passo que o segundo, ganho de corrente. Desse modo, uma forma adequada para amplificar a potência de um sinal elétrico consiste em associar esses dois circuitos em cascata.

O primeiro experimento a ser tratado neste capítulo envolve uma aplicação voltada apenas para a amplificação de tensão. Assim, vamos desenvolver um experimento em que os dois estágios são amplificadores na configuração EC e linearizados. Ambos os estágios terão os mesmos componentes. Esse tipo de circuito em cascata é usado para se obter ganhos elevados de tensão que não são possíveis a um único bloco devido à incidência de distorção.

No segundo experimento, no primeiro estágio emprega-se um amplificador EC para aumentar a tensão fornecida por uma fonte de sinal. Em seguida, o sinal com a tensão aumentada tem sua potência ampliada pela amplificação da corrente por meio de um amplificador CC. Sendo assim, a tensão na saída do primeiro estágio poderá ser utilizada para acionar um dispositivo, conectado à saída do segundo estágio, que consuma maior corrente. Essa justificativa de organização do circuito é adequada, principalmente, quando vamos amplificar o sinal proveniente de um sensor que não possua capacidade para fornecer correntes mais elevadas. Um exemplo típico é o de um microfone. A carga do segundo estágio poderá ser um alto-falante, que representa uma carga severa em termos de consumo de corrente.

O objetivo desse experimento é identificar os principais efeitos da ligação em cascata de amplificadores baseados em transistores bipolares. Nos experimentos serão explorados os efeitos do ganho de tensão, do teorema de máxima transferência de potência entre os estágios e da resposta em frequência decorrente da combinação dos blocos.

12.2 TEORIA

A análise dos circuitos em cascata é realizada apenas no modelo *ca*. A análise *cc* desse circuito não precisa ser repetida aqui, uma vez que no Capítulo 10 já foi apresentada. Note que, devido ao acoplamento capacitivo entre os estágios, não há influência mútua dos circuitos sob o ponto de vista elétrico nas polarizações dos amplificadores.

O diagrama de blocos apresentado na Figura 12.1 serve como referência para estudar o modelo *ca* do amplificador em cascata. Uma fonte de sinal alternado produz v_{in} que é aplicado à entrada do *amplificador* 1. Efetivamente, a tensão na entrada desse amplificador, v_{in1}, é resultante da divisão de tensão estabelecida pela resistência de saída da fonte de sinal (R_S) e da impedância de entrada do *amplificador* 1 (z_{in1}). Podemos identificar v_{in1} no circuito da Figura 12.1, como a tensão sobre z_{in1}. A tensão v_{in1} é amplificada e, portanto, multiplicada pelo ganho de tensão do *amplificador* 1. Isso resultaria em uma tensão de saída igual a $Avo_1 v_{in1}$ na saída desse amplificador se sua carga estivesse aberta. No entanto, a carga do *amplificador* 1 é a impedância de entrada do *amplificador* 2, dada por z_{in2}, como mostra a Figura 12.1. Logo, a tensão a ser aplicada ao segundo estágio é resultante também da divisão de tensão estabelecida pelas impedâncias de saída do *amplificador* 1, z_{out1}, e de entrada do *amplificador* 2.

O modelo da Figura 12.1 não contempla a resposta em frequência. Todavia, pode-se pensar em termos de estágios singulares em que cada qual possui suas frequências de corte inferior e superior. A conexão desses estágios leva a dois conjuntos de frequências de corte. A maior das frequências de corte inferior e a menor das frequências de corte superior definem, grosso modo, a banda de frequências passante do amplificador em cascata.

Nos limites da banda de passagem dos amplificadores, a resposta desses circuitos é emulada por circuitos *RC* (passa-alta e passa-baixa para frequências inferiores e superiores, respectivamente). As funções de transferência ($Ai'[f]$ e $As'[f]$, respectivamente) desses circuitos, dependentes da frequência de operação (*f*), são dadas pelas equações 12.1a e 12.1b:

$$Ai'(f) = 20\log\frac{1}{\sqrt{1+\left(\frac{f_{ci}}{f}\right)^2}} \tag{12.1a}$$

$$As'(f) = 20\log\frac{1}{\sqrt{1+\left(\frac{f}{f_{cs}}\right)^2}} \tag{12.1b}$$

onde

f_{ci} e f_{cs} são as frequências de corte inferior e superior, respectivamente.

Serão estudados dois circuitos neste capítulo. Na subseção 12.2.1 é apresentado um resumo sobre a teoria que envolve a conexão em cascata de dois circuitos EC. Na subseção 12.2.2 é discutida a teoria referente a um amplificador em cascata composto por um EC linearizado e outro CC, respectivamente.

12.2.1 Circuito cascata de amplificadores na configuração EC linearizados

O circuito objeto desta subseção tem seu diagrama esquemático mostrado na Figura 12.2. Nesse circuito, o primeiro estágio está na configuração EC, doravante denominado *amplificador 1*. O segundo estágio também está na configuração EC e passa a ser denominado *amplificador 2*. Esse circuito em cascata pode ser representado pelos circuitos equivalentes associados mostrados na Figura 12.1. Uma simples observação do diagrama esquemático da Figura 12.2, junto com os conceitos apresentados no Capítulo 10, permitirão fazer as devidas identificações das impedâncias de entrada e saída e da determinação do ganho necessárias para a concepção dos blocos da Figura 12.1.

No circuito da Figura 12.2 não há diferenciação na designação dos resistores de polarização, pois iremos considerar os mesmos valores dos componentes para ambos os blocos.

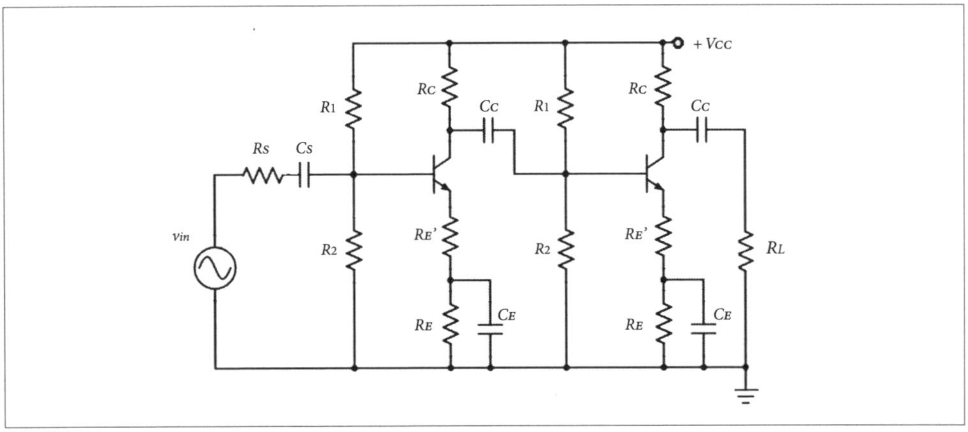

Figura 12.2 Diagrama esquemático de um amplificador em cascata formado por dois estágios na configuração EC linearizados.

As equações 12.2, 12.3 e 12.4 apresentam as expressões das impedâncias de entrada e saída e do ganho de tensão em malha aberta válida para ambos os blocos. Essas equações são utilizadas em conjunto com os divisores resistivos ilustrados no diagrama da Figura 12.1 para se obter a tensão de saída.

$$z_i = \frac{R_{12}\beta(R_E' + r_e')}{R_{12} + \beta(R_E' + r_e')} \tag{12.2}$$

onde

$$R_{12} = \frac{R_1 R_2}{R_1 + R_2}$$

$$r_e' = \frac{25mV}{I_E(mA)}$$

$$z_o = R_C \tag{12.3}$$

$$A_{v0} = -\frac{R_C}{R_E' + r_e'} \tag{12.4}$$

Note que o maior ganho de tensão irá ocorrer quando a impedância de entrada de cada bloco for muito maior que as impedâncias de saída do bloco anterior e quando a carga R_L estiver aberta. Nessa condição, o ganho será dado pelo produto dos ganhos individuais Avo_1 e Avo_2. Portanto, a tensão de saída de um estágio amplificador é dependente das impedâncias mencionadas, as quais também dependem do circuito de polarização.

12.2.2 Circuito cascata de amplificadores EC linearizado e CC

O circuito abordado nesta subseção tem seu diagrama esquemático mostrado na Figura 12.3. Seguindo a mesma designação da subseção 12.2.1, o *amplificador* 1 é o da configuração EC e o *amplificador* 2 é o da configuração CC.

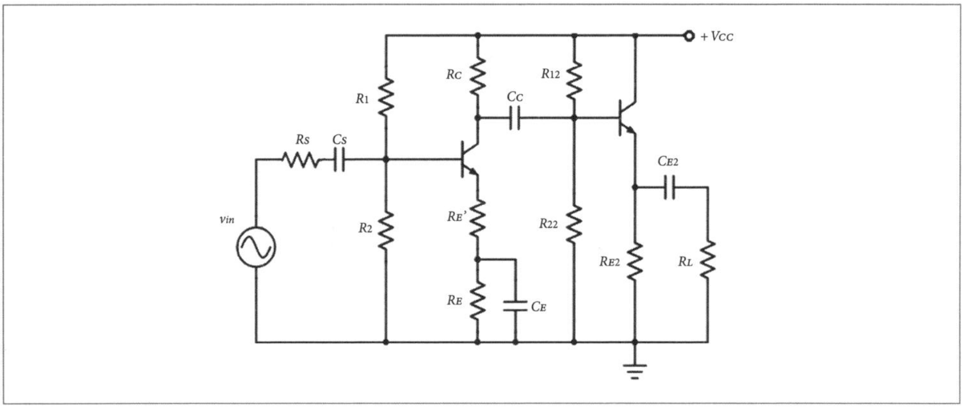

Figura 12.3 Diagrama esquemático de um amplificador em cascata formado por dois estágios, o primeiro na configuração EC linearizado e o segundo na configuração CC.

As equações 12.2 a 12.4 regem o comportamento do amplificador 1. As equações 12.5, 12.6 e 12.7 apresentam as impedâncias de entrada e saída e de ganho em malha aberta do amplificador 2.

$$z_{in} = \frac{R_{1222} \beta R_{E2}}{R_{1222} + \beta R_{E2}} \tag{12.5}$$

onde

$$R_{1222} = \frac{R_{12} R_{22}}{R_{12} + R_{22}}$$

$$z_{out} = \frac{R_E r_{oE}}{R_E + r_{oE}} \tag{12.6}$$

onde

$$r_{oE} = r_e' + \frac{1}{\beta} \frac{R_{S'} R_{1222}}{R_{S'} + R_{1222}}$$

e $R_{S'}$ é a impedância de saída do amplificador 1, ou seja, $R_{S'} = R_C$

$$A_{v0} = \frac{R_{E2}}{R_{E2} + r_{oE}} \tag{12.7}$$

Conforme visto no Capítulo 10, a equação 12.7 mostra que o ganho de tensão do *amplificador* 2 é aproximadamente unitário. Assim, a tensão de saída do amplificador em cascata deverá ser igual à tensão de saída do *amplificador* 1, desde que a impedância de entrada do *amplificador* 2 seja muito maior que a de saída do 1.

12.3 EXPERIMENTOS PROPOSTOS

Os experimentos aqui apresentados serão desenvolvidos a partir dos circuitos e componentes utilizados nos experimentos do Capítulo 10. Na subseção 12.3.1 é apresentado o circuito composto por dois circuitos EC. Na subseção 12.3.2 é apresentado o circuito composto pelo EC no primeiro estágio e o CC no segundo.

12.3.1 Experimento com dois circuitos EC linearizados

Preliminarmente à realização da ligação em cascata dos amplificadores é importante que o experimentador tenha desenvolvido os experimentos individuais desses estágios, os quais foram apresentados no Capítulo 10. Portanto, ter em mãos os valores calculado e medido de cada estágio é de grande valia para a realização do experimento com a ligação em cascata.

O diagrama esquemático do circuito a ser montado é mostrado na Figura 12.2. Os componentes utilizados no experimento são os seguintes:

- 1 fonte de alimentação com V_{CC} = 15 V;
- 1 osciloscópio de 2 canais;

- 1 gerador de funções;
- 1 multímetro;
- 2 transistores 2N3904;
- 2 resistores de 1,2 kΩ × ¼ W (R_E);
- 2 resistores de 330 Ω × ¼ W ($R_{E'}$);
- 2 resistores de 6,8 kΩ × ¼ W (R_C);
- 2 resistores de 12 kΩ × ¼ W (R_1);
- 2 resistores de 2,2 kΩ × ¼ W (R_2);
- resistores diversos, com potência nominal de ¼ W para serem utilizados para variar *RL*;
- 3 capacitores eletrolíticos de 1 μF × 25 V (C_S e C_C (2));
- 2 capacitores eletrolítico de 68 μF × 25 V (C_E).

Após montar o circuito da Figura 12.2, alimente-o apenas com a fonte de tensão contínua e confira os pontos quiescentes dos transistores com o multímetro. Verifique a diferença entre esses pontos e a possível discrepância em relação ao modelo teórico.

Utilize as metodologias descritas nos Capítulos 10 e 11 para determinar os ganhos de tensão e a resposta em frequência dos amplificadores 1 e 2 separadamente e compare com os resultados teóricos.

O próximo passo consiste em usar o gerador de funções para aplicar um sinal de entrada senoidal. Inicialmente mantenha R_L aberto. Com a monitoração do osciloscópio, ajuste a amplitude da tensão de entrada até que se obtenha uma tensão de saída máxima e sem distorção. A frequência da tensão de entrada deverá ser de 5 kHz.

Meça as tensões nas saídas dos amplificadores 1 e 2 e determine os ganhos do estágio 1 (tendo como carga a impedância de entrada do estágio 2), do estágio 2 e do sistema completo. Compare os resultados experimentais com os previstos pelo modelo desenhado na Figura 12.1. Em seguida, use as metodologias descritas no Capítulo 11 para obter as frequências de corte inferior e superior (método da tensão de entrada senoidal e/ou quadrada). Repita esse procedimento utilizando alguns valores de R_L iguais ou superiores à impedância de saída do *amplificador* 2, ou seja, 6,8 kΩ.

12.3.2 Experimento com um circuito EC linearizado e um CC

Assim como foi sugerido no procedimento anterior, recomenda-se ter em mãos, antes de fazer o experimento com os amplificadores em cascata, os resultados de experimentos feitos com os amplificadores 1 e 2 desse item em separado.

O circuito a ser montado nesse experimento tem seu diagrama esquemático mostrado na Figura 12.3. A relação de componentes e instrumentos necessários para a realização dos experimentos é apresentada a seguir:

- 1 fonte de alimentação com $V_{CC} = 15$ V;
- 1 osciloscópio de 2 canais;
- 1 gerador de funções;
- 1 multímetro;
- 2 transistores 2N3904;
- 1 resistor de 1,2 kΩ × ¼ W (R_E);
- 1 resistor de 330 Ω × ¼ W ($R_{E'}$);
- 2 resistores de 6,8 kΩ × ¼ W (R_C e R_{12});
- 1 resistor de 12 kΩ × ¼ W (R_1);
- 1 resistor de 2,2 kΩ × ¼ W (R_2);
- 1 resistor de 8,2 kΩ × ¼ W (R_{22});
- 1 resistor de 750 Ω × ¼ W (R_{E2});
- resistores diversos, com potência nominal de ¼ W para serem utilizados para variar R_L;
- 2 capacitores eletrolíticos de 1 μF × 25 V (C_S e C_C);
- 1 capacitor eletrolítico de 68 μF × 25 V (C_E);
- 1 capacitor eletrolítico de 2,2 μF × 25 V (C_{E2}).

O experimento a ser desenvolvido envolve a ligação em cascata de dois amplificadores estudados no Capítulo 10. O primeiro circuito é o amplificador na configuração EC, que proverá uma ampliação da tensão de um sinal de entrada. O segundo circuito é o amplificador na configuração CC, que fará a ampliação da corrente.

Após montar o circuito da Figura 12.3 repita o procedimento da subseção 12.3.1 para encontrar os pontos quiescentes dos transistores dos circuitos dos dois estágios. A seguir compare os resultados experimentais com os previstos no modelo teórico.

Determine os ganhos e as respostas em frequência dos amplificadores 1 e 2 separadamente, seguindo a metodologia descrita nos Capítulos 10 e 11, e compare com os resultados teóricos.

O próximo passo consiste em usar o gerador de funções para aplicar um sinal de entrada senoidal. Inicialmente mantenha R_L aberto. Com a monitoração do osciloscópio, ajuste a amplitude da tensão de entrada até que se obtenha uma tensão de saída máxima e sem distorção. A frequência da tensão de entrada deverá ser de 5 kHz.

Meça as tensões nas saídas dos amplificadores 1 e 2 e determine os ganhos do estágio 1 (tendo como carga a impedância de entrada do estágio 2), do estágio 2 e do sistema completo. Note que o ganho do estágio 2 deve ser próximo ao unitário. Compare os resultados experimentais com os previstos pelo modelo desenhado na Figura 12.1. Em seguida, use as metodologias descritas no Capítulo 11 para obter as frequências de corte inferior e superior. Repita esse procedimento utilizando alguns valores de R_L iguais ou superiores à impedância de saída do *amplificador* 2, ou seja, 750 Ω.

Em seguida, abra a conexão da saída do *amplificador* 1 com a entrada do *amplificador* 2 e meça a tensão na saída do *amplificador* 1. Evidentemente, o valor dessa tensão deverá ser mais elevado do que o obtido com o circuito conectado. Ainda com os blocos desconectados, acrescente resistores de carga na saída do *amplificador* 1 até obter a mesma tensão de saída de quando os blocos estavam conectados. O resistor de carga que satisfizer essa condição terá o mesmo valor da resistência interna de entrada do *amplificador* 2.

Os efeitos da queda de tensão devida à resistência interna do *amplificador* 2 podem ser mitigados se essa resistência for mais elevada. Altere o valor da impedância de entrada do *amplificador* 2 de modo a ampliar seu valor. Para isso, em um procedimento prático, multiplique por um fator de 20 as resistências R_{12} e R_{22}. Os valores aproximados dessas resistências serão de 120 kΩ e 150 kΩ, respectivamente. Substitua esses componentes no circuito e refaça todos os procedimentos descritos nesta subseção.

12.4 DISCUSSÃO

A conexão de amplificadores em cascata implica uma multiplicação dos ganhos das unidades para produzir o ganho total. O modelo usado na Figura 12.1 pode ser útil no desenvolvimento de circuitos em cascata, mas não é plenamente satisfatório, pois não encampa os efeitos de distorção causados pelas não linearidades. Ambos os experimentos tiveram como primeiro estágio um amplificador linearizado que apresenta, em comparação com um não linearizado, ganho menor. Isso viabilizou a realização da implementação em cascata para tensões de entrada mais elevadas. É interessante ao leitor propor experimentos, como os aqui mencionados, usando amplificadores EC sem linearização para que se percebam as dificuldades em obter tensões de saída mais elevadas.

Em relação à resposta em frequência, os livros de eletrônica apresentam expressões prontas sobre o uso de estágios idênticos em cascata. Verifique se os estudos teóricos sobre esse assunto estão compatíveis com os resultados obtidos no experimento da subseção 12.3.1.

Um dos capacitores críticos na conexão em cascata dos amplificadores é o capacitor de acoplamento entre o *amplificador* 1 e o *amplificador* 2 (ver CC nas Figuras 12.2 e 12.3). A metodologia para determinação desses capacitores de acoplamento, feita no Capítulo 10, baseou-se em circuitos singulares. Dessa forma, há, de fato, duas capacitâncias, uma calculada a partir da impedância de saída do *amplificador* 1 e outra a partir da impedância de entrada do *amplificador* 2. Discuta a melhor forma de definir a capacitância que deva ser utilizada no acoplamento dos estágios. Revise os cálculos para saber se as capacitâncias adotadas anteriormente nos cálculos dos capacitores de acoplamento da saída do amplificador EC e da entrada do amplificador CC são compatíveis. Note que quando calculamos o capacitor de acoplamento da entrada do amplificador CC adotamos a resistência da fonte de sinal como 50 Ω. Com o circuito em cascata, esse valor deverá ser a impedância de saída do primeiro estágio.

No circuito apresentado na subseção 13.3.2, a impedância de entrada do *amplificador* 2 tinha, inicialmente, um valor da mesma ordem da impedância de saída do *amplificador* 1. Como consequência, a saída do amplificador em cascata ficou reduzida, pois o divisor de tensão formado por $zout_1$ e zin_2 (Figura 12.1) atenua severamente a tensão de entrada do *amplificador* 2. Discuta o procedimento de aumento da impedância de entrada do *amplificador* 2 proposto no experimento e verifique por meio de cálculos que o ponto quiescente do transistor da configuração CC não é modificado substancialmente.

CAPÍTULO 13
Curvas características e circuitos de polarização com transistores de efeito de campo

ESTUDO PRELIMINAR

Para o estudo das curvas características dos transistores de efeito de campo recomenda-se estudar a sua estrutura interna e os mecanismos de controle da condução de corrente para embasar a compreensão das principais curvas características. Para os circuitos de polarização, este capítulo exige o conhecimento dos principais teoremas usados em análise de circuitos elétricos já requisitados nos capítulos que tratam dos transistores bipolares.

13.1 INTRODUÇÃO

Diferentemente dos transistores bipolares, que têm sua operação baseada no controle de uma corrente de saída por outra corrente de entrada, nos transistores de efeito de campo há uma corrente de saída que é controlada por uma tensão de entrada. Dessa forma, o comportamento dos transistores de efeito de campo, que chamaremos de FET (do inglês, *Field Effect Transistor*), assemelha-se ao das válvulas termiônicas largamente utilizadas em aparelhos eletrônicos produzidos, principalmente, na primeira metade do século XX e que foram marcantes no início do desenvolvimento da eletrônica.

As diferenças dos FETs em relação aos transistores bipolares são bastante atrativas. Começando pela escalabilidade dos processos de integração, os FETs, por terem estrutura mais simples, ocupam menor volume, permitindo, portanto, maior densidade de elementos. Outra característica importante é a sua natureza unipolar, que torna sua operação dependente apenas das correntes de portadores majoritários. Além desses aspectos, os FETs apresentam menos ruído, impedância de entrada elevada (ao menos alguns megaohms) e características interessantes para operação em comutação. Por outro lado, o produto ganho-banda de frequência é menor que nos transistores bipolares e constitui uma desvantagem dos FETs.

Os FETs dividem-se em dois grupos marcados pela sua tecnologia de construção. Os FETs de junção (JFET – do inglês, *Junction Field Effect Transistor*), cuja simbologia é mostrada na Figura 13.1, possuem um canal N ou P conectado pelos terminais de dreno (*drain* – D) e fonte (*source* – S), cuja corrente através deles, representada por I_D, é controlada por uma polarização reversa aplicada entre a porta (*gate* – G) e S, designada por V_{GS}. O tipo de dopagem do material semicondutor que forma G é sempre oposto ao do canal.

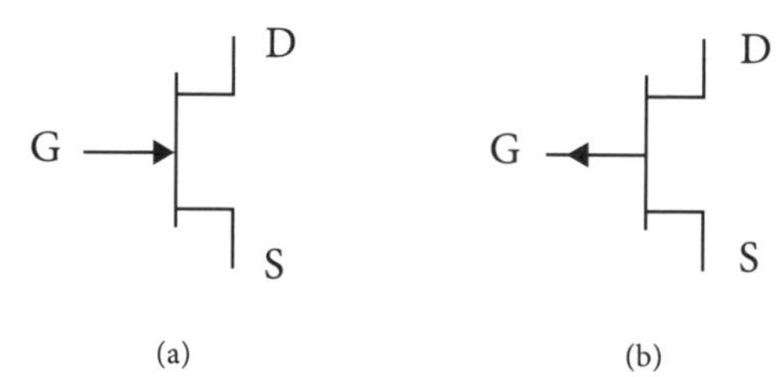

Figura 13.1 Representações esquemáticas dos JFETs: (a) JFET com canal N; (b) JFET com canal P.

Os MOSFETs, por sua vez, se dividem em dois grupos: tipo de depleção e tipo de intensificação. Esses dispositivos também apresentam natureza unipolar com um canal estabelecido entre dreno (D) e fonte (S), cuja corrente, I_D, é controlada pela diferença de potencial entre a porta (G) e a fonte (S), V_{GS}. Diferentemente dos JFETs, em que essa polarização necessariamente deve ser reversa, os MOSFETs podem operar com V_{GS} tanto em polarização reversa (chamada de modo de depleção) como em polarização direta (modo de intensificação). Alguns MOSFETs possuem um quarto terminal, o substrato (*substract* – Sub), mas na maior parte dos dispositivos comerciais ele está internamente conectado ao terminal S. Nas Figuras 13.2 (a) e (b) são mostrados os símbolos usados para representar os MOSFETs do tipo depleção. Sub é o terminal identificado pela seta.

Os MOSFETs do tipo de intensificação, cuja simbologia é apresentada nas Figuras 13.2 (c) e (d), são muito utilizados em aplicações de comutação em elevada potência. Um exemplo típico disso são os amplificadores de classe D. A presença de componentes reativas nas cargas desses amplificadores pode gerar, no momento da transição entre estados, picos de tensão reversa entre o dreno e a fonte. Por essa razão, esses transistores são implementados com um diodo Zener de proteção entre o dreno e a fonte para curto-circuitar as tensões reversas indesejadas.

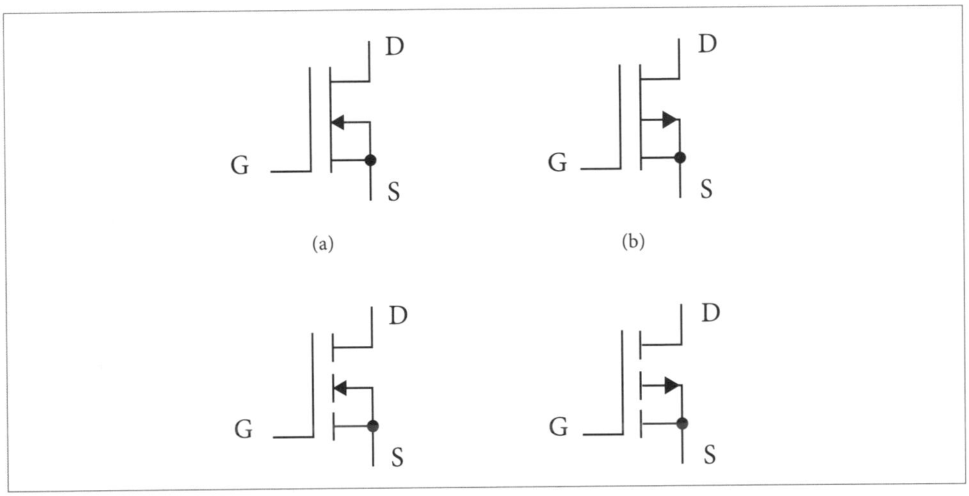

Figura 13.2 Representações esquemáticas dos MOSFETs: (a) MOSFET do tipo de depleção com canal N; (b) MOSFET do tipo de depleção com canal P; (c) MOSFET do tipo de intensificação com canal N; (d) MOSFET do tipo de intensificação com canal P.

Todos esses transistores apresentam um parâmetro de ganho chamado de *transcondutância* e designado por g_m. O parâmetro da transcondutância é obtido pela taxa de variação de I_D em função de V_{GS}. Desse modo, uma das curvas fundamentais dos FETs é a curva de transcondutância. Uma segunda curva a ser obtida para melhor conhecimento do dispositivo é a de I_D em função de V_{DS}. Na verdade, há uma família de curvas de $V_{DS} \times I_D$ estabelecida pelos valores de V_{GS}.

Embora os FETs apresentados operem sob o mesmo princípio de controle da corrente de dreno, entre eles há importantes diferenças que irão direcioná-los para determinados circuitos em função de suas aplicações. Na Tabela 13.1 estão apresentadas as principais diferenças entre os modos de operação desses transistores.

Tabela 13.1 Modo de operação dos FETs

MODO	JFET	MOSFET do tipo de depleção	MOSFET do tipo de intensificação
Depleção	Sim	Sim	Não
Intensificação	Não	Sim	Sim

A partir da Tabela 13.1 são desenvolvidos circuitos de polarização apropriados para cada tipo de FET e suas aplicações. A análise das malhas desses circuitos permitirá estabelecer as linhas de carga, tanto para a família de curvas $V_{DS} \times I_D$ como para a curva de transcondutância e, finalmente, obter o ponto de operação do transistor. O ponto de operação pode situar-se nas regiões de corte, saturação e ativa. Ressalta-se que os FETs também devem estar ligados aos mesmos pressupostos de estabilidade de circuito discutidos nos capítulos sobre transistores bipolares.

O objetivo dos experimentos desenvolvidos neste capítulo é determinar as curvas de I_D em função de V_{DS} (para diferentes valores de V_{GS}) e as de transcondutância. Com essas curvas são identificadas as principais características das regiões de trabalho dos componentes, assim como os valores do parâmetro de transcondutância e da resistência do canal. Tais informações serão úteis para o desenvolvimento de projetos e de experimentos.

13.2 TEORIA

Todos os FETs abordados neste capítulo possuem curvas de I_D em função de V_{DS} similares. A Figura 13.3 ilustra essas curvas. Note que elas também apresentam valores de corrente I_D praticamente constantes para quase toda a faixa de valores de V_{DS}, evidenciando o comportamento de fonte de corrente típico dos transistores bipolares.

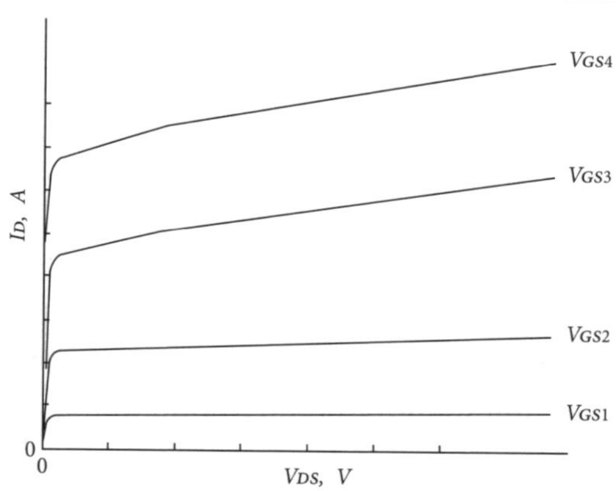

Figura 13.3 Curvas típicas de corrente de dreno (I_D) em função da tensão entre dreno e fonte (V_{DS}) dos FETs.

A diferença entre as famílias de curvas encontra-se no tipo de operação do FET, conforme é apresentado na Tabela 13.1, que se diferenciará pelas polaridades das tensões V_{GS}, que podem ser negativas (modo de depleção) ou positivas (modo de intensificação).

Nesta seção apresentaremos as principais características dos FETs e conceitos fundamentais relacionados às análises dos seus circuitos de polarização. A seção de teoria está dividida em três partes: JFET (13.2.1), MOSFET do tipo de depleção (13.2.2) e MOSFET do tipo de intensificação (13.2.3).

13.2.1 JFETs

A operação de um JFET notabiliza-se pela necessidade de aplicar uma polarização reversa entre a porta e a fonte. O circuito da Figura 13.4 mostra um circuito de polarização simples para esse componente.

A curva de transcondutância para o JFET é dada pela equação 13.1:

$$I_D = I_{DSS}\left[1-\frac{V_{GS}}{V_{GSoff}}\right]^2 \quad (13.1)$$

onde

I_{DSS} é a corrente de dreno máxima, obtida com $V_{GS} = 0V$;

V_{GSoff} é a tensão de corte entre porta e fonte, ou seja, para produzir $I_D = 0A$.

A transcondutância é obtida por meio da equação 13.2:

$$g_m = \frac{\Delta I_D}{\Delta V_{GS}} \quad (13.2)$$

Levando-se a equação 13.2 ao limite com ΔV_{GS} tendendo a 0 (derivando-se I_D em função de V_{GS}), pode-se obter a equação 13.3, que mostra que a transcondutância é dependente de V_{GS}

$$g_m = g_{m0}\left[1-\frac{V_{GS}}{V_{GSoff}}\right] \quad (13.3)$$

onde

$g_{m0} = -2I_{DSS}/V_{GSoff}$.

Nota-se que a transcondutância não é constante e, como consequência, a resposta do JFET não é linear por toda a faixa de V_{GS} de operação permitida. Dessa forma, o JFET deve ser utilizado em aplicações que envolvam pequenos sinais, para garantir uma aproximação linear para a resposta.

A polarização do JFET pode ser feita por diferentes circuitos. Similar ao que é praticado nos circuitos de polarização com transistores bipolares, nos JFETs, os circuitos de polarização devem promover a estabilização da corrente de dreno, I_D. A polarização de porta é a mais simples e está mostrada na Figura 13.4. No entanto, esse circuito não oferece boa estabilidade.

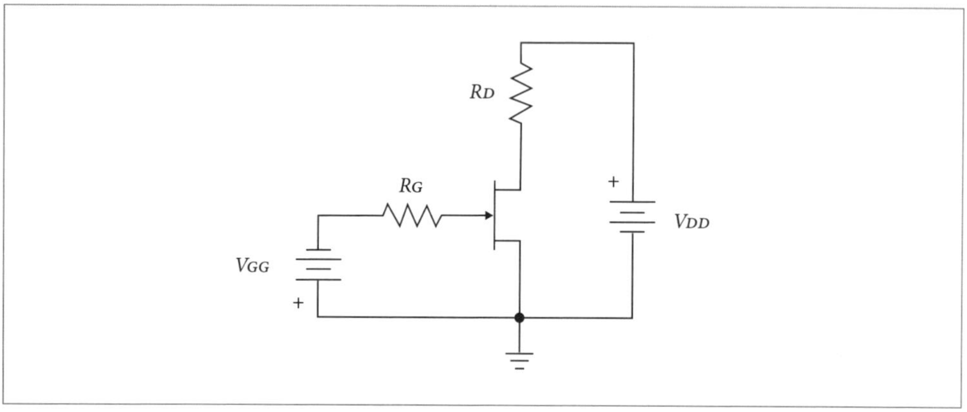

Figura 13.4 Diagrama esquemático de um circuito de polarização de porta para um JFET de canal N.

As topologias que apresentam melhores eficiências na estabilização são a do divisor de tensão e a da fonte de corrente, cujos circuitos para um JFET de canal N são mostrados nas Figuras 13.5 e 13.6, respectivamente.

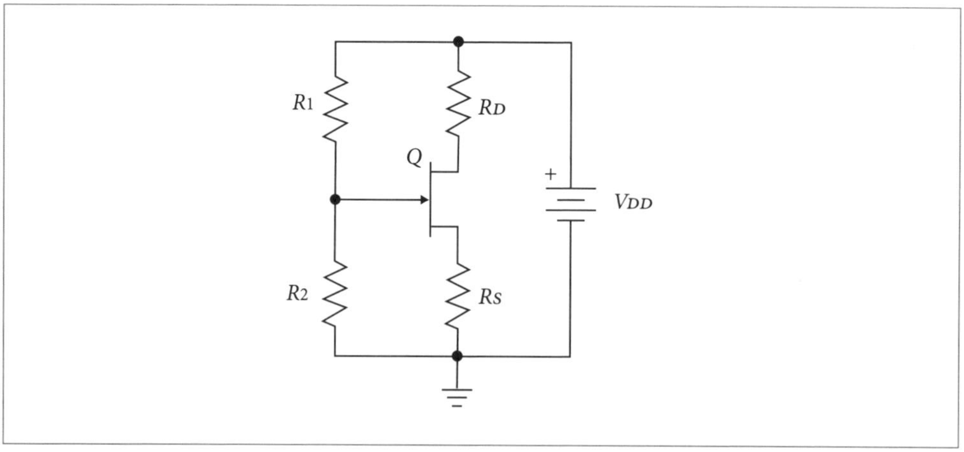

Figura 13.5 Diagrama esquemático do circuito de polarização de JFET de canal N por divisor resistivo.

O circuito da Figura 13.5 é facilmente analisado aplicando-se o teorema de Thévenin na malha do divisor de tensão formado por R_1 e R_2, o que pode ser encontrado em livros de análise de circuitos eletrônicos. A corrente de dreno será dada pela equação 13.4:

$$I_D = \frac{V_{Th} - V_{GS}}{R_S} \tag{13.4}$$

onde

$$V_{Th} = \frac{R_2}{R_1 + R_2} V_{DD}$$

A equação 13.4 representa a linha de carga do circuito da Figura 13.4.

O circuito da Figura 13.6 mostra o circuito em que a corrente de dreno é mantida constante por meio de uma fonte de corrente constituída por um transistor bipolar.

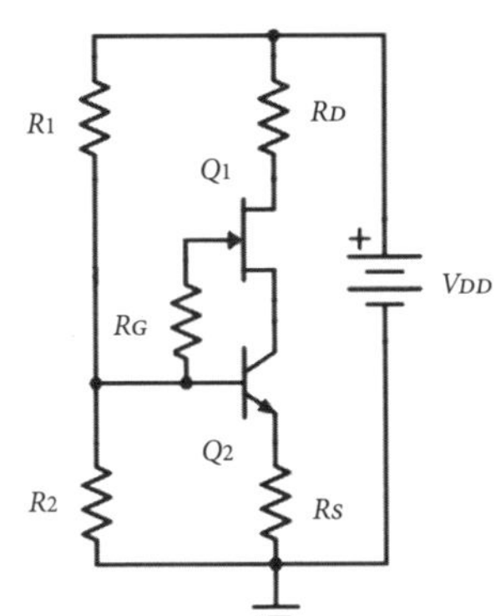

Figura 13.6 Diagrama esquemático do circuito de polarização de JFET por fonte de corrente.

No circuito da Figura 13.6 o transistor bipolar, Q_2, está em uma configuração de fonte de corrente, de modo que a corrente de emissor, I_E, seja constante e estabelecida pela queda de tensão em R_S. Assim, pode-se dizer que, aproximadamente, $I_E = I_C = I_D$. A linha de carga para o circuito da Figura 13.6 será uma linha horizontal no gráfico de I_D em função de V_{GS}.

13.2.2 MOSFETs do tipo de depleção

Os MOSFETs do tipo de depleção apresentam a mesma equação da curva de transcondutância dos JFETs, repetida na equação 13.5:

$$I_D = I_{DSS}\left[1 - \frac{V_{GS}}{V_{GSoff}}\right]^2 \qquad (13.5)$$

As equações 13.2 e 13.3 também são válidas para este tipo de MOSFET. Todavia, há uma diferença importante em relação aos JFETs. Esses MOSFETs admitem a operação nos modos depleção e intensificação, ou seja, V_{GS} pode ser negativo ou positivo, respectivamente. Essa característica representa uma vantagem, pois pode-se, dependendo do caso, abrir mão do circuito de polarização da porta. Diante disso, costuma-se usar circuitos com os MOSFETs do tipo de depleção, tendo o ponto quiescente em $V_{GS} = 0V$. O circuito da Figura 13.7 mostra o circuito usado para esse tipo de polarização com um MOSFET de canal N.

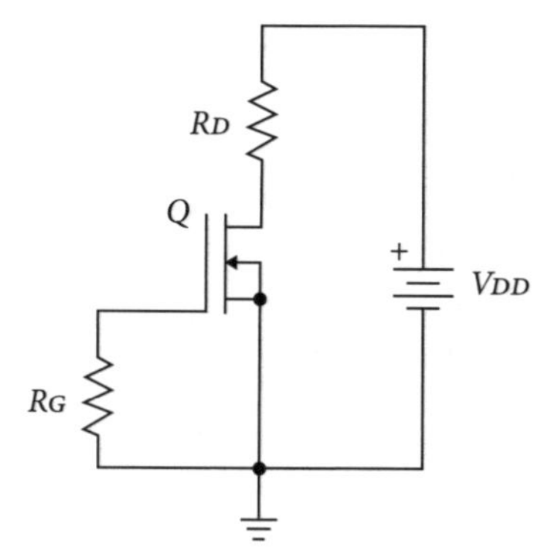

Figura 13.7 Diagrama esquemático do circuito de polarização de MOSFET do tipo de depleção com $V_{GS} = 0V$.

13.2.3 MOSFETs do tipo de intensificação

Os MOSFETs de intensificação necessitam de uma tensão V_{GS} limiar positiva para que o canal passe a conduzir. A corrente de dreno neste dispositivo é dada pela equação 13.6.

$$I_D = k\left(V_{GS} - V_{GSth}\right)^2 \qquad (13.6)$$

onde

k é uma constante atrelada às características de construção do MOSFET;

V_{GSth} é a tensão limiar de condução do MOSFET.

Tanto k como V_{GSth} são frequentemente obtidos em publicações técnicas fornecidas pelos fabricantes do componente.

Os MOSFETs do tipo de intensificação possuem a curva de transcondutância parabólica a partir de um valor nulo de corrente em $V_{GS} = V_{GSth}$ e torna-se crescente para valores superiores. Abaixo deste valor não há condução. Assim, o valor V_{GSth} é uma característica do componente e divide as regiões de corte ($V_{GS} < V_{GSth}$) e de condução ($V_{GS} > V_{GSth}$). Evidentemente, cada componente possui uma tensão V_{GS} máxima (V_{GSmax}) informada pelo fabricante.

Os circuitos de polarização desses MOSFETs são o de polarização de porta, o de divisor de tensão e o de realimentação de dreno. As duas primeiras configurações são as mesmas já reportadas para os JFETs, bastando para isso substituir esses transistores nos circuitos das Figuras 13.4 e 13.5 por MOSFETs do tipo de intensificação. A configuração de realimentação de dreno, cujo diagrama esquemático está mostrado na Figura 13.8, por ter corrente de porta (através de R_G) nula, apresenta V_{GS} igual à tensão V_{DS} quando o MOSFET está em condução.

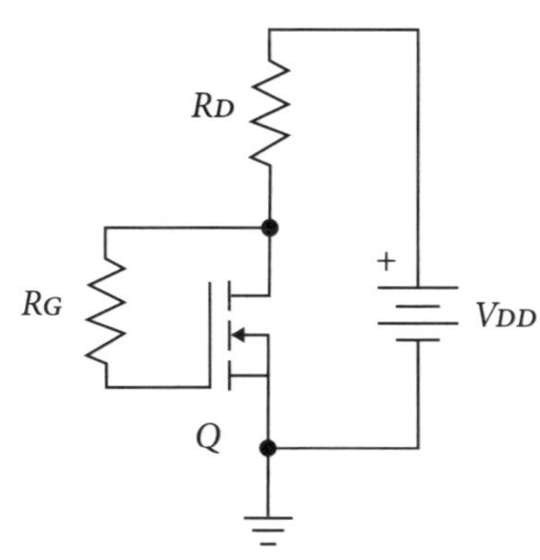

Figura 13.8 Diagrama esquemático do circuito de polarização de MOSFET do tipo de intensificação com realimentação de dreno.

13.3 EXPERIMENTOS PROPOSTOS

Os experimentos propostos aqui consistem na determinação das curvas de transcondutância e de I_D em função de V_{DS} para os três tipos de componentes relacionados: JFET, MOSFET do tipo de depleção e MOSFET do tipo de intensificação.

Além disso, serão apresentados os circuitos de polarização de melhor adequação para uso desses transistores em amplificadores e circuitos de comutação.

13.3.1 Curvas de transcondutância

Como uma ação prévia ao experimento, verifique na folha de dados do componente disponibilizada os valores do V_{GSoff}, I_{DSSmin} e I_{DSSmax}. Esboce um gráfico de I_D em função de V_{GS} com esses valores.

A determinação da curva de transcondutância do JFET é feita a partir do circuito de referência mostrado na Figura 13.4. A fonte V_{GG} é usada para aplicar uma diferença de potencial entre a porta e a fonte (V_{GS}). Pelas características de construção dos FETs, não haverá corrente apreciável por R_G e as diferenças de potenciais V_{GG} e V_{GS} são consideradas iguais. Independentemente do tipo de FET a ser utilizado, o experimento para obter a curva de transcondutância é simples. Deve-se monitorar V_{GS} (ou V_{GG}) com um voltímetro e a corrente I_D com um amperímetro. A diferença nos experimentos ocorrerá em função da polaridade a ser utilizada dependente do tipo do FET.

No experimento com o JFET, inicialmente mantenha a fonte $V_{GG} = 0$ V e meça I_D. Esse valor de I_D corresponde a I_{DSS}. Em seguida, promova sucessivas variações de 0,25 V negativos em V_{GG} e meça os valores correspondentes de I_D até que esse valor se torne desprezível. Nesse ponto obtém-se V_{GSoff}.

Os materiais usados para essa experiência são:

- 1 fonte de alimentação de 15 V (V_{DD});
- 1 fonte de alimentação ajustável de 0 a 5 V (V_{GG});
- 2 multímetros;
- 1 JFET BF245;
- 2 resistores de 1 kΩ × 1/4 W (R_G, R_D).

No experimento com o MOSFET do tipo de depleção, usamos o mesmo diagrama esquemático da Figura 13.4, substituindo o JFET pelo MOSFET. O procedimento será análogo ao feito com o JFET. No entanto, em adição às variações das tensões negativas, deve-se promover acréscimos de 0,2 V de V_{GG} positivas até que se alcancem valores de I_D com 50% do I_{Dmax} informado na folha de dados do fabricante. Iremos utilizar o 2N3797, cujo I_{Dmax} é de 20 mA. Os materiais para obter a curva de transcondutância do 2N3797 são os mesmos dos reportados para o JFET.

Com os dados experimentais obtidos nos experimentos com o BF245 e com o 2N3797, faça o gráfico com a curva de transcondutância e compare-a com as informações advindas do fabricante e com as equações 13.1 e 13.5, respectivamente.

Usaremos o 2N7000 como o MOSFET do tipo de intensificação para determinar a curva de transcondutância. Usaremos o circuito da Figura 13.4 substituindo o JFET pelo MOSFET. Repita todos os materiais e procedimentos anteriores, usando V_{DD} = 15 V e iniciando com valores de V_{GS} positivos e com passos de 0,1 V. O valor de V_{GSth} é obtido quando se constata um aumento de I_D. Conclua o experimento quando I_D alcançar cerca de 10 mA, que será o valor de saturação do circuito. A corrente máxima de dreno do 2N7000 é de 200 mA.

Com os resultados experimentais, elabore a curva de transcondutância e obtenha o valor de k por meio da comparação com a equação 13.6.

13.3.2 Curvas de V_{DS} versus I_D

A determinação das curvas de I_D em função de V_{DS} também é muito simples. No circuito da Figura 13.4 use um amperímetro para medir I_D e um voltímetro para V_{DS}.

Considerando que as curvas de transcondutância foram previamente obtidas, escolha os valores de V_{GS} para cada tipo de FET empregado. Para o JFET escolha valores de V_{GS} entre V_{GSoff} e 0. Para o MOSFET do tipo de depleção os valores de V_{GS} devem estar na faixa entre –2 V e 2 V. Por fim, para o MOSFET do tipo de intensificação a faixa de tensões é positiva, partindo de 0 V até 3 V.

Para os três transistores usados, as curvas serão similares às mostradas na Figura 13.1. O procedimento a ser empregado é similar ao realizado para obtenção das curvas de V_{CE} versus I_C feito para transistores bipolares no Capítulo 6. Iremos incrementar V_{DD} e acompanhar, via voltímetro, as variações de V_{DS}, as quais devem ser pequenas nas proximidades de 0 V, uma vez que ocorrerá uma rápida variação de I_D. Posteriormente, as variações de V_{DS} podem se tornar mais largas, pois a curva se aproximará de um valor constante. Sugere-se usar para V_{DS} os mesmos valores que os utilizados para V_{CE} no Capítulo 6: 0, 0,05, 0,1, 0,15, 0,2, 0,5, 1,0, 3,0, 5,0, 7,5, 10,0 e 15,0 V.

A finalização do experimento consiste na confecção dos gráficos e na determinação da resistência dos canais dos FETs por meio da inclinação das curvas na região ativa.

13.3.3 Circuitos de polarização e linhas de carga

Nesta subseção iremos apresentar alguns circuitos tipicamente utilizados para polarizar os JFETs e os MOSFETs do tipo de intensificação, ambos de canal N. Os circuitos de polarização também permitirão a determinação do ponto quiescente dos transistores por meio da intersecção da linha de carga com a curva de transcondutância. Também é possível traçar outra linha de carga junto com as curvas de I_D em função de V_{DS}.

A configuração mais comum de polarização de transistores, sejam bipolares, sejam unipolares, é a do divisor de tensão mostrado na Figura 13.5. Em vista da elevada impedância de entrada que os FETs apresentam entre a porta (G) e a fonte (S), aos resistores R_1 e R_2, normalmente, lhes são atribuídas resistências com valores iguais e elevados, da ordem de MΩ. Assim, tomando-se $R_1 = R_2$ e determinando o equivalente de Thévenin da malha constituída por V_{DD}, R_1 e R_2, obtemos um circuito equivalente como o de polarização de porta que mostramos nas Figuras 13.9(a) e 13.9(b) para JFET e MOSFET, respectivamente.

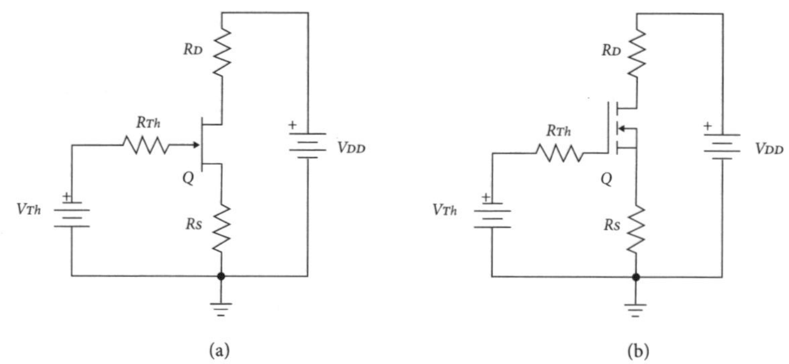

Figura 13.9 Circuito equivalente de polarização por divisor de tensão para (a) JFET e (b) MOSFET do tipo de intensificação.

Aplicando-se a lei de Kirchhoff para tensões na malha do circuito equivalente de Thévenin obtém-se a linha de carga dada pela equação 13.7:

$$I_D = \frac{V_{Th} - V_{GS}}{R_S} \tag{13.7}$$

A linha de carga para o circuito formado pela malha V_{DD}, R_D, R_S e canal do transistor é dada pela equação 13.8:

$$I_D = \frac{V_{DD} - V_{DS}}{R_D + R_S} \tag{13.8}$$

Inicialmente, o experimento consiste em determinar as linhas de carga dos circuitos da Figura 13.5 para o JFET (BF245) e para o MOSFET (2N7000). Essas linhas devem ser traçadas nos gráficos junto com as curvas de transcondutância, obtidas na subseção 13.3.1, e junto com as curvas de I_D em função de V_{DS}, obtidas na subseção 13.3.2. Em seguida, deve-se montar os circuitos e fazer as medições necessárias para a obtenção dos respectivos pontos quiescentes.

Os materiais comuns usados nas experiências com os dois transistores são:

- 1 fonte de alimentação de 15 V (V_{DD});
- 2 resistores de 10 MΩ × 1/4 W (R_1 e R_2);
- 3 multímetros (2 voltímetros para medir V_{GS} e V_{DS} e 1 amperímetro para I_D).

No experimento com o JFET (BF245), use R_D de 1 kΩ e valores de R_S de 1,0 kΩ, 2,2 kΩ e 4,7 kΩ, todos de 1/4 W. No experimento com o MOSFET (2N7000), use R_D de 3,3 kΩ e valores de R_S de 1,0 kΩ, 2,2 kΩ e 4,7 kΩ, todos com potência nominal de 1/4 W. Portanto, serão feitas três linhas de carga para cada transistor.

No circuito da Figura 13.6 a polarização do JFET é feita com uma fonte de corrente. Com base nos desenvolvimentos já realizados neste e no Capítulo 7, propõe-se elaborar um experimento em que o JFET (BF245) seja polarizado com I_D = 2,5 mA. É importante notar que dessa vez os resistores R_1 e R_2 são polarizadores do transistor bipolar (pode-se usar um 2N3904). Determine as linhas de carga para esse circuito e faça medições necessárias para encontrar o ponto quiescente.

Por fim, usaremos o circuito da Figura 13.7, polarização por realimentação de dreno para o MOSFET. Projete o referido circuito para obter o ponto quiescente que defina I_D = 5 mA. Use V_{DD} = 15 V e encontre a I_D, ajustando o valor de R_D.

13.4 DISCUSSÃO

O comportamento dos transistores de efeito de campo é estudado a partir das curvas de transcondutância e de corrente de dreno em função da tensão entre porta e fonte. Por meio de circuitos de polarização, as linhas de carga são traçadas e o pontos quiescentes podem ser encontrados.

Como ocorre em todo circuito transistorizado, a estabilidade produzida pelo circuito de polarização é fundamental para o correto funcionamento dos amplificadores. Assim, são escolhidos circuitos de polarização que sejam facilitadores dessa condição. Sugere-se que seja feita uma avaliação comparativa dos circuitos de polarização, especificamente no caso das linhas de carga, para mostrar que a estabilidade é alcançada apenas em condições favoráveis de polarização.

Outro ponto a ser discutido nos experimentos deste capítulo é ligado à curva de transcondutância. Verifica-se que as curvas possuem contorno parabólico; logo, $g_m = dI_D/dV_{GS}$ não é constante. Essa característica irá restringir a operação linear do circuito a pequenos sinais. Examine as curvas para encontrar as posições mais adequadas para os pontos quiescentes, de modo a ter uma aproximação razoável para a condição linear no projeto de um amplificador.

Por fim, discuta aspectos ligados à resistência de corpo dos transistores de efeito de campo.

CAPÍTULO 14
Aplicações com transistores de efeito de campo de junção

ESTUDO PRELIMINAR

Vamos apresentar neste capítulo configurações de amplificadores e de circuitos de chaveamento que utilizam transistores de efeito de campo. Para o estudo desses circuitos é recomendado estudar previamente as curvas características e os circuitos de polarização dos JFETs vistos no Capítulo 13. Além disso, todos os conceitos de amplificação de sinais e de técnicas de chaveamento são imprescindíveis para uma adequada compreensão do capítulo.

14.1 INTRODUÇÃO

Os transistores de efeito de campo são dispositivos que podem ser utilizados em amplificadores eletrônicos de diferentes tipos. Todos os FETs possuem elevada impedância de entrada como característica; portanto, não exigem correntes com valores expressivos para seus sinais de entrada.

Neste capítulo estudamos os amplificadores para pequenos sinais baseados nos JFETs. Nos amplificadores com esse tipo de transistor, a junção PN presente entre os terminais de porta e fonte deve receber uma polarização reversa. Desse modo, o sinal de entrada é grampeado em um nível de potencial elétrico contínuo e negativo. Há três configurações fundamentais para os amplificadores com JFETs:

fonte comum (SC), dreno comum (DC) e porta comum (GC), cada qual tem suas peculiaridades em relação ao ganho e impedâncias de entrada e saída. Essas configurações serão estudadas neste capítulo.

O objetivo dos experimentos sugeridos neste capítulo é apresentar, analisar e projetar circuitos amplificadores que envolvam os transistores de efeito de campo nas configurações SC, DC e GC.

14.2 TEORIA

As configurações dos amplificadores com FETs são analisadas em termos de seus circuitos de corrente contínua e alternada. Para a análise do circuito de corrente alternada será utilizado o modelo de circuito equivalente mostrado na Figura 14.1. Esse modelo é útil para qualquer tipo de FET, considerando-se uma análise de circuito que não leve em conta a resposta em frequência. Nesse modelo a resistência de canal não é considerada.

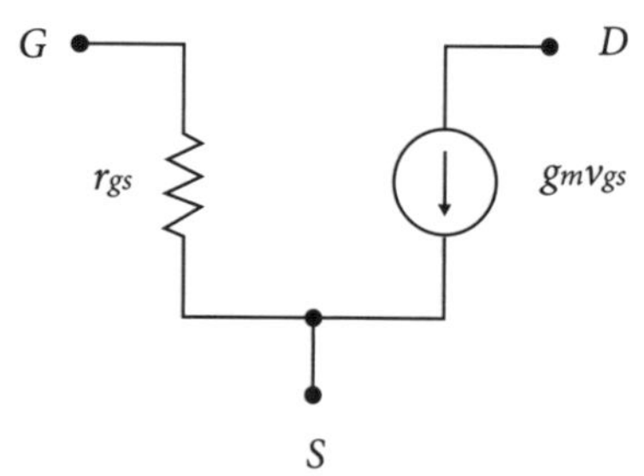

Figura 14.1 Circuito equivalente do JFET para circuitos de corrente alternada.

Ainda na Figura 14.1, como convencionalmente é praticado na literatura de eletrônica, as letras minúsculas estão associadas a grandezas elétricas alternadas. Dessa forma, v_{gs} é a tensão alternada entre a porta e a fonte. A transcondutância é designada por g_m e r_{gs} é a resistência elétrica da junção porta-fonte. Normalmente, como r_{gs} possui valores elevados em todos os FETs, para efeito de simplificação na análise do circuito, considera-se o circuito aberto entre *G* e *S*.

Os amplificadores com JFET são construídos a partir das suas três configurações fundamentais: fonte comum (SC), dreno comum (DC) e porta comum (GC). Essas configurações são usadas em amplificadores de pequenos sinais e serão estudadas em termos de ganho, impedâncias de entrada e saída e resposta em baixas frequências (observar os mesmos critérios sobre capacitores de acoplamento apresentados no Capítulo 9) nas subseções 14.2.1 a 14.2.3. O sinal de entrada nestes amplificadores é fornecido por uma fonte ca de amplitude v_i e resistência interna r_i.

14.2.1 Amplificador com JFET na configuração fonte comum

O circuito da Figura 14.2 é um amplificador baseado em JFET na configuração fonte comum (SC). Uma análise convencional do circuito de corrente alternada, embasada pelo modelo elétrico (Figura 14.1) desse circuito com saída aberta ($R_L \rightarrow \infty$), resulta em ganho (A_{vo}) dado pela equação 14.1. As impedâncias de entrada, tomando $r_{gs} \rightarrow \infty$, é z_{in}, "vista" do terminal G, e de saída (z_{out}) são dadas pelas equações 14.2 e 14.3.

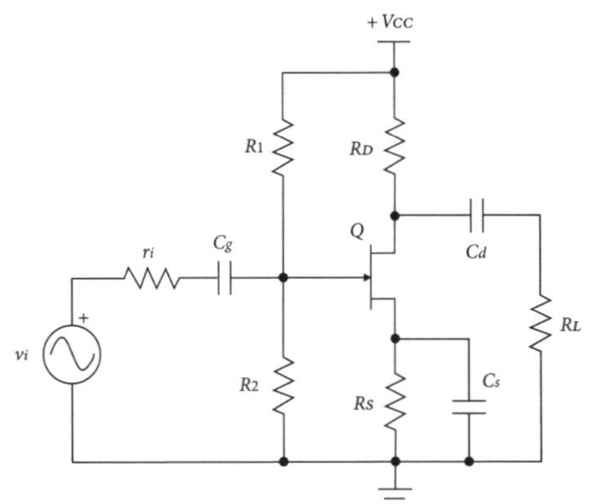

Figura 14.2 Diagrama esquemático de um amplificador baseado em JFET na configuração de fonte comum.

$$A_{vo} = -g_m R_D \tag{14.1}$$

$$z_{in} = \frac{R_1 R_2}{R_1 + R_2} \tag{14.2}$$

$$z_{out} = R_D \tag{14.3}$$

A resposta em frequência desse amplificador também se assemelha à de um filtro passa-faixa. Neste capítulo iremos abordar apenas a resposta em baixas frequências. A frequência de corte inferior é o maior valor dentre as calculadas a partir das características de impedância do circuito e dos capacitores de acoplamento (C_g e C_d) e desvio (C_s). Essas frequências são obtidas por meio das equações 14.4 a 14.6:

$$f_{c1} = \frac{1}{2\pi\left(r_i + z_{in}\right)C_g} \tag{14.4}$$

$$f_{c2} = \frac{1}{2\pi\left(R_L + z_{out}\right)C_d} \tag{14.5}$$

$$f_{c3} = \frac{1}{2\pi\left(\dfrac{R_S \dfrac{1}{g_m}}{R_S + \dfrac{1}{g_m}}\right)C_s} \tag{14.6}$$

14.2.2 Amplificador com JFET na configuração dreno comum

A Figura 14.3 mostra o circuito equivalente de um amplificador com FET na configuração dreno comum (DC), ou seguidor de fonte. Tomando-se as mesmas ponderações simplificadoras da análise do circuito de corrente alternada do circuito anterior, obtemos o ganho em malha aberta e as impedâncias de entrada e de saída pelas equações 14.7, 14.8 e 14.9, respectivamente.

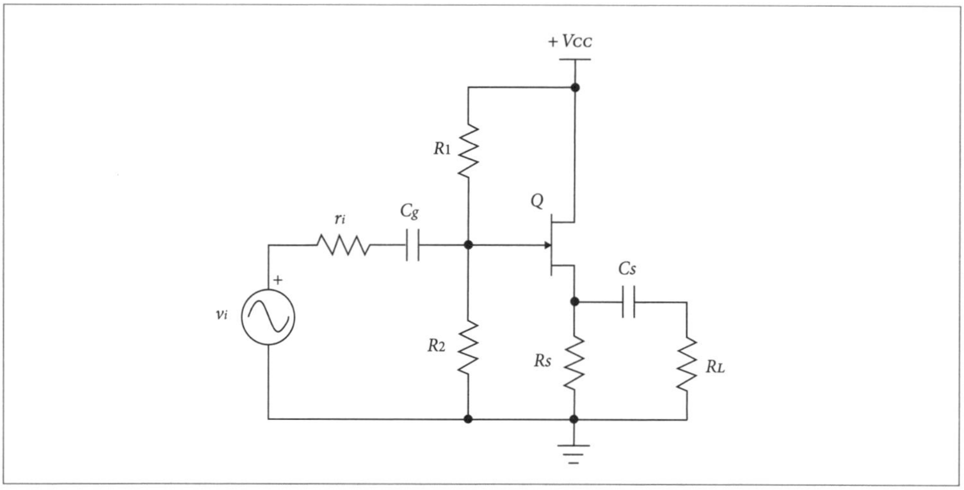

Figura 14.3 Diagrama esquemático de um amplificador baseado em JFET na configuração de dreno comum.

$$A_{vo} = \frac{R_S}{R_S + 1/g_m} \tag{14.7}$$

$$z_{in} = \frac{R_1 R_2}{R_1 + R_2} \tag{14.8}$$

$$z_{out} = \frac{R_S / g_m}{R_S + 1/g_m} \tag{14.9}$$

A equação (14.7) mostra que o ganho de tensão desse amplificador é de aproximadamente 1. Portanto, esse circuito é usado como amplificador de corrente, similarmente ao que desempenha um seguidor de emissor com transistores bipolares. A resposta para baixas frequências desse circuito é obtida pela maior frequência de corte dentre as definidas nas equações 14.10 e 14.11:

$$f_{c1} = \frac{1}{2\pi\left(r_i + z_{in}\right)C_g} \tag{14.10}$$

$$f_{c2} = \frac{1}{2\pi\left(R_L + z_{out}\right)C_s} \tag{14.11}$$

14.2.3 Amplificador com JFET na configuração porta comum

Por fim, a Figura 14.4 apresenta o diagrama esquemático de um amplificador com JFET na configuração de porta comum (GC).

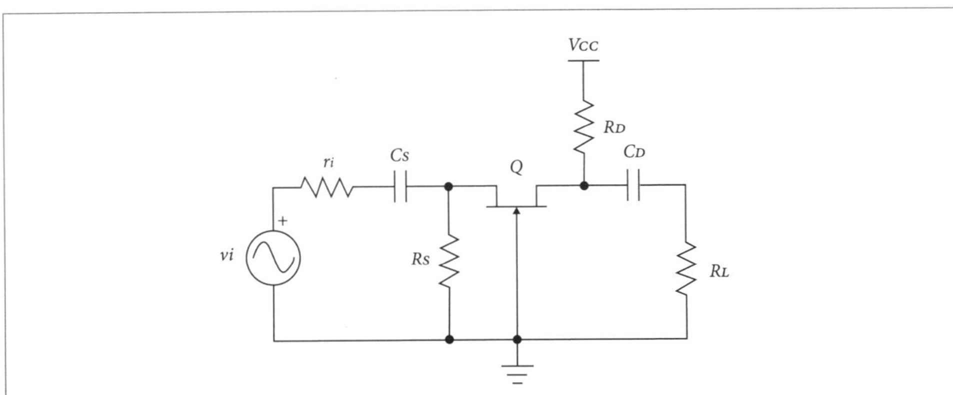

Figura 14.4 Diagrama esquemático de um amplificador baseado em JFET na configuração de porta comum.

O ganho e as impedâncias de entrada e saída, nas condições anteriormente expostas, são dados pelas equações 14.12, 14.13 e 14.14:

$$A_{vo} = g_m R_D \tag{14.12}$$

$$z_{in} = \frac{1}{g_m} \tag{14.13}$$

$$z_{out} = R_D \tag{14.14}$$

A resposta em baixas frequências para esse circuito é dada pelas frequências de corte definidas pelas equações 14.15 e 15.16:

$$f_{c1} = \frac{1}{2\pi\left(r_i + z_{in}\right)C_s} \tag{14.15}$$

$$f_{c2} = \frac{1}{2\pi\left(R_L + z_{out}\right)C_d} \tag{14.16}$$

14.2.4 Comparativo das configurações

A partir das três configurações de amplificadores com JFET apresentadas é possível estabelecer comparações entre as impedâncias de entrada e saída e do ganho de tensão, visando o direcionamento de cada circuito para suas aplicações. As impedâncias de entrada das configurações SC e DC são determinadas pelos resistores de polarização R_1 e R_2 (equações 14.2 e 14.8). Essas resistências normalmente possuem valores elevados, da ordem de megaohms, para garantir elevada impedância de entrada nos circuitos. Por outro lado, a impedância de entrada da configuração GC (equação 14.3) é de centenas de Ω, pois g_m é da ordem de mS. As impedâncias de saída normalmente apresentam valores da ordem de centenas de Ω ou alguns kΩ, que são os valores habitualmente atribuídos a R_D em projetos de amplificadores de pequenos sinais. Na configuração DC, a impedância de saída (equação 14.9) é ainda mais reduzida em decorrência de ser inferior a R_S e a $1/g_m$. Por fim, o ganho de tensão dessas configurações é o mesmo em módulo para SC e GC, diferenciando-os pela inversão e não inversão do sinal de saída em relação à entrada, respectivamente. A configuração DC é voltada para amplificadores de corrente, pois o ganho de tensão é, praticamente, igual a 1.

14.3 EXPERIMENTOS PROPOSTOS

Os experimentos e projetos propostos neste capítulo envolverão o JFET BF245, cujas curvas características foram obtidas no procedimento proposto no Capítulo 13. Aquelas curvas serão utilizadas como referência nos experimentos com os JFETs.

Os experimentos que serão desenvolvidos são as aplicações de amplificadores de pequenos sinais baseados em JFETs nas configurações SC (14.3.1), DC (14.3.2) e GC (14.3.3).

14.3.1 Amplificadores com JFET na configuração SC

Os amplificadores de fonte comum com JFET são adequados para amplificação de pequenos sinais. Em nosso experimento utilizaremos a configuração do circuito da Figura 14.2.

Uma forma simples de desenvolver um projeto de um amplificador de fonte comum começa pela fixação de algumas características do circuito como tensão da fonte de alimentação, ganho de tensão em malha aberta, impedância de entrada e frequência de corte inferior. Em seguida, por meio da observação da curva de transcondutância e das curvas de I_D em função de V_{GS} escolhe-se um valor para o par (V_{GS}, I_D). O divisor resistivo formado por R_1 e R_2 pode ser constituído por dois resistores com a mesma resistência de valores da ordem de megaohms para que a impedância de entrada seja elevada (equação 14.2). Assim, V_G será $V_{CC}/2$. A partir da relação $V_{GS} = V_G - V_S$ determina-se com $R_S = V_S/I_D$. Para determinar R_D emprega-se a equação 14.1, na qual o valor de g_m para o respectivo V_{GS} é dado pela da equação 14.17:

$$g_m = g_{m0}\left[1 - \frac{V_{GS}}{V_{GSoff}}\right] \tag{14.17}$$

onde

$$g_{m0} = -2I_{DSS}/V_{GSoff}.$$

Seguindo os critérios orientadores do procedimento descrito no parágrafo anterior adotou-se, inicialmente, $V_{CC} = 15V$, $A_{vo} = -2$ e $z_{in} = 500\ k\Omega$. A consulta às curvas características do JFET do BF245, que previamente foram preparadas com o procedimento descrito no Capítulo 13, resultaram em $I_{DSS} = 12{,}5$ mA e $V_{GSoff} = -5{,}0$ V, portanto $g_{m0} = 5{,}0$ mS. O ponto (V_{GS}, I_D) da curva de transcondutância foi escolhido (–1,5V, 6 mA), aproximadamente. Segundo a equação 14.2, R_1 e R_2 serão ambos de 1 MΩ. Como V_G será de 7,5 V, determina-se $R_S = 1{,}5\ k\Omega$ (valor comercial aproximado). Substituindo –1,5V na equação 14.17, encontra-se $g_m = 3{,}5$ mS. Desse modo, com a equação 14.1 encontra-se $R_D = 560\ \Omega$ (valor comercial aproximado).

Vamos adotar frequência de corte inferior de 100 Hz e considerar a resistência interna da fonte de sinal desprezível. Conforme visto anteriormente nos Capítulos 9 e 10, a frequência mínima do amplificador deve ser 10 vezes maior que a estabelecida como frequência de corte; portanto, nesse caso de 1 kHz.

Adotaremos também o menor valor de R_L como R_D, ou seja, $z_{out} = R_L$. Para isso, calculamos as capacitâncias de C_d, C_g e C_s por meio das equações 14.4, 14.5 e 14.6, respectivamente, considerando a frequência mínima de 1 kHz. Os resultados obtidos são: $C_d = 33$ nF, $C_g = 680$ nF e $C_s = 150$ nF (valores comerciais aproximados).

Resumindo, os materiais a serem usados no experimento são:

- 1 osciloscópio de 2 canais;
- 1 fonte de alimentação simples de 15 V (V_{CC});
- 1 gerador de funções;
- 2 multímetros;
- 1 JFET BF245;
- 2 resistores de 1,0 MΩ × 1/4 W (R_1, R_2);
- 1 resistor de 1,5 kΩ × 1/4 W (R_S);
- 1 resistor de 560 Ω × 1/4 W (R_D);
- resistores de carga com valores entre 560 Ω e 56 kΩ (R_L);
- 1 capacitor de poliéster de 33 nF × 250 V (C_d);
- 1 capacitor de poliéster de 150 nF × 250 V (C_s);
- 1 capacitor eletrolítico de 680 nF × 250 V (C_g).

Construa o circuito descrito. Inicialmente, sem aplicar a tensão de entrada, encontre o ponto de trabalho do JFET devido à polarização em corrente contínua. Compare esses resultados com a previsão teórica. Em seguida, aplique um sinal de entrada de amplitude de 75 mV e frequência de 10 kHz e determine o ganho em malha aberta e com resistências de carga entre 560 Ω e 56 kΩ. Compare os resultados experimentais com as previsões teóricas. Possíveis divergências entre os resultados obtidos e a previsão teórica podem ocorrer por causa de variações das propriedades do JFET decorrentes do processo de produção. Variando-se as resistências de carga, pode-se desenvolver um procedimento para obter o circuito equivalente de Thévenin da saída do amplificador.

Determine a resposta do amplificador em baixas frequências, reduzindo gradativamente a frequência da tensão fornecida pela fonte de sinal. Faça o gráfico do ganho de tensão e da fase entre as tensões de entrada e saída em função da frequência para uma avaliação gráfica da resposta em frequência.

14.3.2 Amplificadores com JFET na configuração DC

Os amplificadores de dreno comum, por terem ganho de tensão próximo a 1 (equação 14.4), são úteis para acoplar fontes de elevada impedância a cargas de baixa impedância. Dessa forma, eles produzem, essencialmente, amplificação de corrente. Esses amplificadores podem ser utilizados como pré-amplificadores de sensores piezelétricos. Um caso típico seria o da recepção por meio de ondas acústicas por um hidrofone na água (ou um microfone no ar). O sensor piezelétrico fornece um sinal com amplitude de alguns Volts, mas com corrente muito baixa. No experimento, o dispositivo piezelétrico será emulado por um gerador de funções que forneça tensões senoidais com amplitude entre 0 e 10 V.

O circuito da Figura 14.5 mostra o circuito a ser usado no experimento.

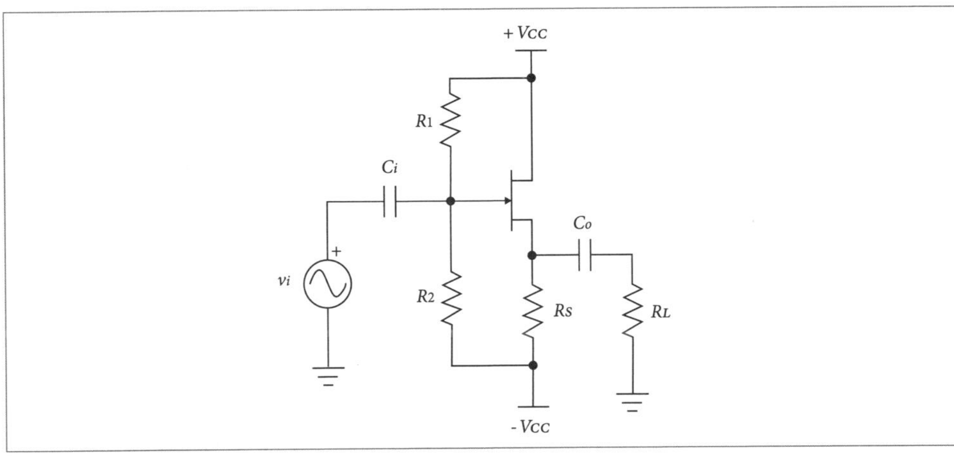

Figura 14.5 Diagrama esquemático de um amplificador baseado em JFET na configuração de dreno comum para aplicação como pré-amplificador de um sensor piezelétrico.

Para determinar o ponto quiescente, observaram-se as curvas características do JFET e estabeleceu-se, como critério do projeto, que V_{DS} e V_{RS} tivessem valores próximos. Assim, adotando-se uma fonte simétrica de ± 15 V, essas quedas de tensão serão de 15 V. A corrente I_D foi adotada como 6 mA. Partindo-se dessas escolhas, R_S é determinado fazendo V_{RS}/I_D. Usou-se um valor comercial de 2,2 kΩ. Com o intuito de manter a elevada impedância de entrada do amplificador, o divisor resistivo formado por R_1 e R_2 é constituído por resistores de 6,8 MΩ. Desse modo, por meio da equação 14.5, a impedância de entrada será de 3,4 MΩ.

Os materiais usados para essa experiência são:

- 1 osciloscópio de 2 canais;
- 1 fonte de alimentação simétrica de ± 15 V (V_{CC});

- 1 gerador de funções;
- 2 multímetros;
- 1 JFET BF245;
- 2 resistores de 6,8 MΩ × 1/4 W (R_1, R_2);
- 1 resistor de 2,2 kΩ × 1/4 W(R_S);
- resistores de carga com valores entre 220 Ω e 220 kΩ (R_L);
- 2 capacitores de poliéster de 10 nF × 250 V (C_i, C_o).

Inicialmente, use os 2 canais do osciloscópio para monitorar as tensões de entrada e saída. Ajuste o gerador de funções para fornecer uma tensão senoidal na frequência de 100 kHz e varie a amplitude a partir de 0 V até o valor máximo do equipamento ou até o sinal de saída tornar-se distorcido. Repita esse procedimento para diferentes valores de R_L entre 220 Ω e 220 kΩ. Esse amplificador possui ganho de tensão próximo de 1, mas sob cargas mais severas a tensão de saída deve ser reduzida. Identifique essa redução e determine o circuito equivalente de Thévenin da saída do amplificador.

14.3.3 Amplificadores com JFET na configuração GC

Os amplificadores na configuração GC possuem ganho de tensão igual em módulo ao do de configuração SC. No entanto, diferentemente do SC, a tensão de saída fica em fase com a de entrada. Uma característica peculiar dos amplificadores GC é a baixa impedância de entrada, a qual limita sua gama de aplicações.

Propomos aqui a construção de um circuito com o mesmo diagrama esquemático apresentado na Figura 14.4.

Os materiais usados para essa experiência são:

- 1 osciloscópio de 2 canais;
- 1 fonte de alimentação simples de 15 V (V_{CC});
- 1 gerador de funções;
- 2 multímetros;
- 1 JFET BF245;
- 1 resistor de 1 kΩ × 1/4 W (R_S);
- 1 resistor de 10 kΩ × 1/4 W (R_D);
- resistores de carga com valores entre 10 kΩ e 100 kΩ (R_L);
- 2 capacitores de poliéster de 100 nF × 250 V (C_S, C_D).

Como feito nos itens anteriores, desprezamos r_i, ajustamos o gerador de funções para fornecer uma tensão senoidal na frequência de 100 kHz e variamos a sua amplitude de 0V até um valor limiar do início da distorção do sinal de saída. Execute esse procedimento com os diferentes resistores de carga e determine os respectivos ganhos de tensão. Use procedimento similar àquele desenvolvido anteriormente para obter o circuito equivalente de Thévenin da saída do amplificador.

Usando um $R_L = 100\ k\Omega$, aplique um sinal de entrada em que se obtenha um sinal de saída livre de distorções e anote a tensão de saída. Foi admitido até o momento que a impedância de saída da fonte de sinal (gerador de funções) é desprezível. Introduza um resistor (r_i), conforme mostra a Figura 14.4, para emular a impedância de saída da fonte de sinal. A resistência r_i formará um divisor de tensões com a impedância de entrada do amplificador GC. Introduza valores da ordem de centenas de ohms e encontre um valor de tensão de saída que tenha, aproximadamente, a metade do valor daquele obtido com r_i em curto-circuito. Esse procedimento permite encontrar a impedância de entrada do amplificador e, por meio da equação 14.13, calcular a transcondutância do JFET.

14.4 DISCUSSÃO

A princípio, todo amplificador que usa JFET possui impedância de entrada superior à dos circuitos baseados nos transistores bipolares. Esse aspecto o torna interessante na amplificação de sinais fornecidos por fontes de baixa potência. Estabeleça comparações entre os valores de impedância de entrada dos amplificadores com JFET e com transistores bipolares.

Nos experimentos propostos, os ganhos de tensão dos amplificadores com JFET são menores em relação aos transistores bipolares, especialmente se compararmos os de SC com os de EC e os de GC com os de BC. Isso representa uma desvantagem para os JFETs. Deve-se notar que o aumento do valor de R_S reduz o valor de V_{GS}; com isso, a transcondutância cresce e o ganho aumenta, mas nunca para patamares próximos ao que se encontra nos amplificadores com transistores bipolares.

Além disso, outra limitação do uso de JFETs encontra-se na sua curva de transcondutância que é dependente de V_{GS}; logo, o ganho do amplificador não será linear, pois poderá variar em função do sinal que é aplicado à entrada do amplificador. Nos experimentos esse efeito pode ser verificado ao aumentar a amplitude do sinal de entrada. Sugere-se fazer apontamentos sobre as formas de onda obtidas quando esse sinal de entrada cresce.

CAPÍTULO 15
Aplicações com transistores de efeito de campo de metal óxido semicondutor

ESTUDO PRELIMINAR

O estudo deste capítulo requer conhecimentos similares aos recomendados no Capítulo 13, ou seja, sobre as curvas características dos transistores de efeito de campo de metal óxido semicondutor (MOSFETs) e suas configurações de circuitos de polarização. Recomenda-se que o leitor levante, como uma prática preliminar de laboratório, as curvas características dos componentes utilizados neste capítulo. Ademais, os conceitos de amplificação de sinais e de técnicas de chaveamento são fundamentais para desenvolver aplicações com MOSFETs.

15.1 INTRODUÇÃO

Os amplificadores com FETs possuem elevada impedância de entrada e não exigem demanda de potência da fonte do sinal a ser amplificado. Nos MOSFETs, o terminal da porta é isolado, fazendo que a impedância de entrada (entre porta e fonte) seja ainda maior do que nos JFETs.

Neste capítulo nos concentraremos nos MOSFETs do tipo de intensificação. Esses MOSFETs são utilizados tanto para amplificadores para pequenos sinais como em circuitos que demandam potências elevadas. Além disso, eles possuem características importantes que facilitam sua operação em comutação, pois podem operar de modo similar a uma chave, no modo ligado, quando sua resistência de corpo chega a décimos de ohms, e como chave aberta, quando sua resistência de corpo pode ser da ordem de centenas de megaohms. Apresentaremos neste capítulo circuitos para amplificação de pequenos sinais e para aplicações como chave eletrônica (por exemplo, em acionador de dispositivos piezelétricos e amplificadores de potência elevada que atuam no modo de chaveamento) (classe D).

O objetivo deste capítulo é mostrar algumas das possibilidades de aplicações com MOSFETs do tipo de intensificação em circuitos para potências baixas (amplificadores de pequenos sinais) e elevadas (chaveamento).

15.2 TEORIA

A seção de teoria deste capítulo está dividida em quatro partes. A primeira, 15.2.1, trata de um circuito amplificador para pequenos sinais, na configuração fonte comum. Na subseção 15.2.2, ainda será estudado um amplificador para pequenos sinais, mas na configuração de realimentação de dreno. As subseções 15.2.3 e 15.2.4 remetem às aplicações com chaveamento desses MOSFETs, apresentando, respectivamente, uma aplicação para comutar dispositivos em geral e um amplificador em classe D.

15.2.1 Amplificador linear com MOSFET na configuração fonte comum

Abordaremos aqui as configurações fonte comum com circuito polarizador por divisor de tensão e com realimentação de dreno-porta e a dreno comum.

Como é encontrado na literatura sobre MOSFETs do tipo de intensificação, a corrente de dreno e a tensão entre porta e fonte se relaciona pela equação 15.1 (ou equação 13.6 no Capítulo 13),

$$I_D = k\left(V_{GS} - V_{GSth}\right)^2 \tag{15.1}$$

onde

I_D é a corrente de dreno;

V_{GS} é a tensão entre os terminais de porta e fonte;

V_{GSth} é a tensão V_{GS} limiar da condução do MOSFET.

k é uma constante atrelada às características de construção do MOSFET.

A Figura 15.1 mostra o diagrama esquemático de um amplificador com MOSFET (canal N) com polarização por divisor de tensão.

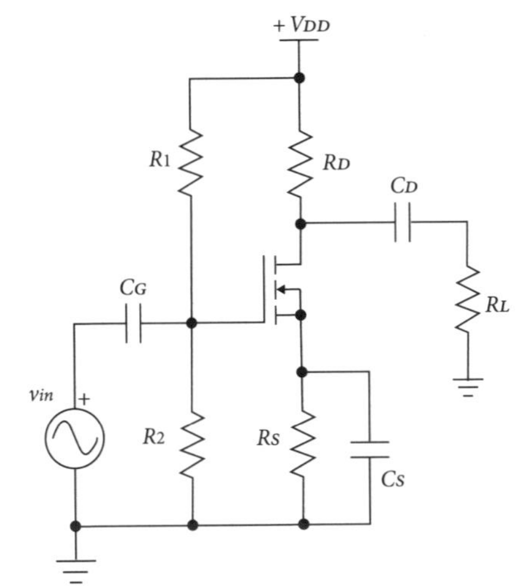

Figura 15.1 Diagrama esquemático de um amplificador baseado em MOSFET (canal N) do tipo de intensificação polarizado por divisor de tensão.

A Figura 15.2 mostra o circuito equivalente *ca* do amplificador da Figura 15.1. Note que a resistência "vista" pelo terminal de porta (*g*) é considerada muito elevada e, com isso, a impedância de entrada, praticamente, resume-se à resistência equivalente (R_{th}) dos resistores R_1 e R_2. A saída dos amplificadores é constituída por um equivalente de Norton cuja resistência interna é R_D. Na Figura 15.2, r_d é resultado da associação paralela entre R_D e R_L. Os capacitores C_G e C_D são de acoplamento e C_S é de desvio. Todas as reatâncias capacitivas desses componentes devem ser desprezíveis em relação às componentes resistivas de seus entornos.

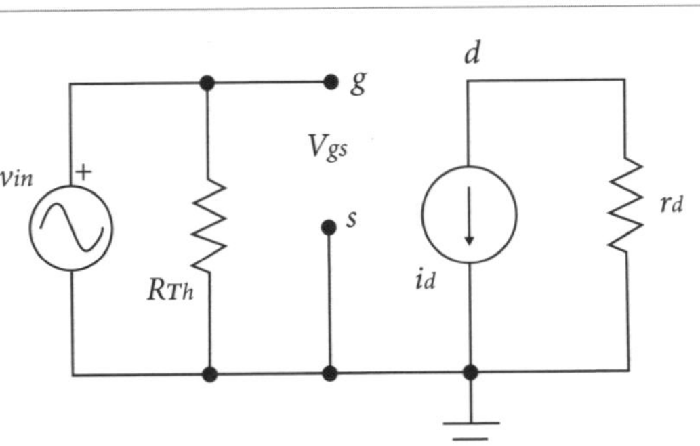

Figura 15.2 Diagrama esquemático do circuito equivalente *ca* do amplificador mostrado na Figura 15.1.

O ganho em malha aberta desse amplificador é dado pela equação 15.2:

$$A_{vo} = -g_m R_D \tag{15.2}$$

Para o ganho em malha fechada, R_D é substituído por r_d na equação 15.1. Da teoria sobre MOSFETs o valor da transcondutância (g_m) desse dispositivo é dado pela equação 15.3:

$$g_m = \frac{2I_D}{V_{GS} - V_{GSth}} \tag{15.3}$$

A Figura 15.3 mostra o circuito equivalente do amplificador da Figura 15.1 com a representação do MOSFET pelo modelo T (inserido no retângulo) e a inclusão das capacitâncias e resistências que influenciam na resposta em baixas frequências.

As frequências de corte inferiores do amplificador são decorrentes dos efeitos das capacitâncias de acoplamento (C_G e C_D) e de desvio (C_S) com as resistências dos seus entornos. Pelas mesmas razões já expostas anteriormente (Capítulo 9, subseção 9.2.2), as capacitâncias terão valores dez vezes maiores que as determinadas pela frequência de corte. A metodologia para o cálculo dessas capacitâncias é similar à adotada para os transistores bipolares no Capítulo 9, ou seja, busca-se encontrar as resistências “vistas” pelos terminais de cada um dos capacitores separadamente. Na determinação dessas resistências os demais capacitores são deixados em curto-circuito e as fontes de tensão e corrente são curto-circuitadas e abertas, respectivamente.

As equações 15.4 a 15.6 apresentam as frequências de corte inferiores para cada um dos capacitores do circuito.

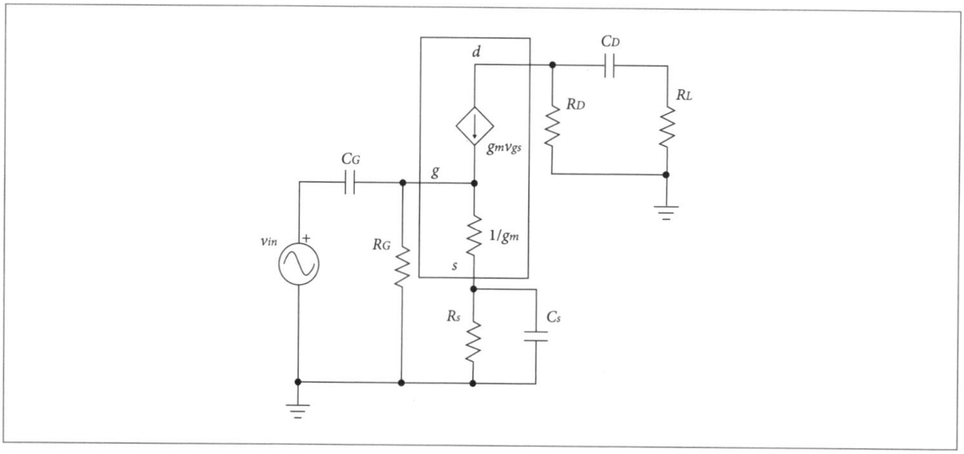

Figura 15.3 Diagrama esquemático do circuito equivalente ca do amplificador na configuração fonte comum válido no entorno da frequência de corte inferior.

$$f_{c1} = \frac{1}{2\pi R_G C_G} \tag{15.4}$$

$$f_{c2} = \frac{1}{2\pi\left(R_S / g_m / \left(R_S + \frac{1}{g_m}\right)\right)C_S} \tag{15.5}$$

$$f_{c3} = \frac{1}{2\pi r_d C_S} \tag{15.6}$$

Com o mesmo MOSFET também é possível construir amplificadores de corrente na configuração dreno comum, o que ficará como um exercício para o leitor; vale lembrar que a metodologia de projeto é similar à desenvolvida anteriormente.

15.2.2 Amplificador linear com MOSFET na configuração de realimentação de dreno

Na Figura 15.4 é mostrado o diagrama esquemático de um amplificador com MOSFET com a polarização por realimentação de dreno por meio de um resistor ligado ao terminal da porta (R_G). Esse circuito é muito utilizado nas aplicações com MOSFETs.

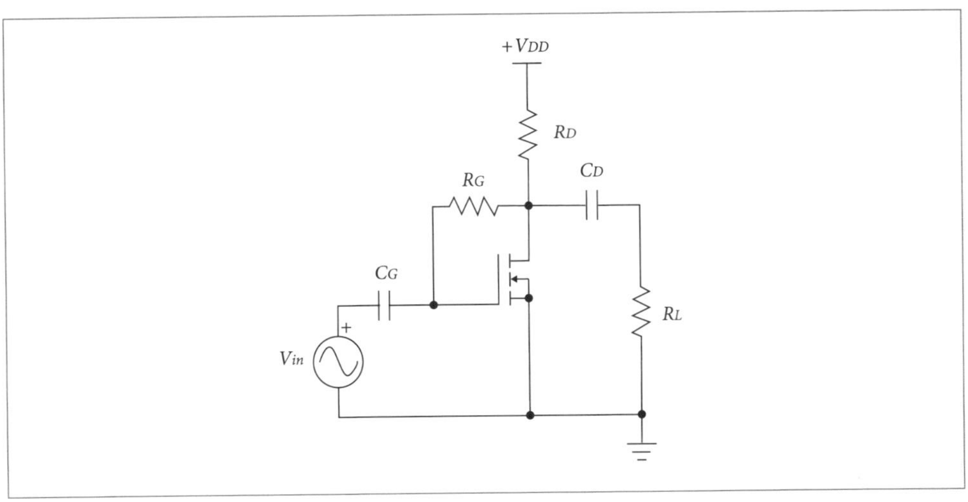

Figura 15.4 Diagrama esquemático de um amplificador baseado em MOSFET do tipo de intensificação com realimentação de dreno.

No circuito da Figura 15.4 a resistência de R_D é muito menor que a de R_G, a qual possui, normalmente, um valor muito elevado, da ordem de megaohms. Isso significa que a corrente através de R_G é desprezível e os potenciais no dreno e na porta são os mesmos; portanto, $V_{DS} = V_{GS}$. Essa condição coloca o ponto de trabalho do MOSFET em uma região de condução, permitindo que seja possível explorar o circuito como um amplificador de sinais.

O ganho em malha aberta desse amplificador, ao impor as condições do parágrafo anterior, é o mesmo do circuito da Figura 15.1 e está repetido na equação 15.7:

$$A_{vo} = -g_m R_D \tag{15.7}$$

Da mesma forma que no circuito da Figura 15.1, o ganho de tensão considerando a carga R_L é obtido pela mesma expressão, substituindo-se R_D por r_d.

Deve ser notado que a amplitude de v_{in} deve ter um limite igual à diferença de potencial V_{GS}. Caso o potencial em V_G cresça demasiadamente o MOSFET entra no regime de saturação e leva o sinal de saída à distorção.

A resposta em frequência, nas frequências de corte inferiores, é determinada com auxílio do teorema de Miller, como descrito no Capítulo 10 (subseção 10.2.1.4), sendo que R_G é o resistor de realimentação. De acordo com o teorema de Miller, as projeções R_{G1} (circuito de entrada) e R_{G2} (circuito de saída) são dadas pelas equações 15.8 e 15.9, respectivamente:

$$R_{G1} = \frac{R_G}{(1-A)} \tag{15.8}$$

$$R_{G2} = R_G \frac{A}{A-1} \tag{15.9}$$

onde A é o ganho do amplificador sem realimentação dado por $A = -g_m r_d$.

Assim, aplicando-se o teorema de Miller no circuito da Figura 15.4 obtêm-se as equações 15.10 e 15.11, que expressam as impedâncias de entrada e saída, respectivamente, do amplificador.

$$z_i = R_{G1} \tag{15.10}$$

$$z_o = \frac{r_d R_{G2}}{r_d + R_{G2}} \tag{15.11}$$

Os capacitores de acoplamento C_G e C_D são determinados por meio da definição das frequências de corte dos filtros passa-alta (f_{c1} e f_{c2}) dados pelas equações 15.12 e 15.13, respectivamente:

$$f_{c1} = \frac{1}{2\pi z_i C_G} \quad (15.12)$$

$$f_{c2} = \frac{1}{2\pi z_o C_D} \quad (15.13)$$

15.2.3 Circuito de chaveamento com MOSFET

Como dispositivo utilizado em chaveamento, o circuito básico que envolve o MOSFET nessa função é mostrado na Figura 15.5. A operação desse circuito é simples. O sinal quadrado, v_{in}, quando assume um valor abaixo da tensão limiar de V_{GS}, leva o MOSFET ao desligamento; portanto, a tensão de saída v_{out} passa a ser $+V_{DD}$. Por outro lado, para v_{in} acima do limiar, o MOSFET entra em saturação com v_{out}, ficando igual a 0 V. Sendo assim, o comportamento desse dispositivo é muito próximo ao de uma chave. Quando em estado aberto, alcança resistência de canal superior a centenas de megaohms e, em estado fechado, décimos de ohms.

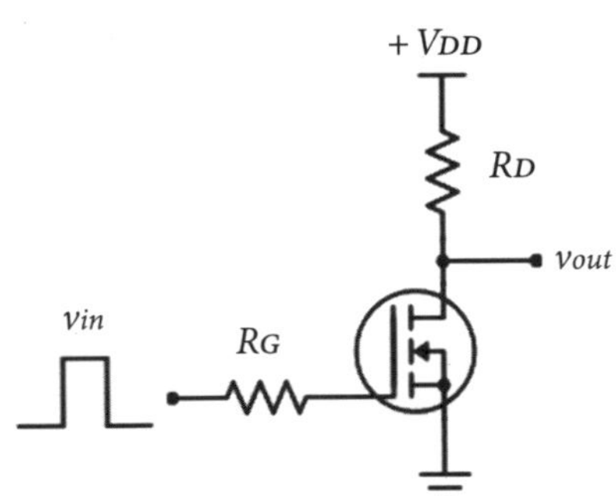

Figura 15.5 Diagrama esquemático do circuito com um MOSFET do tipo de intensificação usado como chave.

15.2.4 Amplificador de classe D

O desenvolvimento dos MOSFETs de potência viabilizou, de modo convincente, o aprimoramento de muitas aplicações que envolvem chaveamento de circuitos. Amplificadores lineares de classe A, B e AB dissipam quantidades consideráveis de potência devidas à própria técnica de polarização, fazendo suas eficiências menores quando comparadas aos amplificadores que operam sob o princípio do chaveamento. Os amplificadores de classe D operam a partir do chaveamento de transistores.

Os amplificadores de classe D foram uma dessas importantes contribuições decorrentes do desenvolvimento dos MOSFETs, uma vez que esses componentes podem se comportar como chaves quase ideais. Esse aspecto os torna atrativos na concepção de amplificadores de classe D de elevada eficiência, pois a dissipação de potências nos transistores acontece, prioritariamente, apenas nos instantes de transição entre os estados.

As Figuras 15.6a e 15.6b mostram exemplos de diagramas esquemáticos simplificados de amplificadores classe D nas configurações de meia-ponte e ponte completa, respectivamente.

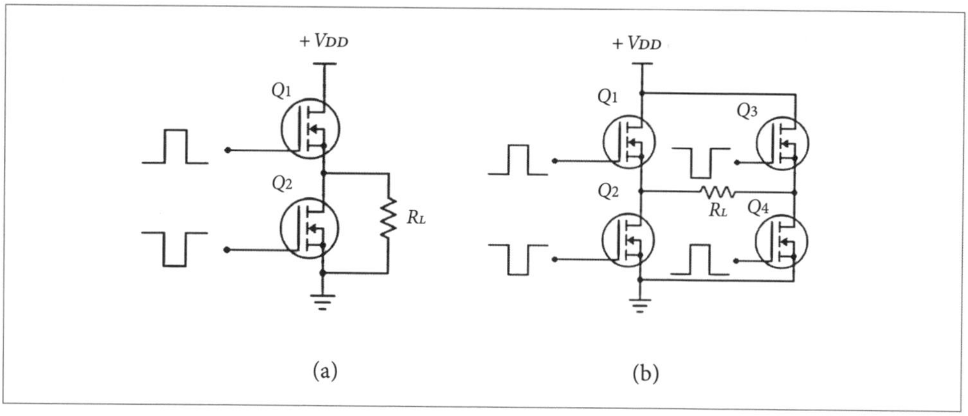

Figura 15.6 Diagramas esquemáticos de amplificadores em classe D: (a) configuração em meia ponte; (b) configuração em ponte completa.

Em grande parte dos casos, aos R_Ls dos circuitos dessas figuras são agregados circuitos reativos capazes de filtrar os sinais quadrados, convertendo-os em senoidais para aplicações de áudio, por exemplo. A operação do circuito de meia-ponte consiste em chaveamentos complementares de Q_1 e Q_2, de tal forma que, enquanto um conduz, o outro fica fechado – e vice-versa. O armazenamento de cargas por dispositivos reativos (capacitores) incluídos na carga fará que Q_2 conduza quando estiver no estado ligado. O circuito em ponte completa, por sua vez, opera com os pares Q_1 e Q_4 em complementação a Q_2 e Q_3. Assim, no circuito da Figura 15.6b haverá corrente em R_L direcionada da esquerda para a direita quando Q_1 e Q_4 estiverem ligados e, consequentemente, Q_2 e Q_3 estiverem desligados. A corrente se inverte quando os pares de MOSFETs alteram seus estados.

Normalmente, nesses circuitos, a troca de estados entre os ramos não acontece simultaneamente. Os circuitos geradores de pulsos conectados às portas dos MOSFETs são preparados para deixar um tempo curto, chamado tempo morto (*dead-time*), em que ambos os sinais ficam com 0 V. Isso permite proteger os transistores contra possíveis atrasos que acarretem em sobreposição dos sinais.

15.3 EXPERIMENTOS PROPOSTOS

Os experimentos propostos neste capítulo utilizam os MOSFETs 2N7000 e IRF540. Evidentemente, necessitamos de informações técnicas sobre esses transistores, as quais podem ser obtidas nas notas técnicas fornecidas pelos fabricantes. Todavia, no Capítulo 13 apresentamos uma metodologia e propusemos a elaboração das curvas características do 2N7000. Sugere-se que os mesmos procedimentos para determinação das curvas características desenvolvidos no Capítulo 13 sejam realizados previamente também com o IRF540 para que haja maior domínio e conhecimento quanto ao comportamento desse componente.

Os experimentos propostos aqui envolvem dois amplificadores de pequenos sinais, baseados nos transistores 2N7000 e retratados nas subseções 15.3.1 e 15.3.2, nas polarizações de divisor de tensão e realimentação de dreno, respectivamente. Na subseções 15.3.3 e 15.3.4 são apresentadas aplicações de potência elevada usando-se o IRF540. Em 15.3.3 é proposto um circuito usado para o acionamento de cargas piezelétricas na geração de pulsos acústicos. Em 15.3.4 é apresentado um circuito de amplificador classe D, em ponte completa, que pode ser útil para aplicações em sistemas eletroacústicos.

15.3.1 Amplificador com MOSFET na configuração de divisor de tensão

O experimento com o amplificador baseado em MOSFET (2N7000) polarizado com divisor de tensão é realizado usando-se o diagrama esquemático da Figura 15.1. Iremos desenvolver uma metodologia para projetar esse amplificador. O passo inicial consiste em adotar algumas premissas para o projeto, que serão o ganho de tensão, a tensão da fonte de alimentação, a resistência de carga e a frequência de corte inferior. Em seguida, são feitas as análises dos circuitos *cc* e *ca* do amplificador e determinados todos os valores dos componentes que serão utilizados no projeto.

Foram escolhidos para o projeto: impedância de entrada de 500 kΩ, ganho de tensão maior que 10 (V/V), tensão da fonte de alimentação de 30 V, resistência de carga de 1 kΩ e frequência de corte inferior de 100 Hz. O transistor utilizado para o projeto foi o 2N7000, já estudado no Capítulo 13.

Segundo a folha de dados fornecida pelo fabricante (Fairchild Semiconductor), a tensão que separa as regiões de corte e condução do MOSFET (V_{GSth}) fica entre 0,8 V e 3,0 V, com valor típico V_{GSth} = 2,1 V. Em condução, no 2N7000, para um $V_{GS(on)}$ = 4,5 V, o valor típico de $I_{D(on)}$ é 600 mA.

No circuito da Figura 15.2, a resistência entre porta e fonte do MOSFET é modelada como infinita e representada por um circuito aberto. Assim, a impedância de entrada do amplificador da Figura 15.1 é aproximada pela da associação em paralelo das resistências de R_1 e R_2. Esses resistores podem ter resistências iguais, portanto $R_1 = R_2 = 1\ M\Omega$ resultam na impedância de entrada de 500 kΩ. Com isso, o divisor resistivo formado por R_1 e R_2 que estabelece um potencial elétrico na porta do MOSFET será $V_G = V_{DD}/2$, ou seja, 15 V.

O valor de k é determinado substituindo na equação 15.1 os valores do estado de condução do MOSFET, V_{GSth}, $I_{D(on)}$ e $V_{GS(on)}$. Isso resulta em $k = 0{,}10\ A/V^2$.

A equação 15.1 é empregada novamente; contudo, agora para determinar o valor de I_D em função de V_{GS}. Sabendo-se que $V_{GS} = V_G - V_S$ e que $V_S = R_S I_D$, ao arbitrar um valor de $R_S = 510\ \Omega$, teremos uma equação do 2º grau cujas raízes são: $I_{D1} = 26{,}32$ mA e $I_{D2} = 24{,}31$ mA.

O valor de I_D a ser escolhido é aquele que garante que V_{GS} seja maior que V_{GSth}, para que o transistor opere na região de condução. Portanto, substituindo-se os valores obtidos de I_D em $V_{GS} = V_G - R_S I_D$ verificamos que quando $I_D = 24{,}31$ mA o valor de V_{GS} será de 2,60 V, satisfazendo a condição requerida de operação. Além disso, com esse valor de V_{GS}, pode-se determinar V_S de 12,40 V.

O próximo passo é analisar o circuito *ca* do amplificador ilustrado na Figura 15.2. Nesta figura r_d é a resistência resultante da associação em paralelo de R_D com R_L. Substituindo-se os valores calculados de I_D (24,31 mA) e V_{GS} (2,60 V) e o valor típico de V_{GSth} na equação 15.3, obtém-se $g_m = 9{,}72 \times 10^{-2}$ A/V. A tensão de saída do amplificador é dada por $v_o = -r_d i_d = -r_d g_m v_{gs}$. Portanto, em módulo, o ganho $A_v = g_m r_d$. Tomando-se o menor ganho definido como premissa no projeto, com valor 10 V/V, e o valor de g_m calculado, obtemos $r_d = 102{,}83\ \Omega$. Usando $R_L = 1\ k\Omega$, determinamos $R_D = 114{,}62\ \Omega$. O valor comercial adotado para R_D será de 120 Ω.

Em seguida, calculam-se as capacitâncias dos capacitores C_G, C_S e C_D. Essas capacitâncias são determinadas a partir do valor da frequência de corte inferior proposta, que é de 100 Hz usando-se as equações 15.4 a 15.6, e resultam em $C_G = 3{,}18$ nF, $C_S = 15{,}79\ \mu F$ e $C_D = 15{,}48\ \mu F$. Deve-se recordar que usamos sempre capacitâncias com valores comerciais e aproximadamente 10 vezes maiores que as calculadas, portanto $C_G = 33$ nF, $C_S = 150\ \mu F$ e $C_D = 150\ \mu F$.

Os materiais usados nesse experimento são:

- 1 osciloscópio de 2 canais;
- 1 fonte de alimentação simples de 30 V (V_{CC});
- 1 gerador de funções;
- 1 multímetro;

- 1 MOSFET 2N7000;
- 2 resistores de 1 MΩ × 1/4 W (R_1 e R_2);
- 1 resistor de 510 Ω × 1/4 W (R_S);
- 1 resistor de 120 Ω × 1/4 W (R_D);
- 1 resistor de 1 kΩ × 1/4 W (R_L);
- resistores de carga (R_L) com valores entre 100 Ω e 10 kΩ;
- 1 capacitor de poliéster de 33 nF × 250 V (C_G);
- 1 capacitor eletrolítico de 150 μF × 47 V (C_S);
- 1 capacitor eletrolítico de 150 μF × 47 V (C_D).

Após construído o circuito projetado, verifique a polarização do MOSFET antes de aplicar o sinal de entrada do gerador de funções. Anote os valores de V_{GS}, V_{DS} e I_D.

Em seguida, com R_L aberto, conecte os canais do osciloscópio nos terminais de entrada e saída do amplificador. Conecte também o gerador de funções na entrada e configure-o para sinais senoidais na frequência de 1 kHz. Ainda com R_L aberto, varie a amplitude do sinal de entrada, partindo de 0 V até alcançar a maior amplitude de saída sem que se visualizem distorções na forma de onda. Anote o valor dessa tensão de saída e determine o ganho do amplificador em malha aberta. Os próximos passos consistem em repetir o procedimento anterior, incluindo como carga diversos valores de R_L. Com os resultados experimentais, desenvolva um procedimento para determinar um circuito equivalente de Thévenin da saída do amplificador.

Os procedimentos anteriores poderão ser repetidos para algumas outras frequências em faixas superiores a 100 Hz, visando à obtenção da resposta em frequência do amplificador.

15.3.2 Amplificador com MOSFET na configuração de realimentação de dreno

Usaremos o circuito da Figura 15.4 para ilustrar o uso de MOSFET como amplificador na configuração de realimentação dreno-porta. Desenvolveremos um pequeno projeto de um amplificador para sinais de pequena amplitude, baseado no transistor 2N7000 a partir das seguintes premissas: impedância de entrada de 100 kΩ, ganho de tensão maior que 5 (V/V), tensão da fonte de alimentação de 6 V, resistência de carga de 1 kΩ e frequência de corte inferior de 100 Hz.

Como apontado na subseção 15.2.2, nesse tipo de circuito, $R_G >> R_D$, fazendo $V_{GS} = V_{DS}$. É razoável então que V_{DS} seja $V_{DD}/2$ para que o ponto quiescente se posicione próximo ao ponto médio da reta de carga do amplificador. Portanto, teremos $V_{GS} = V_{DS} = 3$ V e a queda de tensão em R_D também será de 3 V.

Com o mesmo procedimento empregado na subseção 15.3.1, usando os dados fornecidos pelo fabricante (V_{GSth} = 2,1 V, $V_{GS(on)}$ = 4,5 V, $I_{D(on)}$ = 600 mA), determinamos o valor de k = 0,10 A/V^2, segundo a equação 15.1. O valor de k nos permite estimar o valor de I_D para V_{GS} = 15 V, usando-se a mesma equação 15.1. Com isso, a corrente de dreno do ponto quiescente do MOSFET será de I_D = 81,0 mA.

Para determinar o módulo do ganho (equação 15.7), usamos a transcondutância, que é calculada por meio da equação 15.3, resultando em g_m = 0,2 A/V, e $R_D = (V_{DD} - V_D)/I_D$, cujo valor será 37,0 Ω. O valor comercial mais próximo de R_D é 39 Ω. Portanto, o módulo do ganho do amplificador será de 7,8 V/V.

O valor de R_G é calculado por meio da equação 15.8, resultando em 880 kΩ. O valor comercial a ser adotado é de 1 MΩ.

Os capacitores de acoplamento C_G e C_D são calculados com auxílio das equações 15.12 e 15.13. Foram obtidos C_G = 14,0 nF e C_D = 42,5 μF, mas, usando-se a regra de aumentar em 10 vezes as capacitâncias e tomando-se os valores comerciais, obtemos C_G = 150,0 nF e C_D = 470 μF.

Em suma, os materiais usados para a construção do circuito e execução da experiência são:

- 1 osciloscópio de 2 canais;
- 1 fonte de alimentação simples de 6 V (V_{DD});
- 1 gerador de funções;
- 1 multímetro;
- 1 MOSFET 2N7000;
- 1 resistor de 39 Ω × 1/2 W (R_D);
- 1 resistor de 1 MΩ × 1/4 W (R_G);
- 1 resistor de 1 kΩ × 1/4 W (R_L);
- resistores de carga com valores entre 1 kΩ e 100 kΩ;
- 1 capacitor de poliéster de 150 nF × 250 V (C_G);
- 1 capacitor eletrolítico de 470 μF × 25 V (C_D).

Os procedimentos experimentais e análises descritos na subseção 15.3.1 podem ser repetidos para esse circuito.

15.3.3 Acionador por pulsos de transdutores piezelétricos

As técnicas de pulso-eco em ultrassom são uma das mais conhecidas para a investigação da integridade estrutural de materiais ou a medição de velocidade de propagação de ondas acústicas em fluidos. Ela consiste na emissão de uma onda acústica, que viaja por um meio de propagação, interagindo com suas estruturas e gerando ecos que podem ser recebidos por um sensor apropriado. Tanto o elemento emissor da onda como o receptor podem ser transdutores piezelétricos. O elemento piezelétrico emissor deve ser eletricamente excitado para produzir uma onda acústica, ou um grupo de ondas, que viaje pelo meio de propagação inspecionado. Essas ondas são obtidas aplicando-se ao dispositivo piezelétrico um pulso de tensão rápido (ou uma sequência desses pulsos) em seus terminais. O circuito da Figura 15.7 foi utilizado para acionar um transdutor piezelétrico (*TP*) que foi usado para gerar pulsos em água para investigação da velocidade de propagação.

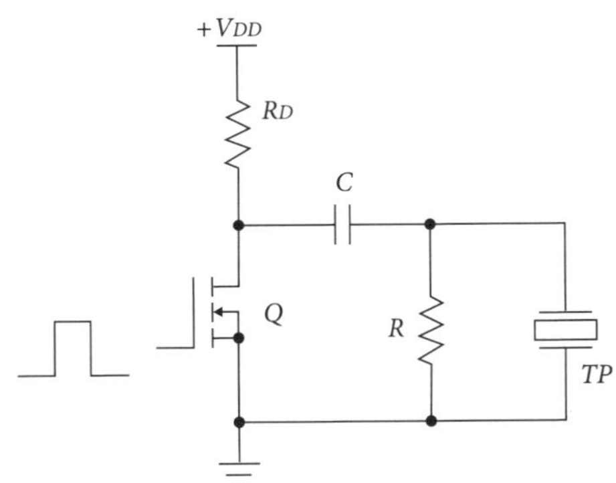

Figura 15.7 Diagrama esquemático do circuito utilizado para acionamento por pulsos de um transdutor piezelétrico.

No circuito da Figura 15.7, enquanto o pulso quadrado aplicado à porta do MOSFET encontra-se em nível baixo (0 V), o MOSFET está aberto e o potencial elétrico no dreno, V_D, é igual a $+V_{DD}$, carregando o capacitor *C* com a tensão $+V_{DD}$. Com a transição para o nível alto do sinal da porta, o MOSFET conduz e o capacitor se descarrega através de *TP* e *R*. A variação de corrente causada pela descarga no *TP* promove a conversão de piezelétrica que gera as ondas acústicas.

Um ponto crítico desse circuito é a geração do pulso quadrado na entrada (porta) do MOSFET. Esse pulso deve ser obtido por meio de amplificadores de corrente (*driver* de corrente) capazes de chavear eficientemente o MOSFET. Uma ilustração do uso do circuito da Figura 15.7 é apresentada em Dorabiato (2007) e Arnold et al. (2020). Nesses trabalhos, uma sequência de pulsos é gerada por meio de um circuito integrado multivibrador (74LS123), cujas configurações e ajustes de frequência são encontradas nas informações técnicas do fabricante. É importante salientar que a saída desse circuito integrado não é adequada para ser ligada diretamente na porta do MOSFET, uma vez que não se dispõe de corrente suficiente no terminal de saída do circuito oscilador. Assim, é necessário usar um *driver* de corrente de alta velocidade (p. ex., o TPS2812, fabricado pela Texas Instruments). Esse circuito integrado fornece pulsos rápidos de corrente suficientes para que a transição no MOSFET ocorra e garanta o correto funcionamento do circuito.

Uma alternativa para *driver* de corrente para MOSFETs, a partir de componentes discretos, mais comuns aos laboratórios de eletrônica geral, e que poderá ser facilmente reproduzida é apresentada na Figura 15.8. Este é um conhecido circuito amplificador de corrente construído a partir de uma configuração *push-pull*, formada por transistores bipolares complementares (a ser apresentada no Capítulo 16), que pode ser chaveada com um sinal aplicado na base desses transistores.

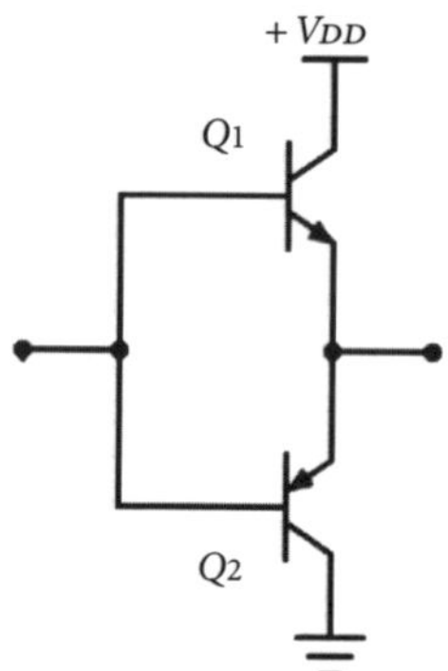

Figura 15.8 Diagrama esquemático de um acionador de portas de MOSFET na configuração *push-pull* usando transistores bipolares.

O experimento que iremos propor consiste em gerar pulsos de tensão que poderão ser aplicados em transdutores piezelétricos para serem utilizados em aplicações similares à mencionada anteriormente. O diagrama esquemático do circuito a ser utilizado é mostrado na Figura 15.9. Descartamos o transdutor piezelétrico no experimento, uma vez que nem sempre esse dispositivo está presente nos laboratórios.

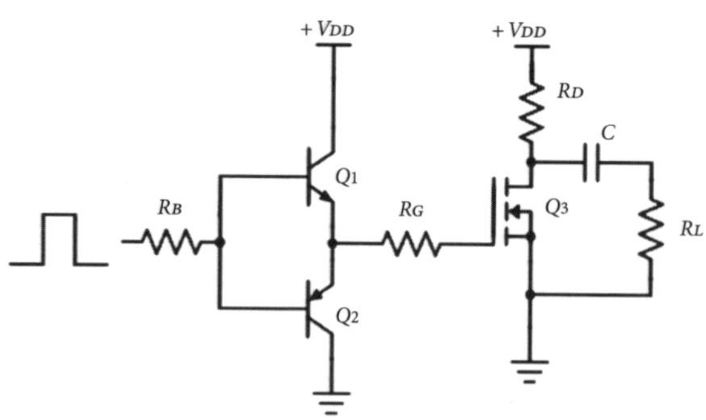

Figura 15.9 Diagrama esquemático do gerador de pulsos de potência.

O circuito é alimentado por uma tensão $+V_{DD} = 15$ V. O sinal de entrada tem forma quadrada, na frequência de 1 kHz, e é fornecido por um gerador de funções. Os canais do osciloscópio devem ser utilizados para monitorar os sinais de entrada e de saída (em R_L). Use, inicialmente, $R_L = 56\ \Omega$.

Monte o circuito da Figura 15.8 e, inicialmente, com o gerador de funções desligado, certifique-se, usando um voltímetro, de que a tensão entre os emissores dos transistores e a terra esteja próxima a $V_{DD}/2$.

Em seguida, conecte o gerador de funções e aumente, gradualmente, a amplitude da tensão de entrada a partir de 0 V até obter o máximo valor permitido do equipamento. Observe e anote as formas de onda do sinal de saída. Então, repita o procedimento do parágrafo anterior empregando valores maiores de R_L até 470 Ω. Observe a forma de onda da tensão de saída para a condição de operação plena do circuito e anote os valores de tensão e tempo que sejam suficientes para obter a constante de tempo da malha formada por R_L, C e Q_3.

Os materiais utilizados nesse experimento são:

- 1 osciloscópio de 2 canais;
- 1 fonte de alimentação simples de 15 V (V_{DD});
- 1 gerador de funções;
- 1 multímetro;
- 1 transistor bipolar BD135 (Q_1);
- 1 transistor bipolar BD136 (Q_2);
- 1 MOSFET IRF540 (Q_3);
- 1 resistor de 1 kΩ × 1/4 W (R_B);
- 1 resistor de 47 Ω × 1/4 W (R_G);
- 1 resistor de 8,2 kΩ × 1/4 W (R_D);
- 1 resistor de 56 Ω × 1/2 W (R_L);
- resistores de carga com valores entre 68 Ω e 470 Ω (R_L);
- 1 capacitor de poliéster de 100 nF × 250 V.

15.3.4 Amplificador classe D baseado em MOSFETs

O exemplo de aplicação com MOSFETs em amplificadores em classe D será uma ilustração de um circuito na configuração de ponte completa excitada por um circuito integrado IRS2453D. Fabricado pela International Rectifier, esse circuito integrado incorpora as funções de multivibrador astável (baseado no circuito integrado 555, vide Capítulo 22), controlado por uma malha externa (par resistor-capacitor) que define a frequência dos sinais acionadores aplicados às portas dos MOSFETs, de amplificador rápido de pulsos de corrente, para garantir o suprimento das portas dos MOSFETs e a função *dead-time*, a fim de evitar as sobreposições nos estados dos MOSFETs durante os chaveamentos.

Vamos utilizar no experimento um IRS2453D para acionar uma ponte completa de MOSFETs, mostrada na Figura 15.6b. Na Figura 15.10 é apresentado o diagrama esquemático sugerido pelo fabricante nas notas de aplicação do IRS2453D.

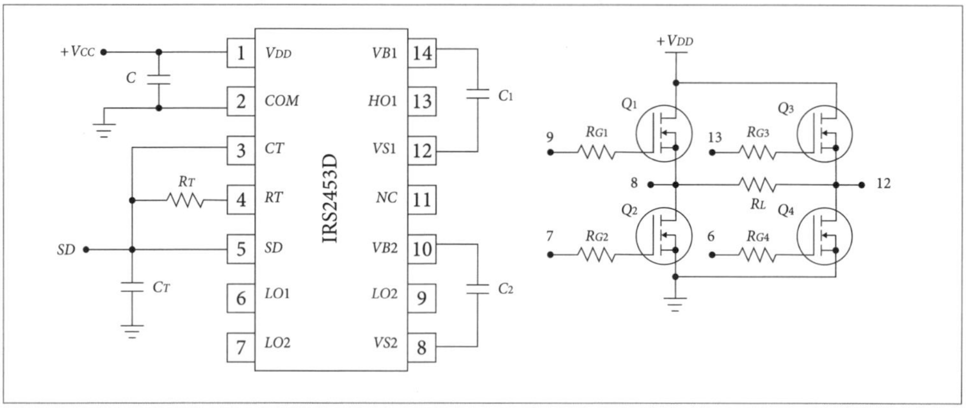

Figura 15.10 Diagrama esquemático do amplificador classe D, baseado no IRS2453D, utilizado no experimento.

O IRS2453D utiliza uma fonte de 15 V ($+V_{CC}$, pino 1) para sua alimentação. Uma fonte de alta tensão ($+V_{DD}$) é usada para fornecer energia para a ponte de MOSFETs. Os pinos 6, 7, 9 e 13 são as saídas do IRS2453D que alimentam as portas dos MOSFETs, Q_4, Q_2, Q_1 e Q_3, respectivamente, com pulsos de corrente suficientes para alternar os estados de condução desses transistores.

Para esse experimento iremos utilizar a função subtração dos sinais dos 2 canais do osciloscópio a fim de observar o sinal de saída. A ponta de prova do canal A deve ser conectada no terminal de R_L que está ligado ao ramo formado por Q_1 e Q_2 (*VS*2 - pino 8), de modo a medir a tensão V_A em relação à terra. Da mesma forma, a ponta de prova do canal B é ligada no terminal de R_L que está no ramo de Q_3 e Q_4 (*VS*1 - pino 12) para medir V_B com referência à terra. Evidentemente, os aterramentos desses canais são ligados ao terminal de terra do circuito. Em seguida, o osciloscópio deve ser configurado para exibir o sinal $V_A - V_B$.

No pino 4 é conectada a malha R_T-C_T, que determina a frequência de geração dos pulsos de corrente nas portas dos MOSFETs. A frequência de operação pode ser tomada em uma faixa entre, aproximadamente, 100 Hz e 100 kHz. Os valores que costumam ser usados para R_T e C_T nessa malha ficam entre 1 kΩ e 1 MΩ e entre 330 pF e 10 nF, segundo orientação do fabricante. No experimento vamos fixar o valor de C_T em 4,7 nF e variar R_T entre 1 kΩ e 50 kΩ, aproximadamente. O valor de R_T será provido pela associação em série de um resistor de 1 kΩ e um potenciômetro de 47 kΩ.

A frequência de operação é calculada pela equação 15.14:

$$f = \frac{1}{1,453 R_T C_T} \tag{15.14}$$

O pino 5 é a entrada de *shutdown*. Para haver operação do multivibrador, esse pino deve ser colocado em nível 1 (15 V). Ao colocar o pino 5 em 0 V, o circuito integrado deixa de operar.

A lista de materiais utilizada na montagem é constituída por:

- 1 osciloscópio de 2 canais;
- 1 fonte de alimentação simples de 15 V (alimentação do IRS2453D);
- 1 fonte de alimentação simples de 30 V (alimentação da ponte de MOSFETs);
- 4 MOSFETs IRF540;
- 4 resistores de 47 Ω × ¼ W (R_Gs);
- 1 resistor de 10 kΩ × ¼ W (parte de R_T);
- 1 potenciômetro de 470 kΩ (parte de R_T) ou resistores diversos;
- 1 resistor de 1 kΩ × 1 W (R_L);
- 2 capacitores de 1 μF × 250 V (C_1 e C_2);
- 1 capacitor eletrolítico de 100 μF × 25V (C);
- 1 capacitor de 4,7 nF × 250 V (C_T).

O procedimento experimental consiste em energizar o circuito mantendo, inicialmente, o pino 5 em nível 0. Ajuste o potenciômetro para a sua maior resistência e ligue o pino 5 em 15 V. Verifique a forma de onda na saída do osciloscópio, conforme configuração previamente descrita, e meça a frequência. O sinal deverá apresentar uma forma quadrada com níveis em +30 V e –30 V. Repita esse procedimento para diversos valores da resistência do potenciômetro. Antes de cada leitura, desconecte o potenciômetro do circuito para medir a resistência dele. Se achar mais adequado, substitua o potenciômetro por resistores com valores discretos. Posteriormente, componha um gráfico da frequência f, em função da resistência, R_T. Resultados similares podem ser obtidos se o valor de C_T for modificado dentro da faixa anteriormente mencionada (entre 330 pF e 10 nF).

Para cada valor de R_T (1 kΩ + resistência do potenciômetro) utilizado, ajuste a varredura do osciloscópio para que seja visualizado e determinado o *dead-time* no momento de transição entre os estados.

A inserção de filtros passa-baixas junto com a carga é habitualmente feita para que o sinal na carga tenha sua forma transformada de quadrada para senoidal. Uma das formas de introduzir a filtragem na ponte de MOSFETs está ilustrada na Figura 15.11, onde foram acrescentados dois filtros passa-baixas de segunda ordem do tipo Butterworth, sendo que cada um deles é instalado em um dos terminais de saída da ponte de MOSFETs. Esse circuito será conectado aos pinos 8 e 12 do IRS2453D e substituirá R_L no circuito da Figura 15.9.

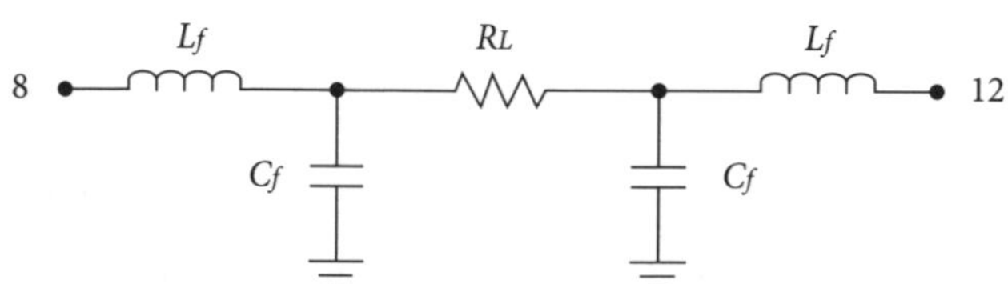

Figura 15.11 Diagrama esquemático da carga do amplificador classe D com os filtros passa-baixas.

O sinal de saída será tomado entre os terminais de R_L. Para isso é usada a operação de subtração dos sinais de dois canais do osciloscópio a serem conectados nas extremidades de R_L. O aterramento comum desses canais se dará no terminal de terra do circuito, cuja localização está mostrada na Figura 15.10.

A frequência de corte do filtro, f_c, formado por L_f e C_f, é dada pela equação 15.15:

$$f_c = \frac{1}{2\pi\sqrt{L_f C_f}} \tag{15.15}$$

Vamos desenvolver um filtro para ter frequência de corte próxima a 2,9 kHz. Desse modo, os valores calculados e aproximados para valores comerciais de L_f e C_f são de 3 mH e 1 μF, respectivamente. Esses componentes devem ser agregados à listagem anterior para a condução do presente experimento. As correntes que deverão circular pelos indutores devem ser relativamente elevadas, especialmente nas proximidades da frequência de ressonância, quando comparadas com as correntes suportadas pelos *chokes* de filtro encontrados no comércio. Assim, os indutores devem ser bobinas enroladas em núcleos de ferrite com fios com diâmetro que suportem as correntes mais elevadas.

O procedimento experimental consiste em conectar os canais do osciloscópio a R_L, conforme já descrito, e variar a frequência gerada pelo IRS2453D, variando-se o potenciômetro R_T (ou substituindo os valores discretos de resistências escolhidos), de modo a obter uma varredura entre 100 Hz e 10 kHz. Observe as formas de onda para as diversas frequências em termos de forma de onda e amplitude e plote o gráfico da amplitude da tensão em R_L em função da frequência.

15.4 DISCUSSÃO

Como acontece com os JFETs, os amplificadores com MOSFETs possuem impedância de entrada muito elevada, usualmente determinada pelos resistores de polarização da porta. Essa impedância elevada pode ser constatada nos experimentos das subseções 15.3.1 e 15.3.2. Discuta os resultados obtidos com os circuitos amplificadores dessas subseções buscando observar o circuito equivalente de Thévenin da saída, a linearidade da resposta dos amplificadores e a resposta em frequência, de modo a permitir uma comparação com outros amplificadores de baixo sinal sugeridos nos Capítulos 10 (transistores bipolares) e 14 (JFETs).

No circuito desenvolvido na subseção 15.3.3, os resultados devem mostrar que é gerado um pulso estreito sobre R_L toda vez que o pulso de entrada tem uma transição de baixo para cima. Esse pulso apresenta uma elevação rápida da tensão (valor negativo) e, subsequentemente, volta para o nível de 0 V. Esse retorno é marcado por uma característica de função exponencial no tempo, o qual irá depender da constante de tempo estabelecida entre R_L e C.

Os resistores R_G conectados em série com a porta dos MOSFETs possuem a função de proteção da fonte de sinal contra um eventual curto-circuito entre porta e fonte. Deve ser ponderado que valores mais elevados para R_G irão constituir um circuito RC com a capacitância de entrada do MOSFET (a capacitância de entrada é formada pela associação em paralelo de C_{GS} e C_{DG}, as quais são da ordem de 20 pF para o 2N7000 e de 890 pF para o IRF540. A constante de tempo estabelecida por esse circuito RC pode causar atrasos na troca de estados do MOSFET.

Os circuitos da subseção 15.3.4 ilustram aplicações de ponte completa com MOSFETs. Note que a característica de *dead-time* do circuito integrado IRS2453D representa um importante recurso para proteção do amplificador, pois reduz a chance de rápidos curtos-circuitos nos MOSFETs. No circuito com o filtro de Butterworth, discuta, com base nos resultados experimentais, as limitações do uso do circuito em termos de resposta em frequência. Recomenda-se que o núcleo do indutor do filtro apresente baixas perdas na operação em frequências que sejam entre 10 e 20 vezes maiores que a frequência de operação do circuito.

CAPÍTULO 16
Amplificadores de potência em classe B

ESTUDO PRELIMINAR

Os conceitos de amplificação, polarização de transistores bipolares e amplificadores na configuração coletor comum são os assuntos que servem de base para a compreensão do estudo dos amplificadores com transistores bipolares em classe B. Ademais, conceitos de análise de circuitos em correntes alternadas também fazem parte do elenco de conhecimentos necessários para nosso estudo devido à utilização de cargas de natureza reativa em alguns experimentos sugeridos no capítulo.

16.1 INTRODUÇÃO

Os amplificadores de pequeno sinal estudados nos capítulos anteriores são restritos a aplicações de baixa potência (alguns miliWatts), essencialmente circuitos dos primeiros estágios de um sistema de amplificação. O direcionamento para esses tipos de aplicações está no fato de ter baixa eficiência, normalmente abaixo de 10% nos amplificadores em classe A, mas que em valores absolutos, devido à ordem das potências envolvidas, não representa perdas representativas. Por outro lado, a taxa de distorção dos amplificadores em classe A costuma ser bastante reduzida.

Para o acionamento de cargas de potência elevada (da ordem de Watts) são necessárias configurações específicas distinguidas pela maior eficiência. Se esses amplificadores operassem com baixas eficiências, como no caso dos amplificadores em classe A, as potências dissipadas, em valores absolutos, seriam muito significativas. Assim, esses amplificadores são projetados para alcançarem eficiências superiores a 50%, como no caso dos amplificadores em classe B, e superiores a 90% no caso de configurações chaveadas de amplificadores (classes C, D e E). Neste capítulo centraremos nossa atenção nos amplificadores classe B.

Os fatores que determinam a diminuição da potência desperdiçada em um amplificador são: a potência dissipada no transistor e a corrente fornecida pela fonte de alimentação. Em amplificadores classe B, esses fatores apresentam valores relativos reduzidos em relação aos de classe A. Nos amplificadores classe B, a corrente de coletor nos transistores flui apenas durante um semiciclo (180° do ciclo *ca*), ao passo que nos de classe A a condução se dá durante o ciclo completo.

Uma aplicação típica para amplificadores classe B é o acionamento de alto-falantes. Os alto-falantes são dispositivos que convertem correntes elétricas em vibrações mecânicas. Desse modo, esses dispositivos necessitam ser alimentados por amplificadores eletrônicos que drenem correntes elevadas proporcionais às intensidades de som a serem reproduzidas. Assim, os amplificadores classe B servem, essencialmente, como amplificadores de corrente para dispositivos como os alto-falantes ou outros que também atuem a partir de correntes elevadas.

A análise de amplificadores encontrada na literatura, direcionada para as atividades de ensino, desenvolve avaliações dos amplificadores classe B com cargas resistivas. Todavia, em muitos casos, os dispositivos que servem como cargas para esses amplificadores, e que também podem estar conectados a filtros, apresentam componentes reativas. Por exemplo, os circuitos equivalentes de alto-falantes e de transdutores piezelétricos revelam essa característica. A presença de componentes reativas introduz defasagens entre as tensões e as correntes no circuito, que afetarão o balanço de potência.

O objetivo deste capítulo é mostrar, por meio de experimentos, as propriedades de um amplificador classe B sob o ponto de vista do balanço de potências do circuito. Esse circuito será investigado com cargas resistivas e reativas.

16.2 TEORIA

Esta seção de teoria está dividida em duas partes. Na subseção 16.2.1 são descritas as características dos amplificadores classe B, incluindo a polarização, os cálculos das potências e a distorção de *crossover*. Na subseção 16.2.2 são apresentados alguns conceitos básicos sobre a carga reativa a ser utilizada em parte dos experimentos.

16.2.1 Os amplificadores classe B

Os amplificadores de classe B operam normalmente em um modo *push-pull*, isto é, com 2 transistores que conduzem em semiciclos com polaridades diferentes. A Figura 16.1 mostra o diagrama esquemático de um amplificador classe B alimentado por uma fonte de alimentação simples.

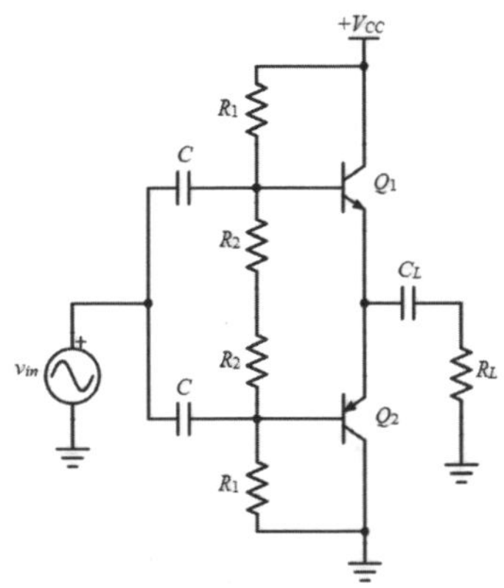

Figura 16.1 Diagrama esquemático de um amplificador classe B com alimentação simples.

O circuito apresentado possui 2 transistores complementares, Q_1 e Q_2. Transistores complementares, também denominados pares casados, apresentam as mesmas características elétricas, mas com terminais ligados a materiais com dopagens opostas (NPN e PNP). Diferentemente dos amplificadores de classe A, os transistores no amplificador classe B são polarizados, idealmente, para que o ponto quiescente situe-se na região de corte. Os resistores R_1 e R_2 devem garantir que a polarização de cada um dos transistores apresente $V_{CEQ} = V_{CC}/2$ e $I_{CQ} = 0$. Note que a corrente total fornecida pela fonte de alimentação é destinada apenas aos resistores R_1 e R_2 enquanto não há sinal de entrada, uma vez que $I_{CQ} = 0$. Quando um sinal alternado, v_{in}, é aplicado à entrada do amplificador, os transistores podem sair da região de corte e operar linearmente na região ativa. A Figura 16.2 ilustra as linhas de carga *cc* e *ca* do amplificador classe B e a indicação do ponto quiescente na condição de polarização ideal.

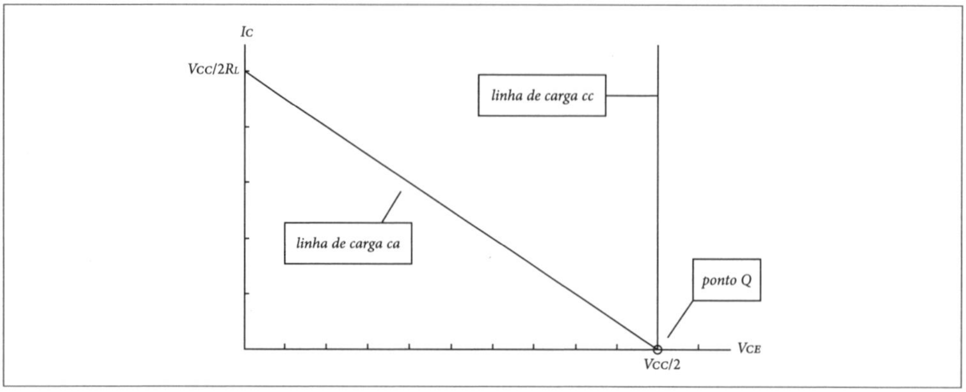

Figura 16.2 Linhas de carga *cc* e *ca* de um amplificador classe B e ponto quiescente dos transistores.

Quando um sinal v_{in} está no semiciclo positivo, a junção BE do transistor Q_1 (NPN) se polariza diretamente, fazendo que esse passe a conduzir. Por outro lado, a junção BE do transistor Q_2 (PNP) mantém-se em polarização reversa, impedindo que ele conduza. Assim, haverá uma corrente por Q_1 e pela resistência de carga R_L que carregará o capacitor de acoplamento C_L com uma tensão igual à amplitude máxima de v_{in}.

Quando v_{in} passa para o semiciclo negativo, a junção BE do transistor Q_1 se polariza reversamente e impede que esse transistor conduza. Contudo, a junção BE do transistor Q_2 (PNP) ficará polarizada diretamente, uma vez que o potencial do emissor desse transistor é o mesmo do carregamento do capacitor C_L, e o potencial da base, fornecido pela fonte de v_{in}, é negativo.

É importante observar que a tensão de saída em R_L, v_{RL}, é sempre igual a v_{in}. Portanto, o ganho de tensão é unitário, como acontece nos amplificadores da configuração coletor comum. De fato, a operação do amplificador assemelha-se à união de dois circuitos CC. Um desses circuitos CC é formado por Q_1 e opera durante o semiciclo positivo, permanecendo inativado durante o semiciclo negativo. O segundo CC é formado por Q_2 e opera na condição invertida em relação a Q_1.

O potencial nos emissores dos transistores é igual a $+V_{CC}/2$ quando $v_{in} = 0$. Evidentemente, não havendo variação de tensão, não haverá corrente através de C_L, logo $v_{RL} = 0$. Durante o semiciclo positivo, Q_1 conduz e faz que o potencial dos emissores cresça. Esse potencial pode alcançar um valor máximo igual a $+V_{CC}$, desde que desprezada a tensão de saturação do transistor. Logo, a tensão na carga aumenta até $+V_{CC}/2$. Por outro lado, durante o semiciclo negativo, caso C_L tenha sido carregado até a tensão máxima durante o semiciclo positivo, a tensão na carga poderá chegar até $-V_{CC}/2$. Portanto, a excursão máxima da saída pode ocorrer entre $-V_{CC}/2$ e $+V_{CC}/2$.

Consideremos que uma tensão de entrada senoidal seja dada por $v_{in}(t) = V_{in}\text{sen}(\omega t)$, onde V_{in} é a amplitude, $\omega = 2\pi f$ é a frequência angular em rad/s e f é a frequência em Hz. Os capacitores de acoplamento C e C_L representam curtos-circuitos para o circuito *ca*. Consideremos também que a carga do amplificador será puramente resistiva, ou seja, R_L. Diante dessas considerações podemos iniciar um desenvolvimento para obter o balanço de potências do amplificador. Para tal, vamos determinar as potências na carga, drenada pela fonte de alimentação e dissipada nos transistores.

Para determinar a potência na carga partimos das definições da tensão ($v_{RL}(t)$) e da corrente ($i_{RL}(t)$) em R_L, pelas equações 16.1 e 16.2, respectivamente:

$$v_{RL}(t) = V_{RL}sen(\omega t) \tag{16.1}$$

$$i_{RL}(t) = \frac{V_{RL}}{R_L}sen(\omega t) \tag{16.2}$$

onde

V_{RL} é a amplitude da tensão na carga R_L.

A potência média na carga, $\overline{p_L}$, é dada pela equação 16.3:

$$\overline{p_L} = \frac{1}{T}\int_0^T v_{RL}(t)i_{RL}(t)dt = \frac{1}{2}\frac{V_{RL}^2}{R_L} \tag{16.3}$$

Portanto, a potência na carga varia com o quadrado da amplitude da tensão de saída. A potência máxima na carga, p_{Lmax}, será alcançada quando $v_{RL} = \pm V_{CC}/2$.

A potência drenada pela fonte de alimentação é nula enquanto não houver v_{in}. Isso, evidentemente, considerando que a corrente pelos resistores de polarização seja desprezível. O fornecimento de corrente pela fonte de alimentação é proporcional à R_L e ocorre apenas durante o semiciclo positivo, uma vez que a corrente na carga durante o semiciclo negativo é decorrente da descarga do capacitor C_L. Assim, a corrente drenada pela fonte apresenta uma forma similar à de um retificador de meia-onda. A corrente média fornecida pela fonte, $\overline{I_{CC}}$, é dada pela equação 16.4:

$$\overline{I_{CC}} = \frac{1}{T}\int_0^{T/2} i_{RL}(t)dt = \frac{V_{RL}}{\pi R_L} \tag{16.4}$$

A potência da fonte, $\overline{p_{CC}}$, é dada pela equação 16.5:

$$\overline{p_{CC}} = V_{CC}\frac{V_{RL}}{\pi R_L} \tag{16.5}$$

A partir de $\overline{p_L}$ e $\overline{p_{CC}}$ determina-se a eficiência, η, pela equação 16.6:

$$\eta = \frac{\overline{p_L}}{\overline{p_{CC}}} = \frac{\pi}{2}\frac{V_{RL}}{V_{CC}} \tag{16.6}$$

A equação 16.6 mostra que a máxima eficiência ocorrerá quando $V_{RL} = V_{CC}/2$, que resulta em $\eta_{max} = 0{,}785$ ou, em notação percentual, de 78,5%.

A potência dissipada nos transistores também é um parâmetro importante na escolha desse dispositivo para um projeto. Essa potência depende da corrente de coletor (i_c) e da tensão entre coletor e emissor (v_{ce}). A Figura 16.3 mostra o comportamento dessas grandezas em função do tempo para o transistor NPN.

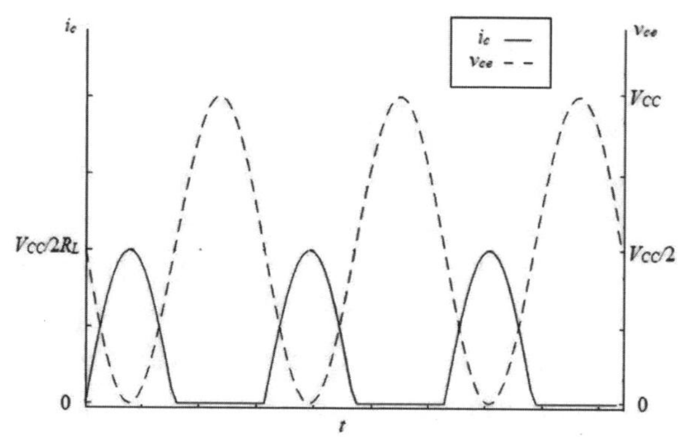

Figura 16.3 Corrente de coletor (linha contínua) e tensão entre coletor e emissor (linha tracejada) em função do tempo para o transistor Q_1.

As equações 16.7 e 16.8 apresentam as expressões para i_c e v_{ce}, respectivamente.

$$i_c(t) = \frac{V_{RL}}{R_L}sen(\omega t) \tag{16.7}$$

$$v_{ce}(t) = (V_{CC} - V_{RL})(1 - sen(\omega t)) \tag{16.8}$$

A potência média dissipada em cada um dos transistores $\overline{p_Q}$ é dada pela equação 16.9, e deve ser considerado que a dissipação se dá em apenas um semiciclo em cada transistor.

$$\overline{p_Q} = \frac{1}{T}\int_0^{T/2} v_{ce}(t)i_c(t)dt = (V_{CC} - V_{RL})\frac{V_{RL}}{R_L}\left(\frac{1}{\pi} - \frac{1}{4}\right) \tag{16.9}$$

A potência dissipada pelos transistores é expressa por uma função do segundo grau em relação à amplitude V_{RL}. Essa tensão pode variar de 0 a $V_{CC}/2$. Desse modo, há duas situações que merecem destaque. A primeira é a potência dissipada sob a máxima excursão de V_{RL}, ou seja, $V_{RL} = V_{CC}/2$, designada por $\overline{p_{Qf}}$. A equação 16.10 nos dá a potência média nessa condição:

$$\overline{p_{Qf}} = \frac{V_{CC}^2}{4R_L}\left(\frac{1}{\pi} - \frac{1}{4}\right) \cong \frac{V_{CC}^2}{59R_L} \tag{16.10}$$

A segunda situação é aquela em que a potência expressa na equação 16.9 apresenta um valor máximo. Note que o coeficiente do termo quadrático da equação 16.9 é negativo. Isso significa que haverá uma potência máxima dissipada, denominada por $\overline{p_{Qmax}}$, quando a carga estiver sob uma tensão que seja uma fração do valor máximo de V_{RL} (kV_{RLmax}, onde $0 < k < 1$). Para determinar p_{Qmax} , substitui-se V_{RL} por kV_{RLmax} na integral 16.9 e, em seguida, encontra-se o valor máximo da função fazendo a derivada de p_Q em relação a k igual a 0. A potência p_{Qmax} irá ocorrer quando a amplitude de V_{RL} for de, aproximadamente, 63% de V_{RLmax}. potência para esse caso que é dada pela equação 16.11.

$$\overline{p_{Qmax}} = \frac{V_{CC}^2}{4R_L}\frac{1}{\pi^2} \cong \frac{V_{CC}^2}{40R_L} \tag{16.11}$$

A eficiência do amplificador quando $V_{RL} = 0{,}63V_{RLmax}$ é obtida pela equação 16.6 e será de 50%.

Os amplificadores de classe B podem apresentar um tipo específico de distorção em pequenos sinais, chamado de *crossover*. O *crossover* é causado quando o sinal de entrada não tem amplitude suficiente para fazer que o transistor saia da região de corte e passe para a região ativa. Assim, quando a tensão de entrada for reduzida, o transistor não conduzirá e a tensão de saída permanecerá em 0 V. A Figura 16.4 mostra um típico sinal de saída de um amplificador classe B com a distorção de *crossover*.

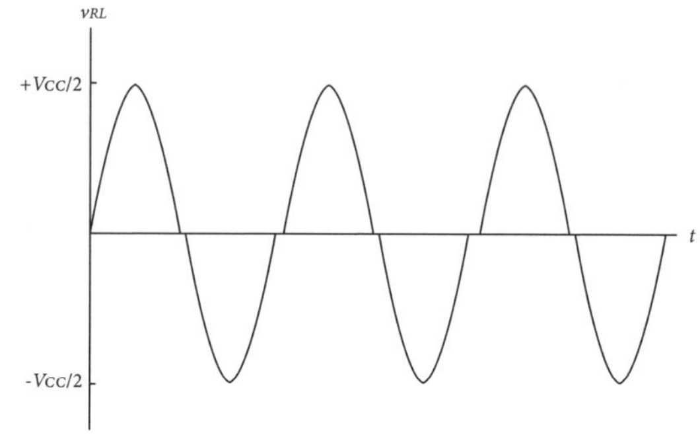

Figura 16.4 Tensão na carga (v_{RL}) em função do tempo com efeito de *crossover*.

A eliminação do *crossover* se dá pela substituição dos resistores R_2 do circuito mostrado na Figura 16.1, por diodos semicondutores, D_1 e D_2, conforme mostrado na Figura 16.5. A inclusão desses diodos constitui uma configuração denominada espelho de corrente.

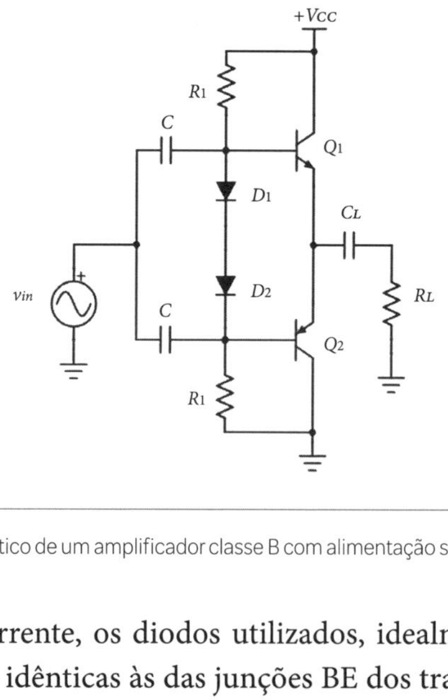

Figura 16.5 Diagrama esquemático de um amplificador classe B com alimentação simples e espelho de corrente.

Nos espelhos de corrente, os diodos utilizados, idealmente, deveriam possuir características elétricas idênticas às das junções BE dos transistores. Admitindo-se que as correntes de base nos transistores sejam desprezíveis, a presença dos diodos no circuito garante que a corrente que circula pelo ramo formado pelos 2 resistores R_1 e pelos diodos seja a mesma da que circula pelos coletores dos transistores. Por essa razão se justifica a denominação dessa configuração como espelho de corrente. A consequência da inclusão dos diodos faz que os transistores não mais estejam, rigorosamente, operando na região de corte, mas com uma pequena corrente de coletor ($I_{CQ} > 0$) que o polarize no limiar da condução. O ponto quiescente se desloca verticalmente, como mostra a Figura 16.6. Dessa forma, espera-se que um acréscimo mínimo na corrente da base dos transistores produzido pela fonte de sinal de entrada irá permitir que os transistores entrem em condução na região ativa.

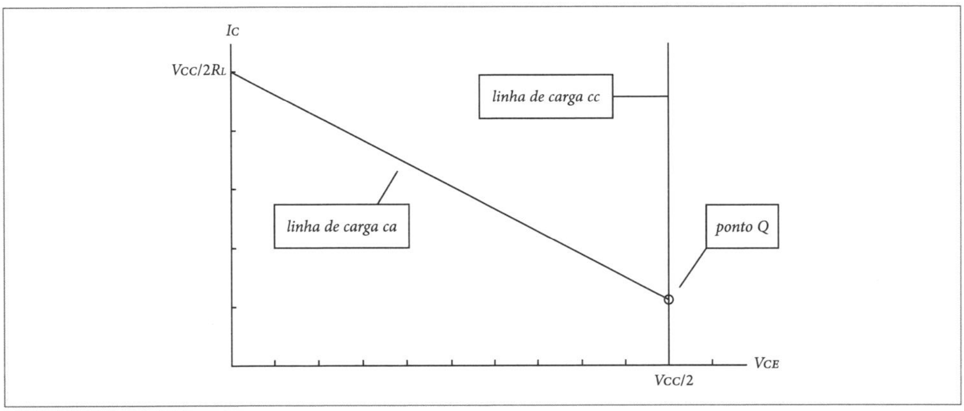

Figura 16.6 Linhas de carga *cc* e *ca* de um amplificador classe B e ponto quiescente dos transistores quando se usa espelho de corrente.

O deslocamento do ponto quiescente implica, necessariamente, uma menor eficiência do amplificador, uma vez que a fonte de alimentação haverá de fornecer a corrente que irá circular pela malha dos coletores dos transistores.

As Figura 16.7 e 16.8 mostram as respectivas versões dos circuitos das Figuras 16.1 e 16.5 com alimentação simétrica. Nos circuitos com alimentação simétrica cada uma das fontes de alimentação drena corrente para um dos transistores, de modo que, por conta disso, o capacitor C_L pode ser abolido. A equação 16.5 que se refere à potência fornecida pela fonte de alimentação simples deve ser multiplicada por 2 nesse caso. A excursão da tensão V_{RL} passa a ser o dobro daquela obtida pelos circuitos de alimentação simples. Por fim, a equação 16.6 mostra que a eficiência do circuito será a mesma.

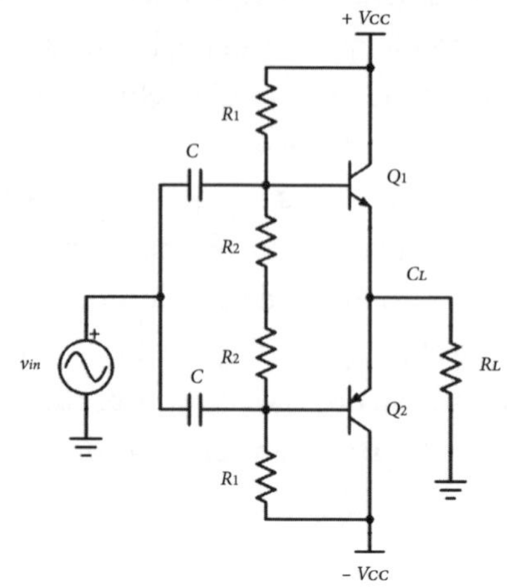

Figura 16.7 Diagrama esquemático de um amplificador classe B com alimentação simétrica.

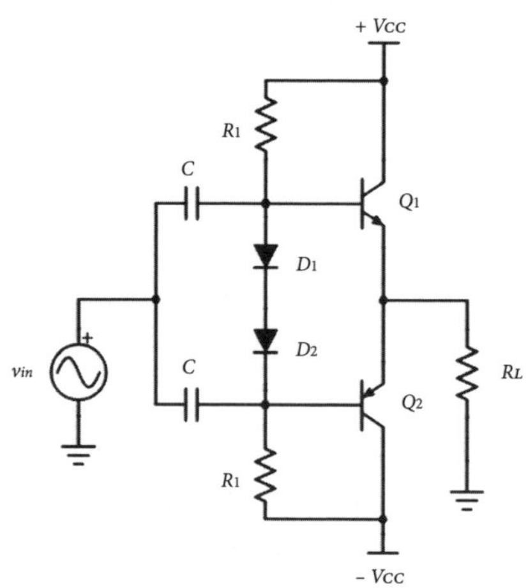

Figura 16.8 Diagrama esquemático de um amplificador classe B com alimentação simétrica e espelho de corrente.

16.2.2 Cargas reativas

Um circuito *RL* série é muito estudado nos cursos básicos de eletricidade. Aqui usaremos esse circuito com carga do amplificador classe B. Na Figura 16.9 é mostrado o circuito do amplificador da Figura 16.8 com a carga resistiva e reativa, composta por R_L e L. O capacitor C_L possui reatância capacitiva desprezível em relação à carga.

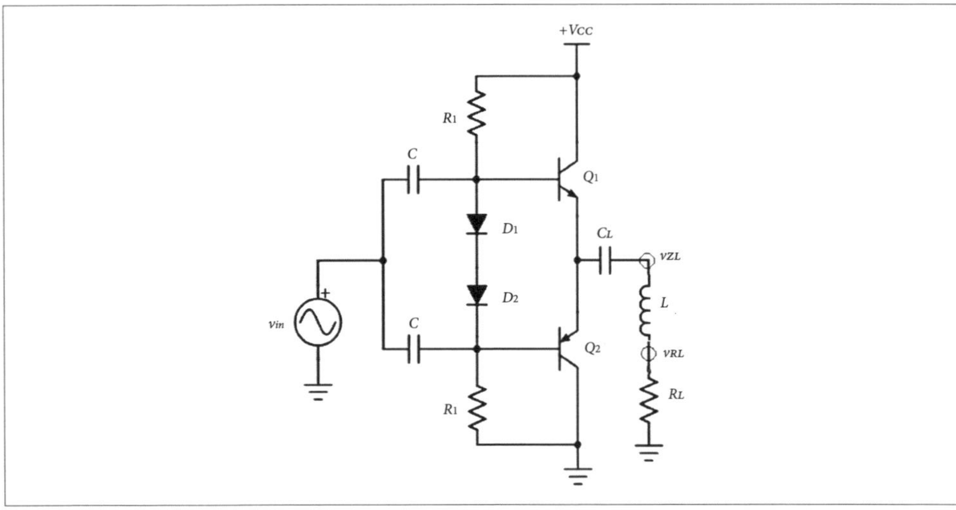

Figura 16.9 Diagrama esquemático de um amplificador classe B com alimentação simples, espelho de corrente e carga resistiva/reativa.

A oposição à passagem de corrente do indutor é exercida pela reatância indutiva, X_L, dada pela equação 16.12:

$$X_L = j2\pi fL \tag{16.12}$$

onde

j é o número complexo.

A natureza dessa grandeza, sendo definida no domínio imaginário, faz que o circuito tenha impedância e defasagens dependentes da frequência, segundo as equações 16.13 e 16.14, respectivamente:

$$Z_{L0}(\omega) = \sqrt{R^2 + X_L^2} \tag{16.13}$$

$$tan\varphi(\omega) = \frac{X_L}{R} \tag{16.14}$$

Quando utilizamos cargas reativas em um amplificador classe B, o mesmo procedimento de análise deve ser realizado, mas com inclusão da diferença de fase entre tensão e corrente no ramo de saída. Em Bortoni (1999) e Ramos e Arnold (2021) são apresentados maiores detalhes sobre a obtenção das equações 16.15 a 16.18, que apresentam as expressões das potências médias (carga, fonte e transistor) e da eficiência desse amplificador, respectivamente.

$$\overline{p_L}(\omega) = \frac{v_{ZL}^2}{2\left|Z_{L0}(\omega)\right|} cos\varphi(\omega) \tag{16.15}$$

$$\overline{p_S}(\omega) = \frac{2}{\pi} \frac{v_{ZL}}{\left|Z_{L0}(\omega)\right|} v_{ZLmax} \tag{16.16}$$

$$\overline{p_Q}(\omega) = \frac{2}{\pi} \frac{v_{ZL}}{\left|Z_{L0}(\omega)\right|} v_{ZLmax} - \frac{v_{ZL}^2}{2}\left|Z_{L0}(\omega)\right| cos\varphi(\omega) \tag{16.17}$$

$$\eta(\omega) = \pi V_L / [(4(v_{ZL\max})cos\varphi(\omega)] \tag{16.18}$$

16.3 EXPERIMENTOS PROPOSTOS

O experimento a ser realizado com o amplificador classe B consiste em fazer um conjunto de medições para determinar o balanço das potências do circuito. Serão usados pares complementares de transistores de potência elevada (BD135 e BD136) capazes de suportar as potências resultantes de correntes elevadas na carga.

A potência drenada pela fonte será determinada a partir da corrente por essa fornecida e medida com o sensor LA25-NP. Na subseção 16.3.1 são descritos os procedimentos para uso adequado desse sensor.

O desenvolvimento do experimento ocorrerá primeiramente com carga resistiva e será descrito na subseção 16.3.2. Nesta subseção utilizaremos os circuitos das figuras 16.1 e 16.5 para avaliar questões relativas à polarização e balanço de potências. Na subseção 16.3.3 será estudado o circuito da Figura 16.8, em que foi introduzido um indutor em série com a carga resistiva.

16.3.1 Sensor de corrente

O LA25-NP é um sensor de corrente fabricado pela LEM (Suíça) que funciona com base em efeito Hall. Ele possui dois circuitos internos, o primário, por onde circula a corrente a ser medida, e o secundário, cuja saída produz uma tensão proporcional à corrente do primário. Esse sensor mede correntes contínuas, alternadas e pulsadas. A largura de banda, segundo informações do fabricante, vai até 150 kHz. Esse sensor deve ser alimentado por uma fonte simétrica de até ± 15 V.

Para que esse circuito opere, ele deve ser ligado, como mostra a Figura 16.10. No circuito do primário, v_1 e R_1 estabelecem uma corrente i_1 a ser medida pelo sensor. A resistência interna da entrada do sensor é da ordem de miliOhms.

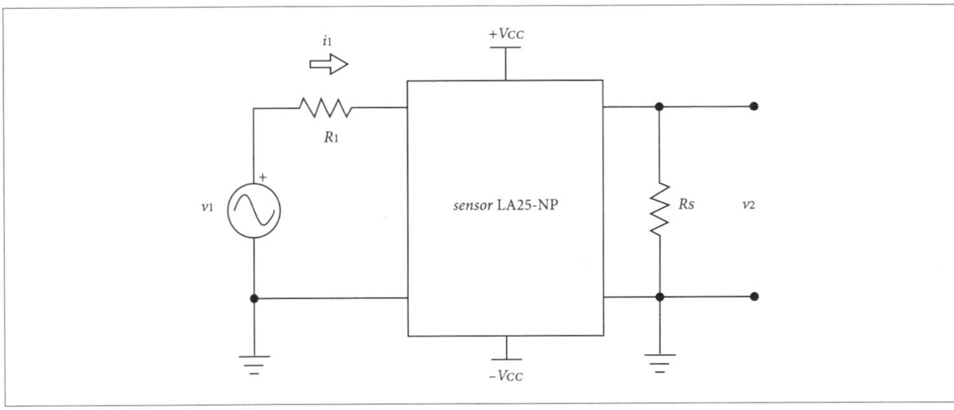

Figura 16.10 Diagrama esquemático do circuito de teste do sensor LA25-NP.

O resistor de 100 Ω (R_s) conectado à saída define uma relação entre a tensão de saída (secundário) do sensor (v_2) e a corrente do primário (i_1) de 0,1 V/A. Ressalta-se que, devido ao fato de a saída do sensor ser uma fonte de corrente, há necessidade de usar uma resistência R_s ligada, como mostra o circuito da Figura 16.10.

O circuito da Figura 16.10 é usado para que o experimentador se habitue a usar o sensor de corrente nos próximos experimentos. Desse modo, propõe-se realizar os experimentos com os seguintes materiais:

- 1 fonte de alimentação simétrica de ±15 V ($\pm V_{CC}$);
- 1 fonte de alimentação simples e ajustável de ±10 V;
- 1 multímetro;
- 1 osciloscópio;
- 1 gerador de funções;
- 1 sensor de corrente LA25-NP;
- 1 resistor de 100 Ω × ¼ W (R_s);
- 1 resistor de 100 Ω × 5 W (R_1).

Preliminarmente, prepare o sensor para fazer as medições, alimentando-o com a fonte simétrica ($\pm V_{CC}$) e ligando entre os terminais de saída a resistência R_s. Um dos canais do osciloscópio deve ser ligado na saída do sensor.

O primeiro experimento consiste em medir uma corrente contínua; assim, use a fonte de alimentação ajustável de 10 V como v_1 em série com o resistor R_1 na entrada do sensor. Varie a tensão da fonte entre 0 e 10 V, o que deverá resultar em uma corrente entre 0 e 100 mA. Essa corrente pode ser monitorada pelo amperímetro do multímetro. Anote os valores das tensões de saída e verifique se a proporção de 0,1 V/A se verifica.

O segundo experimento com o sensor consiste em repetir o procedimento anterior, só que dessa vez a fonte de alimentação ajustável deve ser substituída por um gerador de funções que aplique uma tensão senoidal. Avalie se a proporção de 0,1 V/A é mantida dentro de uma faixa de frequências entre 100 Hz e 100 kHz. Esse experimento também pode ser feito com um diodo semicondutor (1N4148) em série com R_1. Nesse caso, teremos um sinal na saída do sensor com uma forma de onda que emula a corrente fornecida pela fonte de alimentação de um amplificador classe B a ser estudado a seguir.

16.3.2 Amplificador classe B com carga puramente resistiva

Os experimentos descritos nesta subseção são apresentados em quatro configurações, duas com o circuito da Figura 16.1 e duas com o da Figura 16.5. Em todas elas há em comum o fato de o amplificador ser alimentado por uma fonte simples de 12V com uma tensão de entrada senoidal de amplitude de até 6 V e frequência de 5 kHz. Os materiais utilizados nos experimentos são:

- 1 fonte de alimentação simples de 12 V;
- 1 fonte de alimentação simétrica de ±15 V (fonte para o sensor de corrente);
- 3 multímetros (2 amperímetros CC e 1 voltímetro CC);
- 1 gerador de funções;
- 1 osciloscópio;
- 1 transistor BD135 (NPN);
- 1 transistor BD136 (PNP);
- 2 diodos 1N4148;
- 2 resistores de 4,7 kΩ × ¼ W (2×R_1);
- 2 resistores de 22 kΩ × ¼ W (2×R_1);
- 2 resistores de 680 Ω × ¼ W (2×R_2);
- 1 resistor de 100 Ω × 5 W (R_L);
- 2 capacitores eletrolíticos de 1 μF × 25 V;
- 1 capacitor eletrolítico de 100 μF × 25 V;
- 1 sensor de corrente LA25-NP (opcional).

O sensor de corrente é opcional no experimento, mas seu uso é interessante, pois permite a visualização da forma do sinal de corrente drenada pela fonte de alimentação por meio do osciloscópio. Esse sensor pode ser substituído por um amperímetro comum que fornecerá o valor médio da corrente.

O primeiro experimento a ser desenvolvido emprega o circuito da Figura 16.1, que deve ser montado com os resistores R_1 = 4,7 kΩ e R_2 = 680Ω. Conecte os multímetros configurados como amperímetros para corrente contínua no ramo formado pelos resistores R_2 e no coletor de Q_1. Também conecte o sensor de corrente em série com o terminal positivo da fonte de alimentação. O sensor será alimentado com a fonte simétrica de ± 15 V. Com o gerador de funções desconectado do circuito, obtenha as correntes fornecidas pelos amperímetros e pelo sensor. Use o voltímetro para medir as tensões entre coletor e emissor dos transistores. Em seguida, conecte o gerador na entrada do amplificador e aplique um sinal senoidal na frequência de 5 kHz. Monitore as saídas do amplificador e do sensor de corrente com o osciloscópio. Aumente essa tensão em passos de 2 V_{pp} até alcançar o valor máximo, isto é, 12 V_{pp}, e meça as correntes com os amperímetros e com o sensor de corrente. Verifique se há *crossover*.

Use as equações 16.3, 16.5, 16.6 e 16.9 para determinar as potências na carga e drenada pela fonte de alimentação, a eficiência do amplificador e a potência dissipada nos transistores, respectivamente. Com os valores das potências e das eficiências, faça gráficos delas em função da amplitude da tensão em R_L. Em seguida, no mesmo circuito, substitua os resistores R_1 de 4,7 kΩ por outros de 22 kΩ e repita o procedimento anterior. O valor mais elevado de R_1 deve limitar a corrente pela base dos transistores e causar *crossover*. Nessa situação o cálculo das potências e da eficiência ficará prejudicado.

Use agora o circuito da Figura 16.5 (os diodos irão substituir os resistores R_2). Repita o procedimento anterior com os pares de R_1 = 4,7 kΩ e R_1 = 22 kΩ. Além disso, nessa configuração deve ser observado se as correntes pelos ramos dos diodos e dos transistores apresentam valores próximos, como se pretende ao fazer uso de circuitos com o espelho de corrente.

Compare os valores experimentais e teóricos do ponto de máxima potência dissipada dos transistores usando a curva dessa potência em função da tensão na carga.

16.3.3 Amplificador classe B com carga formada por resistor e indutor em série

O experimento com carga reativa emprega os mesmos materiais relacionados na subseção 16.3.2. Usaremos a configuração de espelho de corrente com resistores R_1 de 22 kΩ. A diferença é que a carga resultante será formada pelo resistor de 100 Ω em série com um indutor com indutância, L, de 3 mH.

Para obter as defasagens entre tensão e corrente na carga iremos modificar a frequência do sinal de entrada. A impedância e a diferença de fase são calculadas pelas equações 16.13 e 16.14. A Tabela 16.1 relaciona as frequências, as impedâncias e as fases do circuito *RL* proposto.

Tabela 16.1 Frequência, impedância e fase do circuito *RL* a ser utilizado como carga no amplificador classe B

Frequência (kHz)	Impedância (Ω)	Fase (°)
0,935	101,5	10
1,931	106,4	20
3,063	115,4	30
4,451	130,5	40
6,322	155,5	50
9,189	199,9	60

Pelas mesmas razões apontadas em 16.3.2, o uso do sensor de corrente é opcional. O experimento conduzido aqui permite que as medições de v_{ZL} e v_{RL} sejam suficientes para se determinar as potências e a eficiência do amplificador em função da diferença de fase imposta pela carga.

O procedimento experimental consiste em medir v_{ZL} e v_{RL} e as respectivas diferenças de fase entre estas para todas as frequências relacionadas na Tabela 16.1. Use a tensão de entrada com amplitude de 6 V. Os resultados experimentais devem então ser comparados com as previsões teóricas do modelo de análise do amplificador, segundo as equações 16.15 a 16.18.

16.4 DISCUSSÃO

Os testes feitos com o sensor devem demonstrar algumas limitações desse componente em relação à frequência de operação. Particularmente, em relação às frequências mais elevadas, deve-se obter uma pequena defasagem entre as tensões v_1 e v_2. Como isso pode ser explicado?

Ao fazer a polarização de um amplificador classe B, a condição ideal de ter ambos os transistores exatamente iguais nem sempre é alcançada. Em casos críticos, em que a diferença de comportamento é muito grande, haverá prejuízos em termos de distorção do sinal de saída. A correção desse problema é feita ajustando-se o valor dos resistores de polarização. Na prática, isso pode ser feito substituindo um dos resistores R_1 por um potenciômetro.

Outro ponto importante na observação dos resultados experimentais é que a tensão de saída não irá alcançar o valor previsto pelo modelo, ou seja, V_{CC}(ou $2V_{CC}$, no caso de alimentação simétrica). O modelo adotado não contempla a queda de tensão na junção BE nem a tensão de saturação dos transistores.

Deve ser observada a importância dos resistores R_1 em relação ao comportamento do amplificador. Embora haja diferenças entre as características elétricas dos transistores devido ao processo de fabricação, nos experimentos propostos com o circuito da Figura 16.1, quando R_1 possui valor menor (4,7 kΩ), pode-se notar variações nas correntes quiescentes devido ao aquecimento dos transistores. Por outro lado, quando R_1 possui valor maior (22 kΩ), a insuficiência de corrente para a base pode produzir *crossover*.

Sugere-se também ao experimentador repetir os experimentos utilizando transistores do tipo Darlington. A principal diferença no projeto está na queda de tensão na junção BE, que passa a ser de 1,4 V. Assim, os circuitos das Figuras 16.5, 16.8 e 16.9 passam a ter 4 diodos em série e não 2.

CAPÍTULO 17
Amplificadores operacionais

ESTUDO PRELIMINAR

O estudo dos amplificadores operacionais deve ser precedido pela teoria de circuitos elétricos e por conceitos básicos sobre amplificadores, como as impedâncias de entrada e saída, o ganho de tensão e a resposta em frequência. Outros aspectos, particularmente aqueles ligados à realimentação negativa, serão abordados aqui de maneira simplificada, mas serão aprofundados no Capítulo 21.

17.1 INTRODUÇÃO

Os amplificadores operacionais (AOs) fizeram parte dos primeiros tipos de circuitos integrados desenvolvidos na década de 1960. Esses amplificadores receberam essa denominação pelo fato de terem sido originalmente desenvolvidos para constituir circuitos usados em sistemas de automação e controle. As propriedades elétricas dos AOs fazem desse tipo de componente um dos mais empregados atualmente em todos os setores de desenvolvimento da eletrônica.

A Figura 17.1 mostra a representação esquemática de um AO genérico. Os AOs possuem entradas diferenciais (v_+ e v_-) e, normalmente, são alimentados por fontes simétricas $\pm V_{CC}$. A literatura voltada para as aplicações comuns de AOs analisa circuitos com esse componente, considerando uma descrição ideal dele. Essas características ideais incluem ganho em malha aberta infinito, impedância de entrada infinita, impedância de saída nula, largura de banda infinita, tensão de saída nula quando as entradas diferenciais forem iguais e insensibilidade em relação às variações de temperatura.

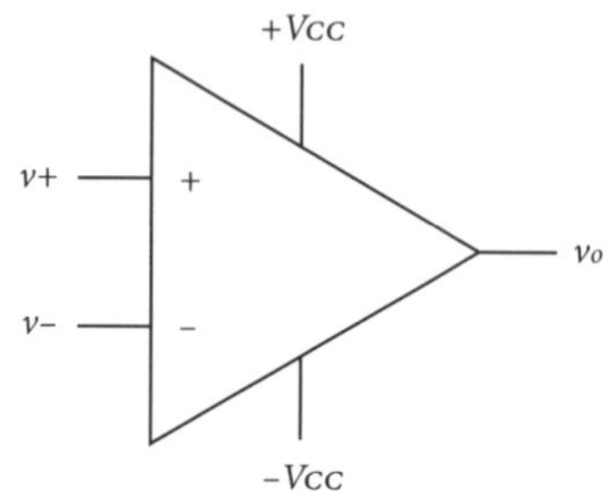

Figura 17.1 Símbolo esquemático de um amplificador operacional (AO).

O fato de haver ganho de tensão em malha aberta muito elevado (infinito no caso ideal) inviabiliza o AO em aplicações que exijam respostas lineares. Desse modo, para a concepção de circuitos amplificadores lineares, esses dispositivos são empregados em configurações que possuam malhas de realimentação negativa. São duas as configurações para utilização da realimentação negativa: amplificador inversor e amplificador não inversor. Essas configurações serão referências para diversos desenvolvimentos neste capítulo e também no 18, 19 e 20. Ressalta-se que os AOs também são utilizados em aplicações que necessitem de operações de chaveamento. Nesse caso, os AOs podem ser usados em malha aberta ou associados a malhas de realimentação positiva, nas quais os pontos de operação do dispositivo caracterizam-se, normalmente, pelos estados de saturação.

O objetivo do experimento deste capítulo é identificar as principais características dos AOs, como ganho de tensão, impedâncias de entrada e saída e limitações de resposta em frequência, nas configurações inversora e não inversora.

17.2 TEORIA

Esta seção está dividida em duas partes. Na primeira, 17.2.1, apresentamos os principais conceitos e definições das configurações básicas para uso dos amplificadores operacionais como um componente ideal. Na segunda, 17.2.2, são discutidas e definidas algumas características dos AOs vistos sob o ponto de vista prático.

17.2.1 O amplificador operacional ideal e seus circuitos básicos

Para iniciar o estudo dos AOs vamos partir de uma concepção não idealizada desses componentes ao impor o ganho em malha aberta (A_{vo}) como finito, a impedância de entrada (r_i) finita e a impedância de saída (r_o) não nula. A Figura 17.2 mostra a organização interna simplificada de um AO.

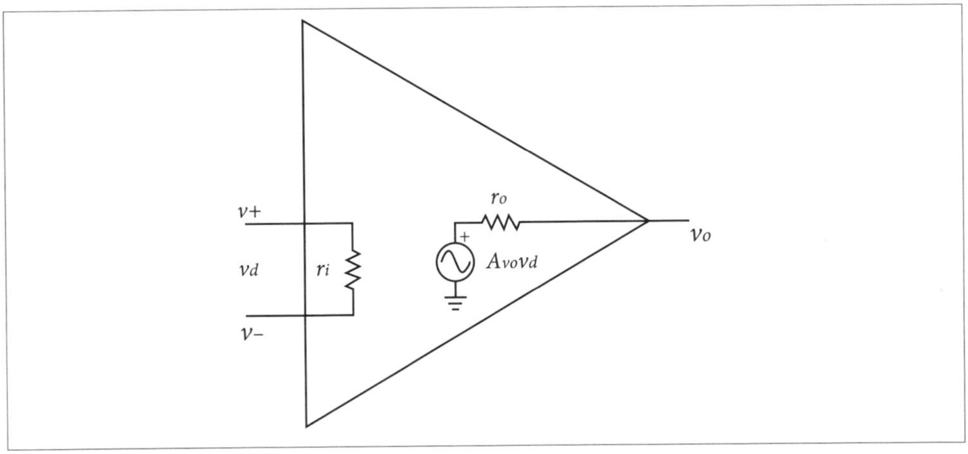

Figura 17.2 Organização simplificada de um AO.

Na Figura 17.2 estão omitidos os terminais da fonte de alimentação ($+V_{CC}$ e $-V_{CC}$). Vemos nesta figura que uma diferença de potenciais $v_d = v_+ - v_-$ é aplicada às entradas do AO. Essa diferença é amplificada segundo o ganho A_{vo} e uma tensão v_o é disponibilizada na saída. O circuito de saída do AO é representado por um circuito equivalente de Thévenin, cuja resistência interna é r_o. Sendo o ganho A_{vo} muito elevado, mesmo sob pequenas diferenças de v_d, a saída do operacional entra em saturação. Por essa razão, na concepção de amplificadores lineares, os AOs são usados em configurações de malha fechada em que se agregam malhas de realimentação negativa que visem a redução do ganho. O ganho do amplificador realimentado será representado por A_v.

Há duas configurações de amplificadores que utilizam a realimentação negativa e com as quais se permite construir uma grande variedade de circuitos. Os diagramas esquemáticos do amplificador inversor e do não inversor são mostrados nas figuras 17.3 e 17.4, respectivamente.

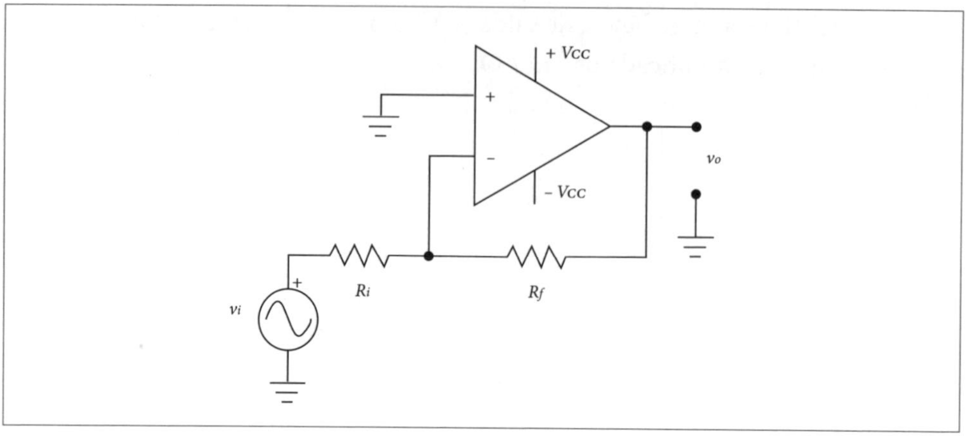

Figura 17.3 Diagrama esquemático de um amplificador na configuração inversora usando AO.

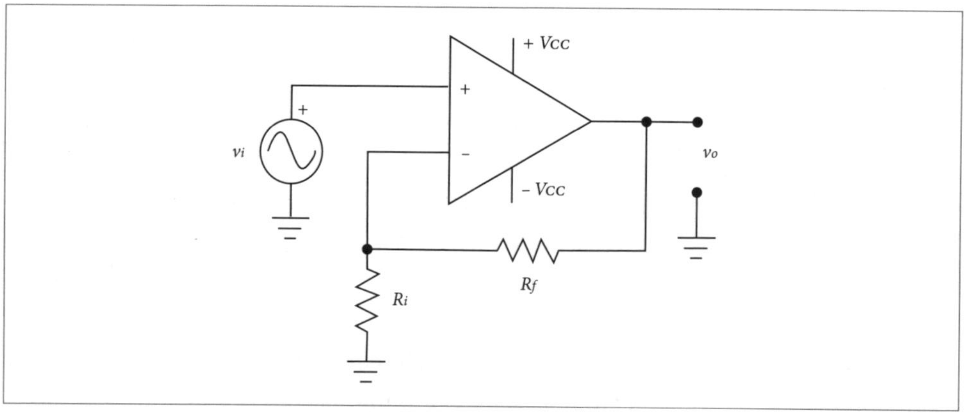

Figura 17.4 Diagrama esquemático de um amplificador na configuração não inversora usando AO.

Os ganhos desses amplificadores (A_v) são deduzidos assumindo as características ideais já mencionadas. As equações 17.1 e 17.2 expressam esses ganhos para as configurações inversora e não inversora, respectivamente. Essas equações são aproximações muito adequadas sob o ponto de vista prático.

$$A_v = -\frac{R_f}{R_i} \tag{17.1}$$

$$A_v = 1 + \frac{R_f}{R_i} \tag{17.2}$$

Os ganhos dos amplificadores realimentados resumem-se, de maneira simplificada, ao inverso da função de transferência da malha de realimentação quando o ganho em malha aberto finito (A_{vo}) tem valores muito elevados, o que, de fato, é uma característica singular dos AOs.

A Figura 17. 5 ilustra um caso particular da configuração não inversora, onde R_f possui resistência nula (curto-circuito) e R_i resistência infinita (aberto). Nesse caso, em acordo com a equação 17.2, o circuito apresenta ganho de tensão igual a 1, configurando um *buffer* de corrente.

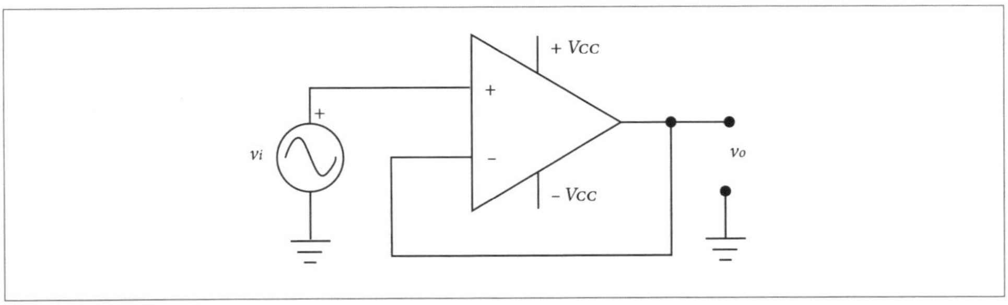

Figura 17.5 Diagrama esquemático de um *buffer* de corrente com AO.

17.2.2 Algumas características práticas dos amplificadores operacionais

Nesta subseção abordamos os efeitos do *offset* e sua correção. Também acrescentamos fatores que delimitam a resposta em frequência do AO, as quais são muito importantes em aplicações de chaveamento.

Muitos AOs possuem terminais para ajuste da tensão de *offset*. A tensão de *offset* é causada por desbalanceamentos internos nos circuitos do AO, decorrentes do processo de produção do circuito integrado, que produzem um potencial elétrico diferente de 0 V na saída quando as entradas estão curto-circuitadas e aterradas. Normalmente, a neutralização de *offset* é feita em um circuito externo, com auxílio de um potenciômetro.

Nos casos da não disponibilização dos terminais de controle do *offset*, costuma-se utilizar um resistor de equalização, o qual promove o balanceamento externo. No circuito da Figura 17.6 são mostrados os diagramas esquemáticos dos amplificadores nas configurações inversora e não inversora com o resistor de equalização (R_e). Essa resistência é escolhida a partir da equação 17.3 com o fim de igualar as correntes nas entradas do operacional.

$$R_e = \frac{R_i R_f}{R_i + R_f} \tag{17.3}$$

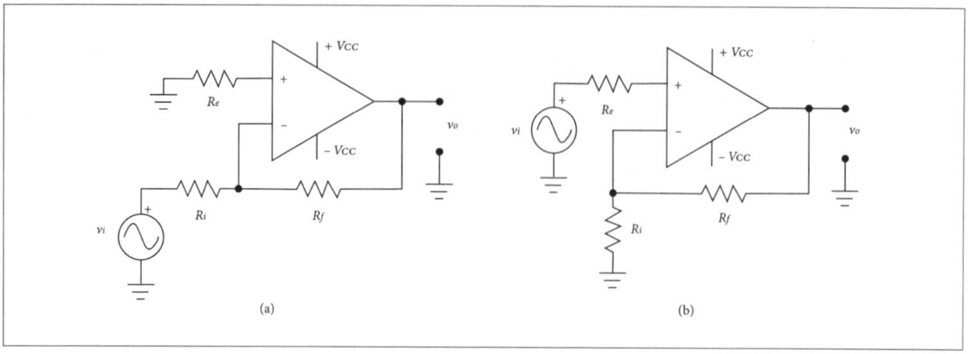

Figura 17.6 Diagramas esquemáticos dos amplificadores inversor (a) e não inversor (b) com resistor de equalização R_e.

O *overshoot* consiste na ultrapassagem momentânea do valor esperado da tensão de saída do AO que ocorre durante a transição do sinal de entrada. Considerando que a tensão de saída seja v_o, uma diferença que exceda esse valor, dado por v_{oos}, será chamada de tensão de *overshoot*. A equação 17.4 apresenta a definição de *overshoot*, $V_{OS}(\%)$, em termos percentuais:

$$V_{OS}(\%) = \frac{v_{oos}}{v_o} \times 100\% \tag{17.4}$$

O *slew-rate* (*SR*) é definido como a máxima taxa de variação da tensão de saída do amplificador operacional em função do tempo quando um sinal de entrada é variado. O *SR* é fornecido pelo fabricante do AO e expresso em V/µs. Um AO ideal responderia instantaneamente a uma transição de entrada também instantânea, ou seja, o *SR* seria infinito. Todavia, na prática, os componentes possuem capacitâncias internas que retardam a resposta do dispositivo, fazendo que o valor de *SR* seja finito.

O *SR* é definido pela equação 17.5:

$$SR = \left.\frac{dv_o}{dt}\right|_{max} \tag{17.5}$$

Tanto o V_{OS} (%) como o *SR* são informações encontradas nas folhas de dados fornecidas pelo fabricante do AO.

17.3 EXPERIMENTOS PROPOSTOS

Em todos os experimentos desenvolvidos neste capítulo os AOs são alimentados por fontes simétricas de ± 15 V e capacitores de desacoplamento de 100 nF são conectados entre $+V_{CC}$ e terra e entre $-V_{CC}$ e terra. Esses capacitores são úteis para aterrar sinais provenientes de interferências de alta frequência. Esses dispositivos serão omitidos nos diagramas esquemáticos a seguir. O AO utilizado neste capítulo é o 741, certamente o AO mais popular. Antes de utilizar esse dispositivo é conveniente analisar a folha de dados fornecida pelo fabricante. Nessa folha são encontradas as características fundamentais do componente e identificados os pinos.

Inicialmente iremos apresentar o controle externo usado para neutralizar o *offset* (subseção 17.3.1). Em seguida, será proposto um conjunto de experimentos para estudar as configurações inversora (17.3.2) e não inversora (17.3.3) dos AOs em termos de ganho, impedâncias de entrada e saída e resposta em frequência. Na subseção 17.3.4 iremos usar um *buffer* (Figura 17.5) para avaliar os efeitos de *overshoot* e *slew-rate*.

17.3.1 Neutralização de *offset*

Precedendo a realização dos demais experimentos, pode ser verificada a existência de tensão de *offset* na saída dos amplificadores operacionais. Toma-se, inicialmente, o circuito da Figura 17.3, com $R_i = R_f = 1\text{k}\Omega$ e com a entrada v_i aterrada. A saída do AO pode ser monitorada por um voltímetro. Espera-se obter nesse caso $v_o = 0$. Caso v_o seja diferente de 0 V, temos uma situação de *offset* na saída, decorrente do desbalanceamento interno do AO. Para o experimento foi utilizado um AO 741 e, de acordo com a indicação do fabricante, a neutralização desse efeito nesse componente é promovida pela inserção de um potenciômetro, como mostrado na Figura 17.7. O potenciômetro deve ser ajustado até que se anule a tensão de saída.

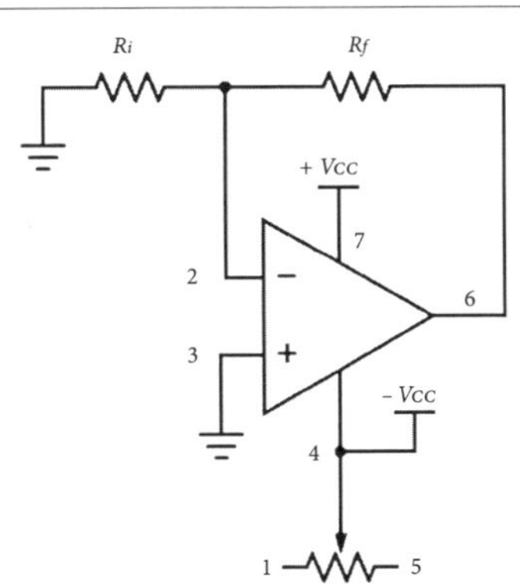

Figura 17.7 Diagrama esquemático do circuito utilizado para neutralizar o *offset* em um AO 741.

Os materiais para o desenvolvimento desse experimento preliminar são:

- 1 fonte de alimentação de ±15 V;
- 1 multímetro;
- 1 AO 741;
- 2 resistores de 1 kΩ × ¼ W (R_i, R_f);
- 1 potenciômetro de 10 kΩ;
- 2 capacitores de 100 nF × 250 V.

17.3.2 Amplificador inversor

Para o experimento com o amplificador inversor vamos montar o circuito da Figura 17.3. Pode-se escolher os pares R_i = 1 kΩ e R_f = 1 kΩ, R_i = 1 kΩ e R_f = 10kΩ e R_i = 1 kΩ e R_f = 100 kΩ para, segundo a equação 17.1, obter os ganhos de –1, –10 e –100, respectivamente. Em cada um desses circuitos, com uso do gerador de funções, aplique uma tensão de entrada v_i, senoidal, com frequência de 10 kHz. As tensões v_i e v_o devem ser monitoradas com o osciloscópio. A amplitude de v_i deve ser variada a partir de 0 V até obter um valor em que a forma de onda da tensão de saída comece a distorcer. Evidentemente, isso dependerá do ganho do amplificador. Portanto, atente ao passo da tensão de entrada. Para cada valor de v_i anote o valor de v_o para determinar o ganho do amplificador. Observe também que os sinais de entrada e saída devem estar defasados por 180º. Elabore para cada caso um gráfico de v_o em função de v_i.

O próximo experimento consiste em determinar o ganho do amplificador em função da frequência do sinal amplificado. Para cada um dos circuitos montados com os pares de resistores usados no experimento do parágrafo anterior, aplique um sinal de entrada v_i com amplitude que permita encontrar uma saída com tensão dentro da faixa esperada de ganho. A amplitude de v_i deve ser mantida fixa e a frequência variada entre 50 Hz e 500 kHz. Determine o ganho para cada uma das frequências e elabore o gráfico de A_v em função de *f*.

Na sequência, vamos avaliar as impedâncias de entrada e saída do amplificador. Para cada um dos circuitos elaborados, ajuste o gerador de funções para fornecer uma tensão senoidal v_i de modo que se obtenha v_o com amplitude de 5 V (valor sugerido arbitrariamente). A frequência do sinal de entrada também pode ser escolhida em 10 kHz. Para determinar a impedância de entrada, inclua resistores em série com o gerador de funções até notar que a tensão de saída seja reduzida, por exemplo, pela metade. Os valores desses resistores devem ser da ordem de megaohms.

Para determinar a impedância de saída, remova os resistores em série com o gerador de funções (inseridos no procedimento do parágrafo anterior) e inclua resistores em série com a saída do AO até que a tensão de saída também se reduza à metade. Esses resistores devem ser da ordem de centenas ou dezenas de ohms. Utilize conhecimentos básicos de eletricidade para determinar as impedâncias (resistências) de entrada e saída dos amplificadores.

Os materiais para o desenvolvimento desse experimento preliminar são:

- 1 fonte de alimentação de ±15 V;
- 1 gerador de funções;
- 1 osciloscópio de 2 canais;
- 1 AO 741;
- 1 resistor de 1kΩ × ¼ W (R_i, R_f);
- 1 resistor de 10 kΩ × ¼ W (R_f);
- 1 resistor de 100 kΩ × ¼ W(R_f);
- resistores diversos com resistências das ordens de megaohms e centenas e dezenas de ohms;
- 2 capacitores de 100 nF × 250 V.

17.3.3 Amplificador não inversor

O procedimento experimental com o circuito do amplificador não inversor, cujo diagrama esquemático é mostrado na Figura 17.4, é o mesmo do utilizado para o amplificador inversor. Apontam-se apenas pequenas diferenças em relação à fase de 0° entre os sinais de entrada e saída e, em conformidade com a equação 17.2, usando-se os mesmos pares de resistores do experimento anterior, os ganhos serão de 2, 11 e 101. Diante do exposto, a relação de materiais para esse experimento é a mesma da subseção 17.3.2.

17.3.4 Amplificador de corrente e efeitos de transição de estados

Para o experimento com o amplificador de corrente vamos montar o circuito *buffer* da Figura 17.5. Trata-se de um amplificador não inversor de ganho 1. Os testes feitos em 17.3.3 podem ser repetidos para esse circuito.

Para avaliar o *overshoot* utilizaremos um sinal de entrada quadrado com amplitude de 500 mV e frequência de 1 kHz. Ao aplicar esse sinal de entrada do circuito da Figura 17.5 e ao monitorar com o osciloscópio, tanto a entrada como saída, conseguimos fazer a comparação dos sinais. A base de tempo do osciloscópio deve ser reduzida ao máximo, de modo a podermos visualizar o sinal em uma janela de tempo no entorno do momento em que ocorre a transição dos estados. Com isso, pode-se medir as tensões v_o e a excedente entre v_o e o pico do sinal (v_{oos}) e determinar, com auxílio da equação 17.4, o *overshoot*. Caso não seja possível detectar v_{oos}, o procedimento deve ser repetido para um amplificador inversor (circuito da Figura 17.3) também de ganho unitário com $R_i = R_f = 100\ k\Omega$.

Os materiais para a determinação do *overshoot* são:

- 1 fonte de alimentação de ±15 V;
- 1 gerador de funções;
- 1 osciloscópio de 2 canais;
- 1 AO 741;
- 2 resistores de 100 kΩ × ¼ W (R_i, R_f) (se for necessário);
- 2 capacitores de 100 nF × 250 V.

O experimento para determinar o *slew-rate* é realizado com um amplificador inversor (Figura 17.3) de ganho unitário com $R_i = R_f = 100\ k\Omega$. Um sinal de entrada quadrado com amplitude de 2,0 V, com frequência de 200 Hz, deve ser aplicado na entrada do amplificador pelo gerador de funções. O osciloscópio irá monitorar as tensões de entrada e saída. Observe o momento de transição de estados desses sinais reduzindo a base de tempo do osciloscópio.

Em seguida, repita o procedimento anterior com frequência mais elevada, no mínimo de 10 kHz, e meça o tempo necessário para a tensão de saída variar de 0 V até o valor máximo. Evidentemente, esse procedimento só será possível com a redução da base de tempo do osciloscópio. O *SR* será determinado usando-se a equação 17.5.

Os materiais para a determinação do *slew-rate* são:

- 1 fonte de alimentação de ±15 V;
- 1 gerador de funções;
- 1 osciloscópio de 2 canais;
- 1 AO 741;
- 2 resistores de 100 kΩ × ¼ W (R_i, R_f);
- 2 capacitores de 100 nF × 250 V.

17.4 DISCUSSÃO

Os experimentos elaborados com amplificadores operacionais são de fácil manejo, mas aparecem alguns questionamentos que podem ser mais bem discutidos considerando-se os resultados obtidos e a teoria.

Em relação à existência de *offset*, qual deve ser a causa dele? Sugere-se investigar a topologia interna do AO para identificar possíveis pontos que produzam os desbalanceamentos.

Nos experimentos descritos nas subseções 17.3.2 e 17.3.3 deve-se notar que a tensão de saída entra em distorção com valores inferiores à tensão de alimentação do AO (cerca de 15% a menos). Tal limitação deve estar também relacionada à polarização dos circuitos internos e não haverá solução para que a solução se dê, efetivamente, em $\pm V_{CC}$. Os amplificadores operacionais possuem limitações em relação à banda de frequência. Compare a largura da banda de frequência dos circuitos baseados em AOs com a de amplificadores de um único estágio estudados nos capítulos sobre amplificadores com transistores bipolares ou de efeito de campo. Avalie novamente a topologia interna do amplificador operacional para estimular a discussão.

Na folha de dados do 741 é informado que o *overshoot* é de 5% e o *slew-rate* é de 0,5 V/μs. Compare essas informações com os resultados experimentais. Visando a outras comparações de resultados, sugere-se que o experimentador também replique os experimentos utilizando outros tipos de AOs, como o TL081 e o LM318, que apresentam resposta em frequência mais veloz.

CAPÍTULO 18
Operações matemáticas com amplificadores operacionais

ESTUDO PRELIMINAR

Para estudar as operações matemáticas com amplificadores operacionais é necessário conhecer os princípios de operação desses componentes. As configurações dos amplificadores inversor e não inversor são as que serão abordadas neste capítulo. Ademais, especificamente para os casos das operações de diferenciação e integração é necessário ter noções de cálculo diferencial e integral para ter entendimento pleno dos resultados.

18.1 INTRODUÇÃO

Conforme visto no capítulo anterior, os amplificadores operacionais são dispositivos que podem ser estudados muito próximos de uma perspectiva de modelo ideal para grande parte das suas aplicações. Neste capítulo apresentamos aplicações com amplificadores operacionais envolvendo a realização de operações matemáticas como a adição (ou subtração), a diferenciação e a integração. A multiplicação (ou divisão) já foi estudada no capítulo anterior, estando implícita nas operações de ganho do amplificador. Essas operações são fundamentais no desenvolvimento de sistemas de controle estudados em engenharia e aplicados em diversos setores do campo tecnológico.

Na literatura são encontrados vários circuitos que executam as operações mencionadas. Neste capítulo optamos por mostrar algumas configurações de circuitos básicos, mas que permitem reconhecer a potencialidade dos amplificadores operacionais na execução de operações matemáticas.

Apresentamos um circuito utilizado para a determinação de impedâncias de dispositivos que variam em uma larga faixa de valores (dezenas de Ω a dezenas de kΩ). O objetivo desse experimento é mostrar as operações de adição e multiplicação na execução de uma operação de transformação linear. Com isso, associa-se a realização de uma operação matemática diretamente por meio de circuitos eletrônicos. Um segundo experimento mostra o caráter complementar da integração e da diferenciação estudados nas disciplinas de cálculo diferencial e integral. Toma-se um sinal qualquer e processa-o sequencialmente em um circuito integrador e outro diferenciador. O resultado final deve, portanto, ser o próprio sinal de entrada escolhido.

18.2 TEORIA

A operação de adição é baseada na soma de correntes provenientes de fontes de sinais que se constituem como as parcelas da adição. A Figura 18.1 mostra o diagrama esquemático de um circuito somador baseado em amplificadores operacionais. Estão omitidos os terminais de alimentação simétrica do amplificador operacional.

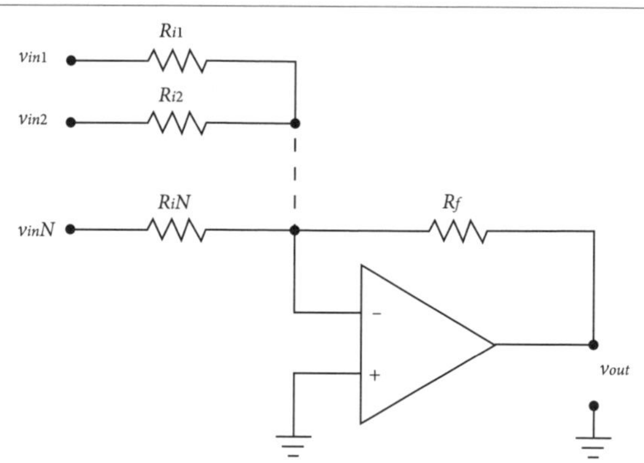

Figura 18.1 Diagrama esquemático de um circuito somador baseado em amplificador operacional.

Os potenciais v_{ins} são aplicados aos resistores R_{is}. O potencial na porta inversora do amplificador operacional é de 0 V (terra virtual). Em decorrência disso, em cada resistor R_i passa uma corrente i_i, a qual é somada no nó da porta inversora. A corrente total, i_f, então flui pelo resistor R_f, como mostra a equação 18.1:

$$i_f = i_{i1} + i_{i2} + \cdots + i_{iN} \tag{18.1}$$

Em um procedimento similar ao realizado no Capítulo 17, por meio da lei de Ohm, substituindo-se as correntes pela divisão da diferença de potencial pelas respectivas resistências encontra-se o potencial de saída em função das entradas. Pode-se notar pela equação 18.2 que cada uma das razões das resistências, R_f/R_i, viabiliza a realização de somas ponderadas. Essa característica nos permite, por exemplo, desenvolver um conversor digital-analógico.

$$\frac{0-v_{out}}{R_f}=\frac{v_{in1}-0}{R_{i1}}+\frac{v_{in2}-0}{R_{i2}}+\cdots\frac{v_{inN}-0}{R_{iN}} \qquad (18.2)$$

As Figuras 18.2 e 18.3 mostram os diagramas esquemáticos dos circuitos básicos para diferenciação e integração de sinais, respectivamente. Em ambos os circuitos estão omitidos os terminais de alimentação simétrica dos amplificadores operacionais.

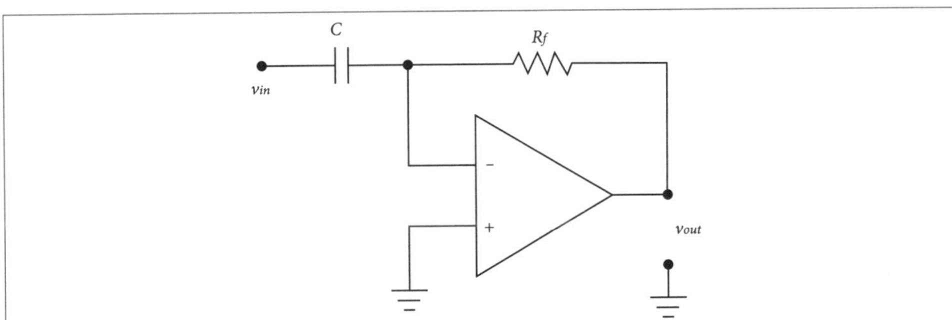

Figura 18.2 Diagrama esquemático de um circuito diferenciador baseado em amplificador operacional.

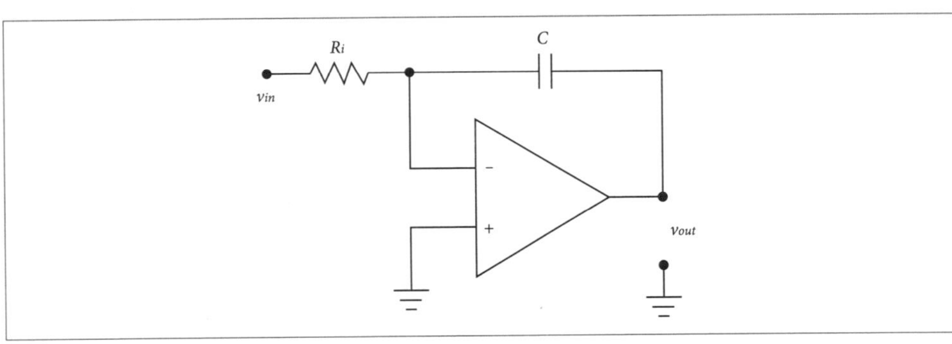

Figura 18.3 Diagrama esquemático de um circuito integrador baseado em amplificador operacional.

A análise desses circuitos é baseada no mesmo conceito de terra virtual, ou seja, a corrente de entrada é a mesma que circula pela malha de realimentação. Dessa forma, pode-se escrever as equações 18.3 e 18.4 para os circuitos diferenciador e integrador, respectivamente.

$$C\frac{dv_{in}}{dt} = -\frac{v_{out}}{R_f} \tag{18.3}$$

$$\int_0^t v_{in}dt = -R_iCv_{out} \tag{18.4}$$

18.3 EXPERIMENTOS PROPOSTOS

Os experimentos propostos neste capítulo incluem um circuito para fazer a transformação linear de um sinal usado em um medidor de impedâncias e o desenvolvimento de um circuito gerador de formas de onda quadrada sequenciado por um integrador, que transforma o sinal quadrado em triangular e, em seguida, com um diferenciador, que reconstitui o sinal quadrado.

18.3.1 Transformação linear de sinais

Ao utilizar um circuito divisor de tensão cujos componentes tenham valores de resistência (ou impedância) com diferenças significativas, a distribuição das diferenças de potenciais nos componentes acaba ficando muito reduzida no componente de menor resistência e, consequentemente, com valor próximo ao da fonte de alimentação no outro componente. Assim, como exemplo, ao usar um divisor de tensão como circuito para caracterizar algum componente eletrônico, se a disparidade nos valores de impedância se verificar, podemos ter medições de tensões na ordem de dezenas de mV. Tal condição nem sempre é adequada, uma vez que sinais de baixa amplitude são suscetíveis a interferências, o que levaria a um aumento nos erros da medição.

Foi desenvolvido um circuito para determinar a impedância de um dispositivo em que essa propriedade apresenta larga variação. O princípio de operação desse circuito é baseado em uma transformação linear. O dispositivo do qual desejamos conhecer a impedância é parte de um divisor de tensão, como mostra a Figura 18.4. Esse circuito é constituído pelo resistor R_1 e pelo dispositivo a ser caracterizado de impedância Z_t. Um gerador de funções senoidais fornece a tensão v_{in}.

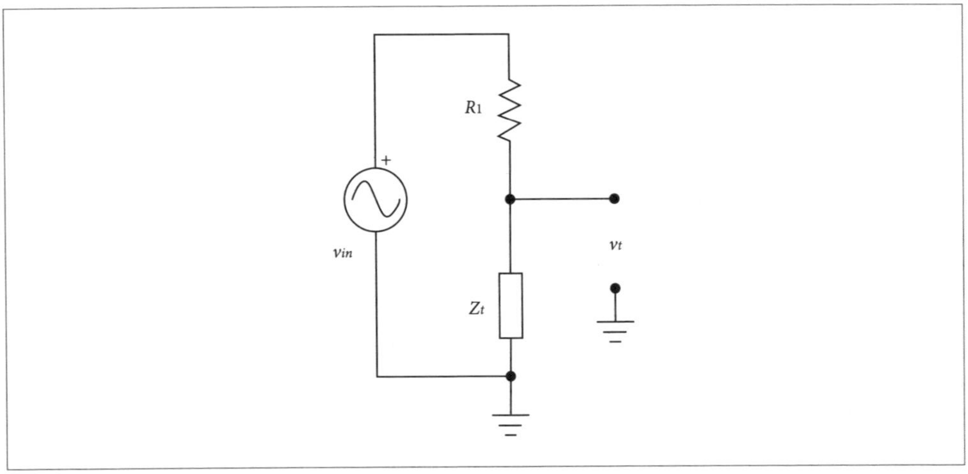

Figura 18.4 Diagrama esquemático do divisor de tensão que é usado para extrair uma amostragem de tensão da impedância Z_t.

Na Figura 18.5 é mostrado o diagrama esquemático do circuito completo usado para determinar a impedância do dispositivo de teste Z_t. Identifica-se facilmente que a queda de tensão do dispositivo de teste, v_t, é, inicialmente, amplificada por AO_1, cujo ganho é definido pelos resistores R_4 e R_5. Em seguida, o sinal da saída de AO_1 é somado a uma tensão fixa definida pelo divisor resistivo formado por R_2 e R_3. Essa operação de soma é feita em AO_2.

No circuito da Figura 18.5 os terminais de alimentação simétrica dos amplificadores operacionais foram omitidos. Também foram omitidos os capacitores de *bypass* que normalmente são utilizados entre os terminais $+V_{CC}$ e $-V_{CC}$ e o terra da fonte de alimentação.

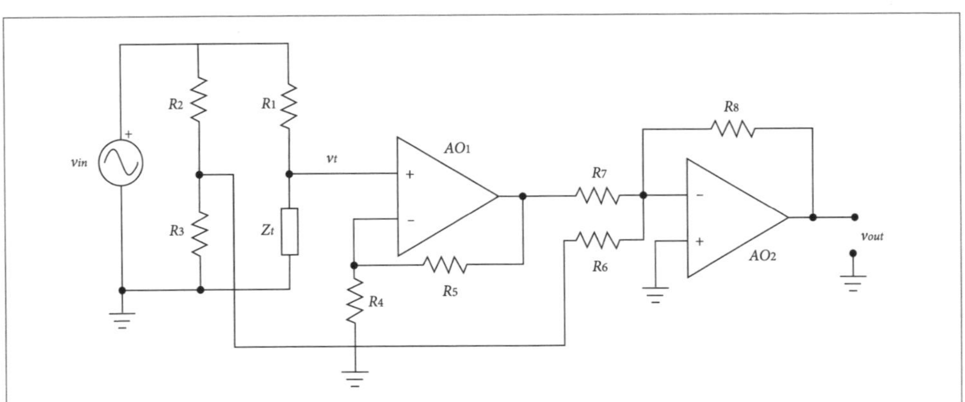

Figura 18.5 Diagrama esquemático do circuito usado para fazer a transformação linear do sinal para viabilização do sistema para determinação da impedância Z_t.

Mantendo-se a tensão do gerador de funções com amplitude fixa, mas variando-se sua frequência, devido ao divisor de tensão composto por R_1 e Z_t, e desde que Z_t seja um elemento que contenha propriedade reativa, a tensão v_t é modificada. No projeto vamos considerar que as variações de frequência levem Z_t a uma faixa de variação entre $Z_{t\,min}$ e $Z_{t\,max}$. Com isso, haverá variação na amplitude da tensão na entrada não inversora de AO_1 entre V_{tmin} e V_{tmax}.

No caso de o valor de Z_{tmin} ser muito menor que R_1, V_{tmin} deve ser muito pequeno e, possivelmente, apresentar problemas de medição. Desse modo, será necessário que a amplitude de v_t seja ampliada. Por outro lado, se o valor de Z_t for elevado, com essa amplificação, pode-se ter tensões de saída mais elevadas e até uma possível saturação do amplificador.

Diante dessa dificuldade, sugerimos a utilização de uma transformação linear na tensão de saída do divisor de tensão formado por R_1 e Z_t, como mostrado pela equação 18.5:

$$V_{out} = AV_t + B \tag{18.5}$$

onde A e B são constantes a serem determinadas; V_t é a amplitude da tensão em Z_t que varia entre valores estabelecidos pela relação de R_1 e Z_t; V_{out} é a amplitude da tensão de saída resultante de uma amplificação adequada dos valores extremos de V_t.

A determinação das constantes A e B é feita arbitrando-se os valores mínimo e máximo da tensão de saída a serem previstos no projeto. Com isso, estabelece-se um sistema de equações lineares dado pelas equações 18.6a e 18.6b:

$$V_{out\min} = AV_{t\min} + B \tag{18.6a}$$

$$V_{out\max} = AV_{t\max} + B \tag{18.6b}$$

A operação de multiplicação AV_t irá gerar uma tensão associada ao ganho do amplificador AO_1. B é uma tensão a ser obtida do divisor de tensão formado por R_2 e R_3. Essas duas tensões são apresentadas nas equações 18.7 e 18.8, respectivamente.

$$A = 1 + \frac{R_5}{R_4} \tag{18.7}$$

$$B = \frac{R_3}{R_2 + R_3} v_{in} \tag{18.8}$$

Diante do exposto, vamos definir as diretrizes do projeto estabelecendo: $v_{in} = 28$ V_{pp}, $Z_{t\,min} = 10\ \Omega$, $Z_{t\,max} = 100\ k\Omega$, $v_{out\_min} = 0{,}3\ V_{pp}$ e $v_{out\_max} = 25{,}0\ V_{pp}$. A alimentação é simétrica de ±18V. Os capacitores de desacoplamento anteriormente mencionados são de 100 nF.

A obtenção de v_{in} foi feita a partir de um gerador de funções. Os geradores de funções normalmente não fornecem os 28 V_{pp}. Assim, para alcançar a amplitude desejada utilizou-se um amplificador operacional na configuração não inversora na saída do gerador.

Em vista da faixa de valores de Z_t, optamos por utilizar uma resistência R_1 de 15 kΩ, por se tratar de um valor intermediário na faixa de operação prevista. Considerando esse valor e a faixa de Z_t, as tensões v_{tmin} e v_{tmax} são de 0,019 V_{pp} e 24,3 V_{pp}, respectivamente. Resolvendo-se o sistema de equações definido por 18.6a e 18.6b obteve-se $A = 1{,}02$ e $B = 0{,}28$ V, com os quais se pode arbitrar os valores de R_2, R_3, R_4 e R_5. Os demais resistores não são críticos no projeto, então foram usados com valores iguais a 1 kΩ.

Os equipamentos e materiais usados nesse experimento são:

- 1 fonte de tensão simétrica de ±18 V;
- 1 gerador de funções;
- 1 osciloscópio;
- 2 amplificadores operacionais CA3140;
- 4 capacitores de 100 nF × 250 V;
- 1 resistor de 15 kΩ × ¼ W (R_1);
- 2 resistores de 10 kΩ × ¼ W (R_2 e R_4);
- 1 resistor de 100 Ω × ¼ W (R_3);
- 1 resistor de 150 Ω × ¼ W (R_5);
- 3 resistores de 1 kΩ × ¼ W (R_6, R_7 e R_8).

A tensão de saída deve ser monitorada pelo osciloscópio de modo a se estabelecer uma relação entre esse valor e a impedância Z_t. No trabalho original que apresentou essa proposta (Viana; Arnold, 2016) foram utilizados transdutores piezelétricos, os quais têm sua impedância alterada com a frequência. As impedâncias desses foram aferidas em uma faixa de frequências entre 10 kHz e 70 kHz e os resultados apresentaram baixos desvios em relação aos obtidos com um equipamento profissional.

Como atividade de laboratório ligada a esse experimento, e compreendendo que nem sempre se encontra um dispositivo piezelétrico em um laboratório de ensino, sugere-se, inicialmente, determinar uma impedância resultante da associação de componentes resistivo e reativo que tenha valores dentro da margem proposta no projeto para, em seguida, fazer uma varredura de frequências na faixa de funcionamento do equipamento (entre 10 kHz e 70 kHz). Deve-se destacar que essa faixa de frequências está atrelada às características de resposta em frequência do amplificador operacional utilizado.

A impedância do dispositivo de teste é obtida em módulo aplicando-se a equação 18.5, com a qual se permite relacionar, a princípio, v_{out} com v_t. A partir da fórmula do divisor de tensão da Figura 18.4 determina-se Z_t. A componente de fase de Z_t é encontrada com auxílio do osciloscópio, monitorando-se com 2 canais os sinais de v_t e v_{out}. Os osciloscópios digitais são dotados de recursos adequados para a determinação da diferença de fase entre esses sinais.

18.3.2 Circuito integrador e diferenciador

Nesta subseção apresentamos uma ilustração das operações de integração e diferenciação de sinais elétricos. Vamos empregar como referência um circuito gerador de sinais elétricos quadrados. Os sinais quadrados serão integrados e, portanto, transformados em sinais triangulares para, em seguida, voltarem a ser quadrados ao passar por um circuito diferenciador.

Apresentamos na Figura 18.6 o diagrama esquemático do multivibrador astável gerador de sinais quadrados. Mais detalhes sobre esse circuito serão apresentados no Capítulo 22. Os resistores R_1 e R_2 definem o fator de realimentação positiva $\beta = R_2/(R_1+R_2)$.

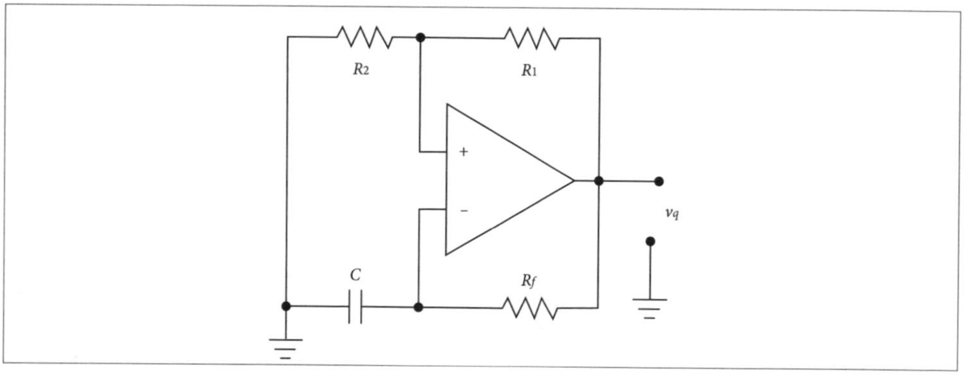

Figura 18.6 Diagrama esquemático do multivibrador astável usado para a geração de sinais elétricos quadrados.

A frequência de operação do multivibrador, f em Hz, é dada pela equação 18.9:

$$\frac{1}{f} = 2R_f C ln\left(\frac{1+\beta}{1-\beta}\right) \tag{18.9}$$

Nesta equação é interessante notar que, se $\beta = 0{,}462$, o logaritmando aproxima-se de e (número de Euler) e a frequência de oscilação fica definida pelo inverso de $2R_fC$.

O princípio de operação desse circuito é baseado na diferença de polarização das tensões nos terminais de entrada do amplificador operacional. Se o amplificador operacional está inicialmente saturado, fica estabelecida uma tensão no terminal não inversor do amplificador operacional pelo divisor de tensão formado por R_1 e R_2, e o capacitor C começa a carregar-se na velocidade estabelecida pela constante de tempo R_fC. Quando o potencial no terminal inversor superar o do não inversor, a saturação do amplificador troca de polaridade. Com isso, também o potencial no terminal não inversor troca de polaridade e o capacitor passa a carregar-se com polaridade invertida ao primeiro ciclo. Essa sequência, portanto, gera a oscilação na frequência estabelecida pela equação 18.9.

Para esse experimento vamos propor uma oscilação de 5 kHz e estabelecer, por simplicidade, $\beta = 0{,}462$. Com isso, arbitrariamente, escolhemos os seguintes componentes, com valores aproximados em acordo com a disponibilização comercial, para o multivibrador astável: $R_1 = 10$ kΩ, $R_2 = 9{,}1$ kΩ, $R_f = 10$ kΩ e $C = 10$ nF. O amplificador operacional a ser utilizado será o TL084. Esse amplificador operacional é bastante prático para essa montagem, uma vez que incorpora 4 amplificadores operacionais em um mesmo circuito integrado, garantindo uma montagem compacta que inclui os módulos de integração e diferenciação, e menos sensibilidade a interferências.

O ajuste de frequência poderá ser realizado alterando-se o valor de R_f. Para tal, usaremos um resistor variável (potenciômetro) de 10 kΩ em série com R_f. Portanto, a resistência de R_f resultante pode estar entre 10 kΩ e 20 kΩ, o que faria que a frequência de oscilação esperada ficasse entre 5 kHz e 2,5 kHz. O primeiro teste a ser realizado com o circuito da Figura 18.6 consiste em medir a frequência de operação dele. Isso pode ser facilmente medido com auxílio de um osciloscópio monitorando a tensão v_q. Portanto, verifique a faixa de frequência das oscilações ao variar R_f.

Os equipamentos e materiais para esse experimento são os seguintes:

- 1 fonte de tensão simétrica de ±15 V;
- 1 osciloscópio;
- 1 amplificador operacional TL084;
- 2 capacitores de 100 nF × 250 V (usar como *by-pass*);
- 1 capacitor de 10 nF × 250 V;
- 2 resistores de 10 kΩ × ¼ W (R_1 e R_f);
- 1 resistor de 9,1 kΩ × ¼ W (R_2);
- 1 potenciômetro de 10 kΩ.

Antes de agregar o circuito integrador, use os resultados experimentais anteriores, particularmente a forma de onda obtida para calcular integral do sinal nos limites de um semiciclo. Evidentemente, por haver um sinal simétrico na saída do multivibrador, a integral no ciclo completo seria nula.

Para incluir o circuito integrador vamos conectar a entrada do circuito da Figura 18.3 na saída v_q do circuito da Figura 18.6. De acordo com a equação 18.4, a integração do sinal de v_q será a tensão de saída multiplicada por R_iC (componentes do circuito integrador). Tomando R_iC igual a 0,001 s, a tensão de saída será 1.000 vezes o valor da integral determinada anteriormente. Assim, vamos escolher os componentes do circuito integrador como R_i = 10 kΩ e C = 100 nF. É esperado obter um sinal triangular na saída do integrador. Encontre a função que define esse sinal a partir dos pontos extremos dos segmentos ascendentes e descendentes e compare com o resultado teórico previsto pela equação 18.4.

Por fim, continuando a cascata de circuito pode-se recuperar o sinal quadrado do multivibrador astável ligando-se um circuito diferenciador (idêntico ao mostrado na Figura 18.2) na saída do integrador. Os componentes do circuito diferenciador serão os mesmos do integrador R_f = 10 kΩ e C = 100 nF, portanto estabelece-se a mesma constante de tempo do par RC. A tensão de saída do circuito diferenciador deve ser a mesma da saída do multivibrador astável. Determine a função dessa saída e compare com a previsão teórica estabelecida pela equação 18.3.

Os circuitos integrador e diferenciador podem ser ligados separadamente do multivibrador astável. Cada um desses circuitos pode ser alimentado em suas entradas de sinais por um gerador de funções com sinal senoidal. Desenvolva um experimento para estudar a resposta em frequência desses circuitos.

18.4 DISCUSSÃO

Foram apresentados dois circuitos baseados em amplificadores operacionais que são ilustrativos da aplicação desses componentes na realização de operações matemáticas.

Em relação ao circuito descrito na subseção 18.3.1, a operação de transformação linear foi executada para resolver um problema de limitação da ação dos componentes eletrônicos. A saída do circuito da Figura 18.4 pode apresentar variações de tensão muito grandes devido às variações de Z_t. Por exemplo, ao estudar a impedância de um transdutor piezelétrico no entorno de sua ressonância os valores de Z_t variam da ordem de dezenas de Ω na ressonância a dezenas de kΩ na antirressonância. Com isso, podemos ter sinais com variações de amplitudes da ordem de mV a V. Embora os pequenos sinais de entrada não levem, na maior parte das vezes, a problemas de amplificação dos sinais pelos amplificadores operacionais, estes podem causar inconvenientes na entrada de conversores análogo-digitais que muitas vezes compõem o sistema de processamento de sinais. Desse modo, os amplificadores operacionais devem atuar na viabilização do uso dos sistemas de aquisição na função de processamento de sinais. Por outro lado, quando a tensão provinda do dispositivo de teste tornar-se elevada, os amplificadores operacionais devem saturar devido ao seu ganho. Assim, o leitor deve reparar que a solução empregada para mitigar o problema proposto é a de redefinir a resposta do circuito conservando-a linear, mas com um coeficiente angular menor e introduzindo um coeficiente linear que garanta a operação do sistema sob sinais de baixa amplitude.

Outro ponto a ser discutido no circuito da subseção 18.3.1 é a limitação da resposta em frequência. Os testes com os amplificadores operacionais utilizados mostraram que havia um teto ao redor 70 kHz para manutenção de operação linear. Acima dessa frequência os sinais tornam-se distorcidos e o sistema não opera corretamente.

Os circuitos que compuseram o sistema desenvolvido na subseção 18.3.2 podem ser analisados separadamente. De início, o multivibrador astável não pertence à classe de circuitos que realizam operações matemáticas. Ele foi utilizado apenas para a geração de um sinal quadrado de referência. A frequência pode ser ajustada alterando-se os valores de R_f e C desse circuito. Além disso, também fica implicitamente sugerida a utilidade de um amplificador operacional como um gerador de funções, especialmente porque ele pode combinar com outros circuitos para a geração de formas de sinais diferentes.

Tanto o circuito integrador como o diferenciador apresentam saídas que dependem da resistência e da capacitância das suas malhas de realimentação. Isso limita a resposta desses circuitos, pois a reatância capacitiva ($X_C = 1/2\pi fC$) pode tornar-se elevada para determinadas frequências, aumentando o ganho e causando saturação do amplificador. Note que o módulo do ganho do circuito integrador é dado por X_C/R; logo, sob baixas frequências esse circuito deverá saturar. O módulo do ganho do circuito diferenciador é R/X_C; assim, a saturação deverá ocorrer em frequências elevadas. Para evitar a saturação, a operação desses circuitos é restrita a uma faixa de frequências. Sugere-se que o leitor busque maiores informações sobre essas limitações e as implementações adicionais feitas ao circuito para eliminar a saturação.

CAPÍTULO 19
Miscelânea de aplicações com amplificadores operacionais

ESTUDO PRELIMINAR

A natureza deste capítulo é distinta da dos demais, pois incorpora circuitos com diferentes aplicações escolhidos para ilustrar o uso de amplificadores operacionais. Assim, o estudo preliminar dos diferentes temas e metodologias é bastante abrangente e peculiar, a depender tanto do circuito quanto da aplicação a que se destina. Evidentemente, como elemento comum em todos os itens do capítulo, é necessário compreender os princípios de operação dos amplificadores operacionais e seus circuitos elementares. Os temas específicos de cada experimento serão reportados ao longo das suas respectivas descrições.

19.1 INTRODUÇÃO

Neste capítulo iremos apresentar um conjunto de experimentos com aplicações diversas com circuitos compostos por amplificadores operacionais. São apresentados circuitos direcionados para várias soluções de problemas que habitualmente surgem no laboratório de eletrônica e nas aplicações para a indústria. Foram selecionados os seguintes experimentos: retificadores de precisão, amplificadores logarítmicos e exponenciais, conversores de impedância negativa e amplificadores de instrumentação.

Os circuitos retificadores são baseados em diodos semicondutores e necessitam de tensões superiores às da barreira de potencial de suas junções PN (normalmente 0,7 V) para se comportarem, efetivamente, como chaves fechadas. Portanto, a condução plena só se estabelece para tensões superiores a esse valor. Isso pode causar distorção do sinal retificado e ser prejudicial em algumas aplicações, especialmente naquelas em que o sinal a ser retificado possui amplitude com tensões da ordem da barreira de potencial, que pode ser o caso de sinais provenientes de sensores que necessitam de retificação. Os retificadores de precisão são utilizados para superar essa típica deficiência de retificadores comuns e permitir que sinais com dezenas de mV possam ser retificados com mínimos efeitos de distorção.

Um amplificador logarítmico é aquele que produz um sinal de saída (tensão ou corrente) proporcional ao logaritmo do sinal de entrada. Por outro lado, um amplificador exponencial (ou antilogarítmico) responde ao sinal de entrada em uma função exponencial. Assim como usado em cálculos matemáticos, o amplificador logarítmico pode ser usado para medir parâmetros que variam em uma faixa de valores bastante larga.

Os capacímetros são instrumentos nem sempre comuns nos laboratórios de ensino, muito embora alguns multímetros modernos incorporem essa função, normalmente com escalas limitadas, inferiormente, na faixa de nanoFarads. Portanto, esses instrumentos não medem capacitâncias reduzidas da ordem de picoFarads com a devida exatidão. O desenvolvimento do capacímetro emprega um conversor de impedância negativa e um conversor de corrente para voltagem. Com esses circuitos, uma capacitância de teste é usada na entrada do conversor de corrente para voltagem e comparada com uma capacitância de referência usada no conversor de impedância negativa.

Os amplificadores de instrumentação são utilizados para amplificar sinais de pequena amplitude e sujeitos a ruídos. Esses sinais são provindos, como exemplo, de sensores piezelétricos, extensômetros, termopares e eletrodos para captação de biopotenciais. As principais características de um amplificador de instrumentação são a elevada impedância de entrada, o ganho controlado e a elevada taxa de rejeição de modo comum. Devido às elevadas precisões requeridas nessas amplificações, os amplificadores de instrumentação são disponibilizados comercialmente em circuitos integrados, dispensando montagens com outros amplificadores operacionais e componentes discretos. No entanto, vamos desenvolver um circuito para fins didáticos emulando, dentro do possível, o componente comercial.

Em suma, o objetivo deste capítulo é apresentar situações diversas de aplicações de amplificadores operacionais, destacando características não lineares, como é o caso dos circuitos retificadores e dos amplificadores logarítmicos e exponenciais, e casos peculiares de amplificação linear de sinais a partir do desenvolvimento de um capacímetro e de um amplificador de instrumentação.

19.2 TEORIA

A seção de teoria deste capítulo encontra-se dividida pelos circuitos propostos na introdução. Cada subseção irá apresentar os conceitos básicos dos circuitos utilizados nas aplicações.

19.2.1 Circuitos retificadores de precisão

O diagrama esquemático de um circuito retificador de meia-onda convencional é mostrado na Figura 19.1. A tensão no resistor de carga, R_L, desse retificador não alcança a amplitude máxima da fonte de tensão quando este encontra-se polarizado diretamente, pois há uma queda de tensão nesse componente devida à barreira de potencial de cerca de 0,7 V para junções PN de silício ($v_o = v_i - V_D$). Nestes circuitos, para tensões da fonte com níveis comparáveis ao da barreira de potencial, ocorre uma severa diminuição percentual na tensão de saída, o que pode não ser indesejável em algumas aplicações.

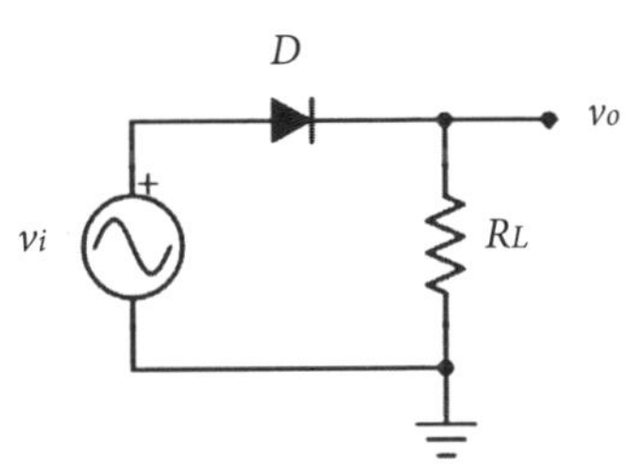

Figura 19.1 Diagrama esquemático de um retificador de meia-onda simples.

Com o intuito de superar essa deficiência, na Figura 19.2 é apresentado o diagrama esquemático de um retificador de meia-onda de sinais de precisão. Como em outras aplicações já apresentadas no Capítulos 17 e 18, o amplificador operacional é alimentado por uma fonte simétrica de tensão $\pm V_{CC}$. Para facilidade de compreensão da operação desse circuito, a análise dele deve ser feita separadamente para sinais em que $v_i < 0$ e $v_i > 0$ e considerando a formação de uma malha de realimentação negativa.

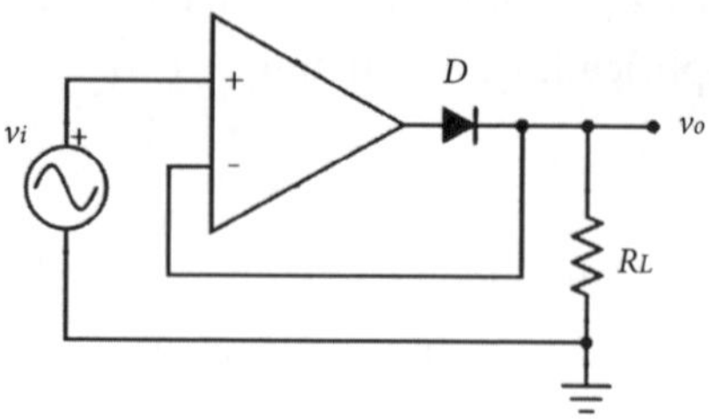

Figura 19.2 Diagrama esquemático de um retificador de meia-onda de precisão.

Quando $v_i > 0$, a tensão na saída do amplificador operacional se tornará positiva e ligará o diodo, fazendo que a malha de realimentação seja fechada. Devido ao ganho unitário do circuito, a saída v_o irá seguir v_i. Portanto, diferentemente do circuito da Figura 19.1, a tensão de saída não terá a redução referente à polarização direta do diodo. Note também que a tensão no terminal de saída do amplificador operacional deverá ser $v_o + V_D$.

Por outro lado, quando $v_i < 0$, a saída do amplificador operacional se tornará negativa e o diodo aberto devido à polarização reversa. Como a malha de realimentação estará aberta, a saída do operacional deverá saturar na tensão negativa de alimentação desse dispositivo e a tensão v_o será nula. Dessa forma, teremos a tensão v_o seguindo v_i durante o semiciclo positivo e se anulando durante o semiciclo negativo, o que proporciona a retificação de meia-onda sem a diferença de V_D. Todavia, esse circuito apresenta um problema durante a transição do semiciclo negativo, em que a saída do operacional se encontra saturada negativamente, para o semiciclo positivo, quando a saída tem que assumir uma tensão $v_o + V_D$. O tempo consumido pelo amplificador operacional para essa transição introduz distorção no sinal de saída.

Um circuito alternativo, em que essa distorção é consideravelmente reduzida, é apresentado na Figura 19.3. A explicação da operação desse circuito também é separada em $v_i < 0$ e $v_i > 0$. Entretanto, note que nesse circuito o sinal de entrada é aplicado através da entrada inversora do amplificador operacional e não pela não inversora, como feito no circuito da Figura 19.2.

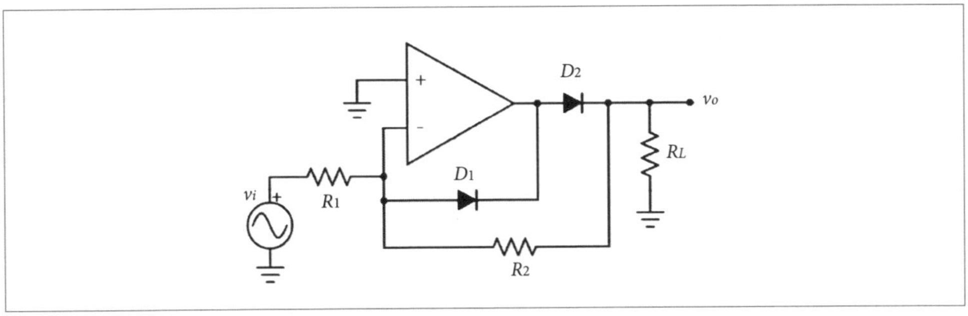

Figura 19.3 Diagrama esquemático de um retificador de precisão livre da distorção de transição.

Quando $v_i > 0$, D_1 irá conduzir e a saída do amplificador operacional ficará com uma tensão $-V_D$, uma vez que, devido à impedância elevada da entrada do amplificador operacional, o potencial na entrada inversora será 0 V. No entanto, D_2 fica com polarização reversa nessa situação e, com isso, $v_o = 0$ V.

No semiciclo negativo do sinal de entrada ($v_i < 0$), a tensão na saída do operacional se tornará positiva e D_2 irá conduzir. Isso faz que se forme uma malha de realimentação composta por D_2 e R_2. O circuito resultante nessa situação é similar ao de um amplificador inversor discutido no Capítulo 17, portanto $v_o = -(R_2/R_1)v_i$. Pela mesma razão anteriormente exposta quanto ao potencial da entrada inversora do amplificador operacional, D_1 ficará cortado.

19.2.2 Amplificadores logarítmicos e exponenciais

A operação com logaritmos e exponenciais (antilogaritmos) permite que alguns cálculos sejam facilitados em determinadas situações. Por exemplo, a multiplicação de dois sinais pode ser viabilizada tomando-se os logaritmos desses sinais, depois somando-os e, no final, fazendo a operação de antilogaritmo. A mesma estratégia pode ser utilizada para a divisão, desde que se faça a subtração dos logaritmos ao invés da soma. Por essa razão, os amplificadores com respostas logarítmicas e exponenciais tornam-se interessantes para algumas aplicações.

A Figura 19.4 mostra o diagrama esquemático de um amplificador logarítmico. O transistor bipolar utilizado na malha de realimentação introduz a natureza não linear na resposta do circuito. Considerando que o amplificador operacional seja ideal, com a impedância de entrada infinita, a corrente pelo coletor do transistor será dada por $I_C = v_i/R_1$. Evidentemente, a tensão v_i deve ser positiva para garantir a corrente de coletor no sentido de seus portadores majoritários. Observa-se também que a tensão de saída v_o será, em módulo, igual à queda de tensão sobre a junção BE do transistor, ou seja, $v_o = -V_{BE}$. Da teoria de dispositivos semicondutores, a corrente de coletor e a tensão entre base e emissor em um transistor se relacionam exponencialmente, conforme mostra a equação 19.1:

$$I_C = I_S e^{\frac{qV_{BE}}{kT}} \tag{19.1}$$

onde

- I_S é corrente de saturação;
- k é a constante de Boltzmann ($k = 1{,}4 \times 10^{-23}$ J/K);
- T é a temperatura absoluta em K;
- q é a carga do elétron ($q = 1{,}6 \times 10^{-19}$ C).

A constante $V_T = q/kT \approx 26$ mV para a temperatura ambiente. A corrente de saturação, I_S, depende de características de construção do dispositivo, como a largura da base e a área da junção BE. O valor de I_S fica entre 10^{-12} A e 10^{-15} A. Além disso, I_S é função da temperatura e dobra de valor a cada 5°C.

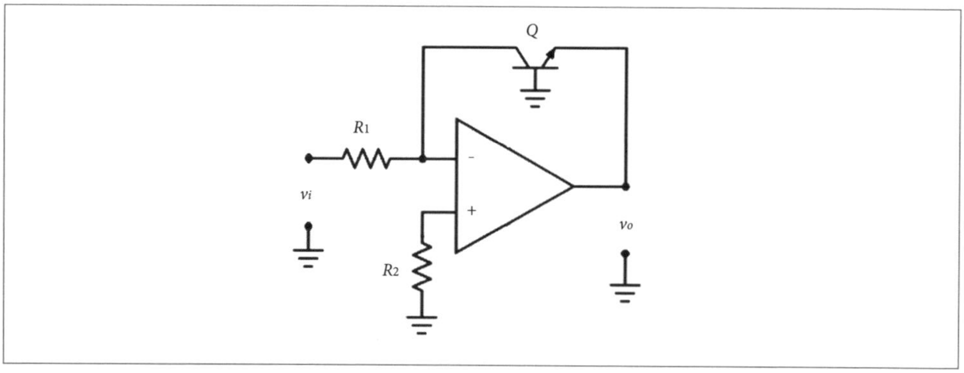

Figura 19.4 Diagrama esquemático de um amplificador logarítmico.

Por meio de uma manipulação algébrica simples com essas expressões obtém-se a relação entre as tensões de entrada e saída na equação 19.2:

$$v_o = -V_T \ln\left(\frac{v_i}{R_1 I_S}\right) \tag{19.2}$$

Um circuito amplificador exponencial (ou antilogarítmico) é mostrado na Figura 19.5. Nesse circuito é fácil constatar que $v_i = V_{BE}$ (v_i deve ser positivo pelas mesmas razões expostas anteriormente no amplificador logarítmico) e que a corrente de coletor passa também por R_1, pois a entrada não inversora do amplificador operacional é um terminal de terra virtual. Assim, com base na equação 19.1 e por meio de uma simples manipulação algébrica, obtém-se a relação de tensão de saída e de entrada na equação 19.3:

$$v_o = -R_1 I_S e^{\frac{v_i}{V_T}} \tag{19.3}$$

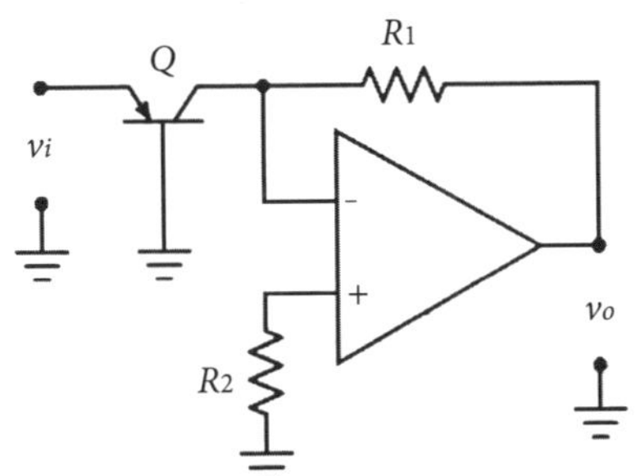

Figura 19.5 Diagrama esquemático de um amplificador exponencial (ou antilogarítmico).

19.2.3 Conversor de corrente em tensão

Um circuito conversor de corrente em tensão é aquele em que a tensão de saída, v_o, é proporcional a uma corrente de entrada, i_{in}. Por essa razão, esse tipo de circuito é também denominado *amplificador de transcondutância*. A Figura 19.6 mostra o diagrama esquemático de um conversor desse tipo.

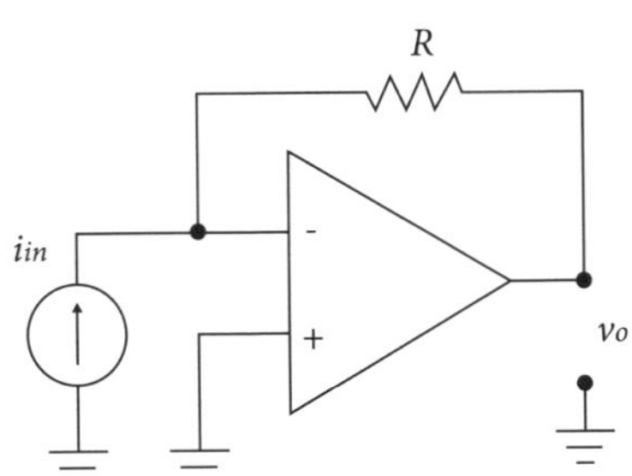

Figura 19.6 Diagrama esquemático de um conversor de corrente em tensão com amplificador operacional.

Considerando o amplificador operacional ideal, a corrente i_{in} é a mesma que circula pelo resistor R. A entrada inversora do amplificador operacional encontra-se em terra virtual; assim, pode-se escrever:

$$i_{in} = \left(0 - v_o\right) / R \tag{19.4}$$

A equação 19.4 mostra que o ganho do amplificador é igual a *R*. O valor de *R*, portanto, define a sensibilidade do circuito em V/A.

19.2.4 Conversor de impedância negativa

Existem algumas configurações de conversores de impedância negativa (Soundararajan; Ramakrishna, 1975). Apresentamos aqui, na Figura 19.7, o diagrama de um conversor que será utilizado no projeto de um medidor de capacitâncias na subseção 19.3.3. Esse circuito possui uma impedância de referência *Z*, que será estabelecida por um capacitor.

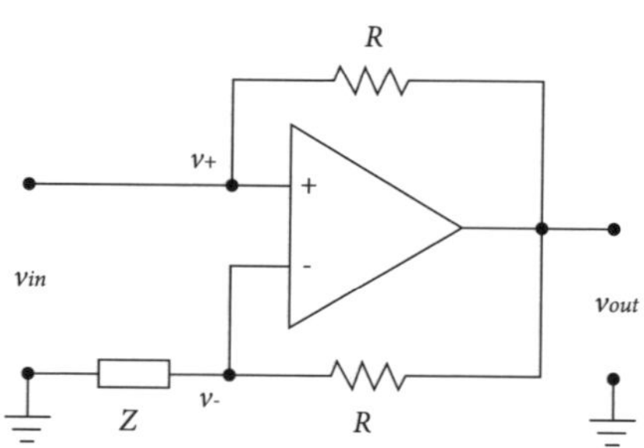

Figura 19.7 Diagrama esquemático de um conversor de impedância negativa.

Nesse circuito a corrente fornecida pela fonte de tensão v_{in} é dada pela equação 19.5:

$$i_{in} = \frac{v_+ - v_{out}}{R} \tag{19.5}$$

Como se considera um amplificador operacional ideal, $v_{in} = v_+ = v_-$ e a tensão v_- será estabelecida pelo divisor de tensão formado por *Z* e *R*, como mostra a equação 19.6:

$$v_- = \frac{R}{R+Z} v_{out} \tag{19.6}$$

Combinando-se as equações 19.5 e 19.6 obtém-se $z_{in} = v_{in}/i_{in} = -Z$.

Desse modo, a impedância de entrada desse circuito será –*Z*. No caso de um capacitor, cuja reatância é –j/ω*C*, essa impedância será dada por +j/ω*C*.

19.2.5 Amplificadores de instrumentação

Da teoria dos amplificadores operacionais ideais, sabe-se que a tensão de saída é obtida a partir da multiplicação do ganho do amplificador pela diferença dos potenciais elétricos nas entradas não inversora e inversora. Essa característica estabelece que o ganho tenha natureza diferencial e, dessa forma, seja denominado ganho diferencial, representado por A_d. Portanto, ruídos que seriam inseridos nos terminais de entrada seriam cancelados pela propriedade diferencial da amplificação.

No entanto, na prática, devido às características de construção do amplificador operacional, sinais comuns também podem ser amplificados e, com isso, o amplificador também oferece, em geral, de maneira indesejada, um ganho comum, designado como A_c. A razão desses ganhos é chamada de razão de rejeição de modo comum, *CMRR* (do inglês, *Common Mode Rejection Ratio*). A *CMRR* é dada pela equação 19.7:

$$CMRR(dB) = 20\log\left|\frac{A_d}{A_c}\right| \tag{19.7}$$

Fica claro pela equação 19.7 que nas aplicações que necessitam de atenuação de ruídos é desejável que a *CMRR* possua um valor elevado, tornando o ganho diferencial preponderante em relação ao comum.

A estrutura simplificada de um amplificador de instrumentação é constituída por um amplificador diferencial (constituído pelos resistores R_1 e R_2 e AO_3) com *buffers* (AO_1 e AO_2) em suas entradas para se obter elevada impedância de entrada e elevada *CMRR*. A Figura 19.8 apresenta o diagrama esquemático de um amplificador de instrumentação.

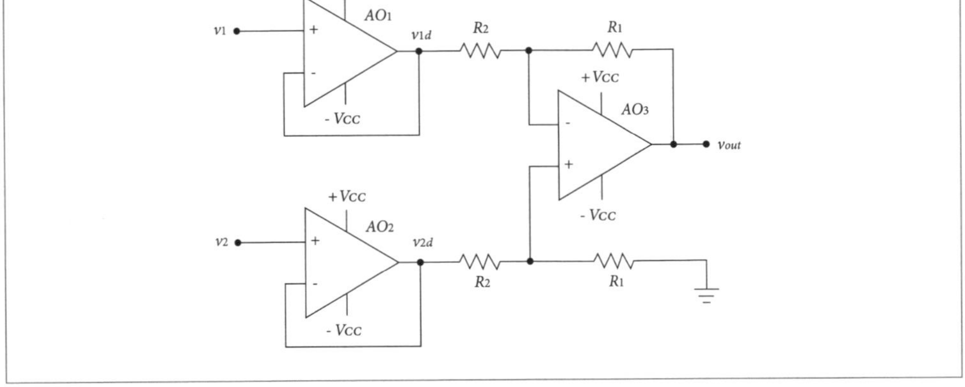

Figura 19.8 Diagrama esquemático de uma versão simplificada de um amplificador de instrumentação.

Na Figura 19.8 encontramos os amplificadores operacionais AO_1 e AO_2, que atuam como *buffers* para os sinais de entrada v_1 e v_2. O amplificador operacional AO_3, junto com os resistores R_1 e R_2, formam o amplificador diferencial. Esse amplificador irá amplificar a diferença $v_{1d} - v_{2d}$, a qual é, na realidade, $v_1 - v_2$. O ganho de tensão do amplificador de instrumentação é obtido aplicando-se o teorema da superposição no amplificador diferencial e é dado pela equação 19.8:

$$v_{out} = -\frac{R_1}{R_2}(v_1 - v_2) \tag{19.8}$$

19.3 EXPERIMENTOS PROPOSTOS

Assim como foi estruturada a seção de teoria, esta seção contendo as propostas de experimentos também está dividida por partes nas quais se contemplam experimentos com retificador de precisão, amplificador logarítmico e exponencial, capacímetro e determinação de *CMRR*.

19.3.1 Experimento com retificadores de meia-onda de precisão

O experimento a ser proposto com retificadores de meia-onda de precisão consiste na comparação do funcionamento dos circuitos mostrados nas Figuras 19.1, 19.2 e 19.3. A proposta consiste em montar os três circuitos e aplicar às entradas deles um único sinal senoidal alternado com amplitude de 1,0 V e frequência de 1 kHz. Para efeito de comparação dos circuitos, todos os resistores foram escolhidos com resistência de carga de 1 kΩ. Os resistores R_1 e R_2 do circuito da Figura 19.3 também garantem que o ganho de tensão no semiciclo de condução seja 1 e, dessa forma, se configure o seguimento do sinal de entrada na saída. Como a proposta é montar os 3 circuitos simultaneamente, propõe-se usar um circuito integrado com 4 amplificadores operacionais implementados no mesmo invólucro (TL074, p. ex.), para que se garanta uma montagem em menor escala.

As saídas dos circuitos deverão ser monitoradas pelo osciloscópio e comparadas entre si. Procure identificar diferenças nas amplitudes dos sinais e possíveis distorções na transição dos estados de condução e não condução dos circuitos.

Para o experimento serão usados os seguintes materiais:

- 1 fonte de alimentação simétrica de ± 15 V ($\pm V_{CC}$);
- 1 gerador de funções (v_i);
- 1 osciloscópio, preferencialmente de 4 canais;
- 1 amplificador operacional TL074;

- 4 diodos 1N4148;
- 5 resistores de 1 kΩ × ¼ W (R_1 e R_2 do circuito da Figura 19.3 e os R_Ls de cada um dos circuitos);
- 2 capacitores de 100 nF × 250 V (desacoplamento da fonte de alimentação).

19.3.2 Multiplicação de sinais – Operações com logaritmos

O experimento a ser realizado ilustra uma aplicação da transformação logarítmica e exponencial (ou antilogarítmica) usando circuitos eletrônicos concebidos a partir de amplificadores operacionais e transistores bipolares. Os circuitos utilizados estão mostrados nas Figuras 19.4 e 19.5 e serão compostos para gerar a operação de multiplicação de dois sinais usando a propriedade do produto de logaritmos para obter a soma de logaritmos, apresentada na equação 19.9, e, em seguida, a eliminação dos logaritmos pela operação inversa, mostrada na equação 19.10.

$$\ln\left(v_1.v_2\right) = \ln v_1 + \ln v_2 \tag{19.9}$$

$$v_1 v_2 = e^{\ln\left(v_1.v_2\right)} \tag{19.10}$$

O circuito utilizado para realizar essas operações é mostrado na Figura 19.9. Os capacitores de desacoplamento e a fonte de alimentação estão suprimidos nesta figura. Recomenda-se montar as partes dos circuitos e testá-los separadamente. Após os testes, estes poderão ser interconectados para produzir o circuito completo.

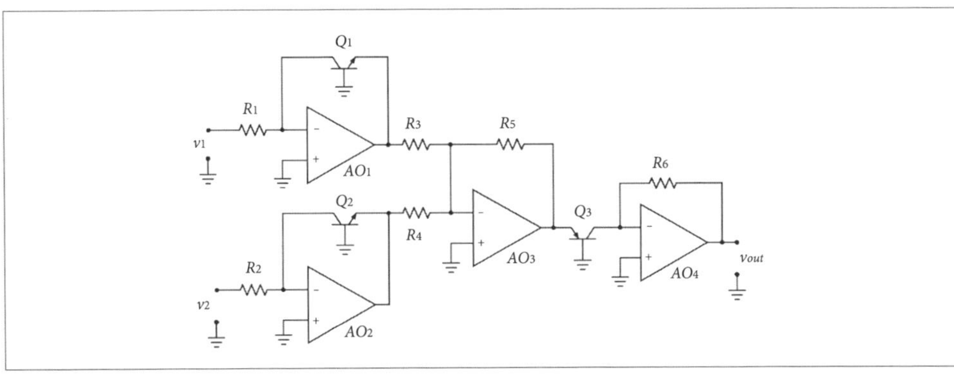

Figura 19.9 Diagrama esquemático do circuito multiplicador de sinais.

Os amplificadores operacionais AO_1 e AO_2 são os componentes principais dos amplificadores logarítmicos que, em conjunto com Q_1, Q_2, R_1 e R_2, transformam os sinais v_1 e v_2 em $\ln(v_1)$ em $\ln(v_2)$, respectivamente. O amplificador AO_3 e os resistores R_3, R_4 e R_5 constituem um circuito somador que soma os logaritmos obtidos de v_1 e

v_2. E, finalmente, AO_4, Q_3 e R_6 compõem o amplificador exponencial que executa a operação da equação 19.10, resultando, efetivamente, no produto dos sinais ($v_1.v_2$).

Os sinais de entrada v_1 e v_2 possuem formato triangular com flutuação apenas com polaridade positiva. Por simplicidade fizemos $v_1 = v_2$; portanto, utilizamos apenas uma fonte de sinal, de tal forma que o resultado da operação a ser realizada pelo circuito será v_{in}^2. O sinal de entrada terá amplitude de 150 mV e frequência de 1 kHz.

A tensão de saída dos amplificadores AO_1 e AO_2 é determinada pela equação 19.2. Meça essas tensões em relação ao terminal de terra e as compare com a previsão teórica. O circuito somador irá executar a soma desses sinais. Seria esperado que a saída do circuito somador resultasse no dobro da tensão de suas entradas, mas pela proporcionalidade das resistências de R_3, R_4 e R_5 deve-se obter o resultado reduzido pela metade. O acréscimo corretivo na tensão de saída deverá ser conseguido ajustando-se o valor de R_6.

Por fim, o último estágio deverá exibir um sinal de saída da ordem de tensão das entradas elevadas ao quadrado. Portanto, nesse caso, deve ser próxima de 22,5 mV. Conforme verificamos na equação 19.3, essa amplitude dependerá de R_6. Assim, caso o valor esperado não tenha sido obtido, ajuste o valor desse resistor para alcançar o resultado final.

Os componentes utilizados no experimento são:

- 1 fonte de alimentação de ± 15 V ($\pm V_{CC}$);
- 1 gerador de função (v_1 e v_2);
- 1 osciloscópio de 2 canais;
- 4 amplificadores operacionais 741 ou 1 circuito integrado TL074 (AO_1, AO_2, AO_3 e AO_4);
- 2 transistores 2N3904 (Q_1 e Q_2);
- 1 transistor 2N3906 (Q_3);
- 2 resistores de 100 kΩ × ¼ W (R_1 e R_2);
- 3 resistores de 10 kΩ × ¼ W (R_3, R_4 e R_6);
- 1 resistor de 5,1 kΩ × ¼ W (R_5);
- 2 capacitores de desacoplamento de 100 nF × 250 V.

19.3.3 Determinação de capacitâncias da ordem de pico Farads

O capacímetro que iremos desenvolver aqui consiste na associação em cascata de um conversor de corrente em tensão (19.2.3), de um conversor de impedância negativa (19.2.4) e dois estágios amplificadores inversores (17.2.1). Na Figura 19.10 é mostrado o circuito completo do capacímetro. A tensão de saída é proporcional à comparação de duas capacitâncias, sendo uma de teste (C_1) e outra de referência (C_2).

Esse circuito foi utilizado nos trabalhos de Baglio *et al.* (2004) e Arnold e Maran (2019).

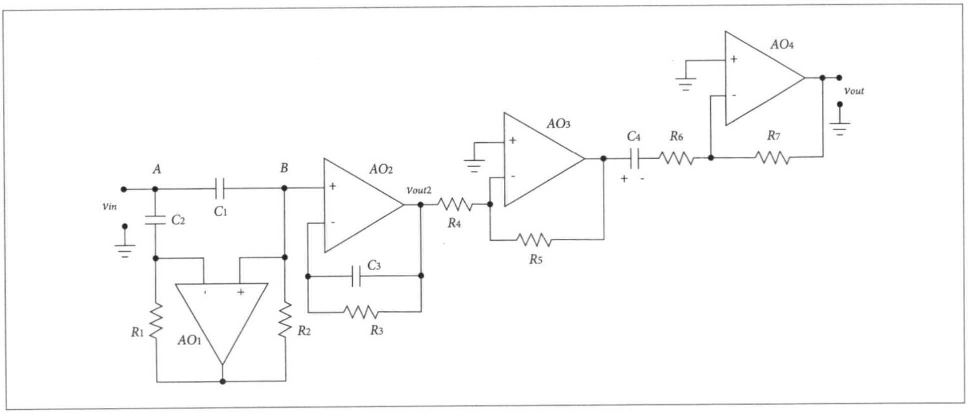

Figura 19.10 Diagrama esquemático do circuito do capacímetro.

O circuito conversor de corrente em tensão é formado por C_1, C_3, R_3 e OA_2. As tensões de entrada e de saída desse circuito são dadas por v_{in} e v_{out2}, com as quais se define o seu ganho de tensão $A_v = v_{out2}/v_{in}$, que é expresso pela equação 19.11:

$$A_v = \frac{j\omega C_1 R_3}{1 + j\omega C_3 R_3} \tag{19.11}$$

onde ω é a frequência angular em rad/s.

Essa expressão é simplificada assumindo que a reatância capacitiva de C_3 seja muito menor que R_3, resultando, portanto, no ganho dado pela equação 19.12:

$$A_v = \frac{C_1}{C_3} \tag{19.12}$$

A capacitância de C_1 é aquela que será determinada pelo circuito. Assim, trata-se de um valor que pode ser modificado. Dado o caráter variável dessa capacitância, ela será redefinida como $C_1 = C_0 + c_x$, onde C_0 é um valor fixo (o qual será escolhido como a capacitância de referência C_2) e c_x é uma variação incremental dessa capacitância. Nesse caso, a expressão do ganho da equação 19.12 é reescrita pela equação 19.13:

$$A_v = \frac{C_0}{C_3}\left(1 + \frac{c_x}{C_0}\right) \tag{19.13}$$

Substituindo a definição do ganho do circuito ($A_v = v_{out2}/v_{in}$) na equação 19.13, derivando em relação a c_x e após alguma manipulação algébrica, obtém-se a sensibilidade relativa da tensão de saída em função da variação da capacitância de teste que é dada pela equação 19.14:

$$\frac{dv_{out2}/v_{out2}}{dc_x/c_x} = \frac{c_x/C_0}{1+\left(c_x/C_0\right)} \tag{19.14}$$

Esse resultado significa que a sensibilidade do circuito é pequena, pois depende da taxa c_x/C_0, onde, a princípio, $c_x << C_0$. Desse modo, para aumentar a sensibilidade do sistema, opta-se por aniquilar o efeito de C_0, conectando uma "capacitância negativa, - C_0," em paralelo com C_0. Isso é feito inserindo-se em paralelo um conversor de impedância negativa.

O conversor de impedância negativa é formado por C_2, R_1, R_2 e OA_1, cuja impedância de entrada, Z_1, "vista" pelos terminais A e B, indicados na Figura 19.10, é dada pela equação 19.15:

$$Z_1 = -\frac{R_1}{R_2}\frac{1}{j\omega C_2} \tag{19.15}$$

onde se arbitra $R_1 = R_2 = R$ e $C_2 = C_0$. Para essa condição, se $C_1 = C_0$, v_{out2} será 0 V. Por outro lado, se houver um acréscimo ou descréscimo em C_1, ou seja, se $C_1 = C_0 + c_x$, v_{out2} terá um valor diferente de 0 V. Portanto, o circuito amplifica sinais proporcionais à variação relativa de C_1 em relação a C_2.

As etapas subsequentes são circuitos amplificadores inversores, a partir de AO_3 e AO_4, que amplificam o sinal produzido em v_{out2}.

A lista de materiais a ser utilizada para implementar o circuito da Figura 19.10 e desenvolver o experimento compreende:

- 1 fonte de alimentação simétrica de ± 15 V;
- 1 gerador de funções;
- 1 osciloscópio de 2 canais;

- 4 amplificadores operacionais 741 ou 1 circuito integrado TL074 (AO_1, AO_2, AO_3 e AO_4);
- 2 resistores de 4,7 kΩ × ¼ W (R_1, R_2);
- 1 resistor de 150 kΩ × ¼ W (R_3);
- 1 resistor de 470 Ω × ¼ W (R_4);
- 2 resistores de 1 kΩ × ¼ W (R_5, R_6);
- 1 resistor de 10 kΩ × ¼ W (R_7);
- alguns capacitores cerâmicos com valores entre 10 pF e 220 pF (C_1);
- 2 capacitores cerâmicos de 100 pF (C_1, C_2);
- 1 capacitor cerâmico de 1 nF (C_3);
- 1 capacitor eletrolítico de 100 μF × 16 V (C_4);
- 2 capacitores de desacoplamento de 100 nF × 250 V.

Para o experimento devemos configurar o gerador de funções para fornecer uma tensão senoidal com 2,0 V de amplitude e 10 kHz de frequência e medir a tensão de saída com um osciloscópio. O sinal de entrada também deve ser monitorado por um dos canais do osciloscópio. A primeira etapa do experimento é a determinação da curva de calibração. Para fazer a calibração escolhemos um capacitor de referência (C_2) com valor comercial de capacitância de 100 pF. Usando-se C_1 com o mesmo valor de capacitância (100 pF) deve-se obter uma saída próxima de 0 V.

Em seguida, C_1 deve ser substituído por outras capacitâncias no entorno de 100 pF. Sugere-se utilizar valores entre 10 pF e 220 pF. Para cada novo valor de C_1, deve-se medir a tensão de saída e observar a fase desse sinal em relação à tensão de entrada. A partir dessa observação deve-se confeccionar um gráfico de v_{out} em função de $C_1 - C_2$. O resultado obtido deverá aproximar-se de uma reta que passa pela origem, cuja equação é $v_{out} = K(C_1\text{-}C_2)$, onde K é uma constante de proporcionalidade, e com a qual se pode determinar as capacitâncias de teste.

19.3.4 Determinação da CMRR com um amplificador de instrumentação

O estudo do amplificador de instrumentação será realizado a partir da implementação do circuito cujo diagrama esquemático encontra-se na Figura 19.8. Inicialmente, vamos constatar o funcionamento desse amplificador. Para isso, vamos montar um amplificador de ganho 10 em que as resistências R_1 e R_2 foram escolhidas como 10 kΩ e 1 kΩ, respectivamente.

Usando-se um sinal senoidal com amplitude de 100 mV e frequência de 1 kHz na entrada v_2 com a entrada v_1 que foi aterrada, verifica-se que a saída estará em fase com a entrada e o ganho será de R_1/R_2, positivo; portanto, esta é a configuração não inversora. Invertendo-se o terminal de entrada do sinal, isto é, usando-se v_1 como entrada de sinal e v_2 aterrada, obtém-se a saída com a fase de 180º em relação à entrada, estabelecendo a configuração inversora.

O experimento para estimar o *CMRR* de um amplificador consiste em determinar os ganhos comum e diferencial desse amplificador. O ganho comum (A_c) é determinado aplicando-se o mesmo sinal de entrada nas duas entradas do amplificador. Para isso, basta usar $v_i = v_1 = v_2$ e medir a tensão do modo comum $v_{oc} = A_c v_i$. Se o sinal de entrada tiver amplitude de 1 V, obtém-se $A_c = |v_{oc}|$.

Para o ganho diferencial (A_d), emprega-se um sinal v_i diretamente no terminal v_1 do amplificador de instrumentação. Esse sinal também deve ser inserido em v_2, mas passando antes por um amplificador inversor (ver circuito da Figura 17.3) de ganho 1 ($R_f = R_i$) para chegar em v_2 com a mesma amplitude, e com fase de 180°. A tensão de saída diferencial é $v_{od} = A_d(v_1\text{-}v_2)$ mas, com o procedimento descrito, será reescrita como $v_{od} = 2A_d v_1$. Além disso, se v_1 tiver amplitude de 0,5 V, $A_d = |v_{od}|$.

Para esse experimento serão utilizados os seguintes materiais:

- 1 fonte de alimentação de ± 15 V ($\pm V_{CC}$);
- 1 gerador de função (v_1 e v_2);
- 1 osciloscópio de 2 canais;
- 4 amplificadores operacionais 741 ou 1 circuito integrado TL074 (AO_1, AO_2, AO_3 e circuito do amplificador inversor);
- 4 resistores de 10 kΩ × ¼ W (2 para R_1 do amplificador de instrumentação e outros 2 para o amplificador inversor a ser utilizado no experimento de determinação do ganho diferencial);
- 2 resistores de 1 kΩ × ¼ W (2 para R_2 do amplificador de instrumentação);
- 2 capacitores de desacoplamento de 100 nF × 250 V.

Execute o experimento para as seguintes frequências: 60 Hz, 1 kHz, 5 kHz, 10 kHz e 20 kHz, calcule os valores de *CMRR* usando a equação 19.7 e os plote em função da frequência.

Sugere-se replicar o experimento com ganhos de tensão maiores. Para isso, os resistores R_1 e R_2 devem ser revistos.

19.4 DISCUSSÃO

Os amplificadores operacionais abrem um enorme leque de aplicações na eletrônica. As características desses dispositivos, como as impedâncias de entrada e saída, e de seus circuitos característicos, especialmente aquelas que permitem o controle do ganho, são notórias facilidades para que o iniciante em projetos tenha sucesso com maior facilidade.

Este capítulo apresenta apenas alguns exemplos das possibilidades de construção de circuitos. Para maiores aprofundamentos no tema sugere-se buscar outros circuitos que irão ampliar ainda mais o repertório das funcionalidades dos amplificadores operacionais.

Foram apresentados, nas Figuras 19.1, 19.2 e 19.3, 3 circuitos de retificadores de tensão de meia-onda. O principal ponto a ser destacado nesses circuitos é a evolução para uma configuração em que não haja diminuição da tensão na carga nem distorção apreciável na saída. Ao visualizar, simultaneamente, os sinais de saída desses circuitos, o experimentador deverá observar a diferença nos sinais e buscar explicar as razões para que os sinais de saída se aproximem da forma do sinal de entrada. A literatura também apresenta possibilidades de construir retificadores de onda completa. Fica para o leitor buscar maiores informações e implementar circuitos com essa característica.

Nas propriedades não lineares das junções PN está o princípio para a concepção de um amplificador que responde por meio de uma função logarítmica ou exponencial. Os circuitos propostos em 19.3.2 devem amplificar sinais positivos e apresentarão nas suas saídas sinais negativos. Isso se dá pelo fato de as entradas desses circuitos estarem sendo encaminhadas pelas portas inversoras dos amplificadores operacionais. Note que, se as entradas forem negativas, esses circuitos não devem operar, por conta do estado de corte que se estabelecerá nos transistores.

Outra observação importante do circuito multiplicador de sinais refere-se ao circuito somador que apresenta ganho menor que 1 (foi proposto um ganho de 0,5 para cada entrada). Essa situação viabiliza a operação do amplificador exponencial, pois sua entrada é de baixa impedância (junção base-emissor em polarização direta). Tensões mais elevadas nesses terminais levam a saturação do transistor.

Esses detalhes evidenciam que o ajuste dos amplificadores logarítmicos e antilogarítmicos deve ser feito com cuidado, pois as suas tensões de saída, segundo as equações 19.2 e 19.3, depende de resistência (R_1), que pode ser ajustada para eventuais calibrações da saída, mas também depende de parâmetros inerentes às condições de operação e de construção do transistor com I_S e V_T.

O funcionamento do capacímetro se baseia na amplificação de uma diferença de corrente estabelecida pela comparação de duas capacitâncias. Podemos dizer que um conversor de corrente em tensão com um amplificador operacional terá uma tensão de saída proporcional a sua corrente de entrada, a qual seria estabelecida pela reatância capacitiva do componente de entrada. No circuito apresentado esse componente é C_1. No entanto, esse método demonstra-se inadequado pelo fato de que essas variações são pequenas e não facilmente perceptíveis no sinal de saída quando se considera uma capacitância mais elevada na entrada (C_0). O aprimoramento da captação dessa corrente pelo amplificador operacional vem da introdução de uma capacitância negativa em paralelo com C_1. A capacitância negativa é emulada por um circuito apropriado que apresentamos em 19.2.4. A capacitância negativa anula os efeitos de C_0 e amplia a sensibilidade do circuito, viabilizando a medição de pequenas capacitâncias. O circuito que desenvolvemos foi capaz de captar variações de décimos de pF.

Recomenda-se também ao leitor avaliar com maior profundidade os circuitos conversores de impedância negativa, acrescentando-se também as possibilidades de se emular indutores.

O último circuito que apresentamos é o amplificador de instrumentação. Embora existam amplificadores desse tipo disponíveis em circuitos integrados, usamos aqui um circuito simplificado com finalidade didática. Esses amplificadores são úteis para a amplificação de pequenos sinais, normalmente captados de sensores, e que podem ter incorporado ruídos que se sobreponham ao sinal real. Assim, uma função fundamental desses amplificadores é atenuar o ganho de modo comum. Ganho de modo comum reduzido implica *CMRR* elevado. A título de exemplo, um amplificador de instrumentação comercial como o conhecido AD620 apresenta *CMRR* de 100 dB operando em ganho de tensão 10. Como o circuito proposto é constituído por amplificadores operacionais comuns, a magnitude do *CMRR* a ser conseguida deve ser menor.

CAPÍTULO 20
Filtros ativos

ESTUDO PRELIMINAR

O estudo dos filtros ativos deve ser precedido pelo conhecimento da teoria e dos procedimentos experimentais para avaliar os dispositivos reativos e os filtros passivos. Para isso, é interessante orientar-se por bibliografias que tratam de circuitos elétricos em correntes alternadas e das funções de transferência dos circuitos no domínio *s*. Além disso, evidentemente, deve-se compreender os princípios de operação dos amplificadores operacionais e seus circuitos elementares.

20.1 INTRODUÇÃO

Os filtros são circuitos utilizados desde os primórdios da engenharia elétrica. Praticamente todos os ramos da engenharia elétrica os empregam. São usados em aplicações de aquisição e processamento de sinais, fontes de alimentação, sistemas de telecomunicações, sistemas de automação e controle, entre outros. A filtragem em circuitos eletrônicos consiste na operação em que algumas componentes de frequência de um sinal elétrico (tensão ou corrente) de entrada x_i, são atenuadas por um circuito quadripolar (denominado *filtro*), gerando-se um sinal de saída, x_o, composto por frequências de interesse para a aplicação a que se destina.

O comportamento elétrico dos filtros é descrito por funções de transferência, T, definidas pela razão x_o/x_i, que são dependentes da frequência e definidas no domínio dos números complexos. Portanto, as funções de transferências permitem que a resposta em frequência de um filtro possa ser apresentada em termos de magnitude e fase. As componentes reativas (representadas por indutores e capacitores) são elementos essenciais nos filtros; portanto, esses circuitos possuem necessariamente, em sua constituição, indutores e/ou capacitores.

Os filtros possuem diversas classificações. A primeira delas trata da função que eles executam. Nesse aspecto um filtro pode ser passa-baixa (PB), passa-alta (PA), passa-faixa (PF) e rejeita-faixa (RF). De maneira idealizada, nas configurações PB e PA podemos dizer que há uma frequência de corte, f_c, que separa duas faixas de frequência. A primeira, definida como faixa passante, onde não há atenuação do sinal; e a segunda, definida como faixa de corte, onde há atenuação total do sinal. Portanto, em um filtro PB, temos a banda passante quando f for menor que f_c. Consequentemente, sinais com frequências superiores a f_c são atenuados. Por outro lado, nos filtros PA as faixas de frequência se posicionam de modo contrário ao verificado no PB, deixando passar frequências elevadas e atenuando as baixas. Já nos filtros PF e RF há duas frequências de corte, a inferior, f_{c1}, e a superior, f_{c2}. As frequências compreendidas entre f_{c1} e f_{c2} definem a banda passante no PF e a banda de corte no RF. Por outro lado, as frequências fora desse intervalo definem a banda de corte no PF e a banda passante no RF. A Figura 20.1 mostra os gráficos da magnitude da função de transferência de filtros ideais.

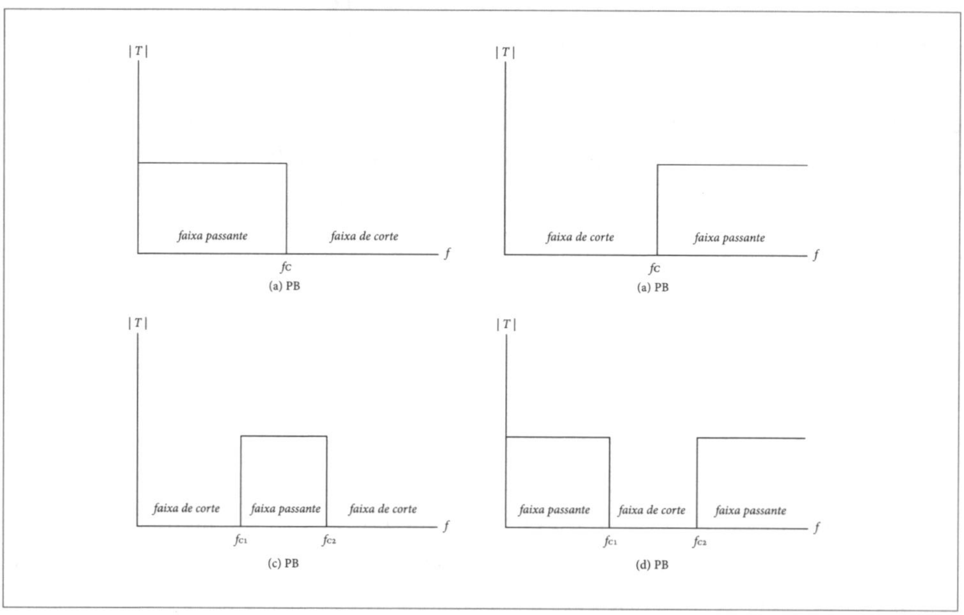

Figura 20.1 Magnitude da função de transferência, $|T|$, em função da frequência, f, referentes às respostas de filtros ideais: (a) passa-baixas (PB); (b) passa-altas (PA); (c) passa-faixa (PF); (d) rejeita-faixa (RF).

A segunda classificação atribuída aos filtros diz respeito à tecnologia utilizada na construção. Os filtros podem ser passivos, ativos e digitais. Os filtros passivos são constituídos apenas por resistores, capacitores e indutores. Os filtros ativos são circuitos em que se aliam filtros passivos e dispositivos amplificadores; estes últimos, em geral, são amplificadores operacionais. Portanto, os filtros ativos demandam energia provinda de fontes de alimentação para operarem. Por fim, nos filtros digitais se interpõem no processo de filtragem circuitos conversores AD (análogo-digital) e DA (digital-analógico), com os quais se eliminam as componentes indesejadas.

Cada tecnologia de construção deve ser direcionada para se adequar à aplicação desejada. Filtros passivos apresentam desvantagens em relação aos ativos, como sintonia em frequência fixa, volume físico (especialmente quando se empregam indutores), perdas na banda passante, ausência de isolação entre entrada e saída, e nenhum ganho de potência na saída. Por outro lado, os filtros ativos empregam componentes que necessitam de polarização por uma fonte de alimentação e que, portanto, consomem potência, mas que podem superar certas deficiências apontadas em relação aos filtros passivos. Os filtros ativos se limitam em termos de resposta em frequência pelos dispositivos semicondutores empregados e em termos de potências quando empregados em sistemas de média e alta potência.

A terceira classificação está associada à função de transferência do filtro. Essa função é obtida por meio da análise das malhas do filtro no domínio das frequências e é descrita matematicamente por uma divisão de polinômios. Um rápido exame da função de transferência irá evidenciar dados importantes do filtro, como ganho e número de zeros e polos. Os zeros e polos definirão a ordem do filtro. Quanto maior for a ordem, mais a resposta do filtro se aproximará da condição ideal de operação do filtro. A função de transferência também irá classificar diferentes tipos de filtro, como o Butterworth, Chebyshev, Cauer, entre outros. Nesse estudo iremos nos restringir às configurações de Butterworth.

Há diferentes configurações utilizadas para a implementação dos filtros ativos. As mais comuns são a estrutura de realimentação múltipla (MFB, do inglês *Multiple-Feed-Back*) e de fonte de tensão controlada por tensão (VCVS, do inglês *Voltage-Controlled Voltage Source*). Neste capítulo iremos explorar a VCVS, também conhecida como estrutura de Sallen e Key (Sallen; KeY, 1955).

O objetivo deste capítulo é apresentar as características fundamentais dos filtros ativos direcionadas para o desenvolvimento de projetos de circuitos simples. Da mesma forma, também será desenvolvido um procedimento para a obtenção da curva da função de transferência do circuito.

20.2 TEORIA

A teoria de filtros é um tema bastante complexo e com forte aporte matemático. Aqui vamos tratar os filtros de uma forma aplicada, de modo a apresentar na teoria apenas os conceitos necessários que serão utilizados para projetar filtros ativos em configurações simplificadas. Aprofundamentos teóricos sobre os filtros devem ser conseguidos em consultas a referências bibliográficas específicas.

Uma vez que os filtros envolvem componentes reativas, a função de transferência é definida em um domínio complexo. A função de transferência é anotada como $T(j\omega)$, onde j denota a unidade imaginária do número complexo e ω é a frequência angular do sinal em rad/s. Por conveniência, $j\omega$ é normalmente substituída pela variável s. Assim, a função de transferência de um filtro genérico passa a ser representada por $T(s)$ e é dada pela equação 20.1:

$$T(s) = K\frac{N(s)}{D(s)} \tag{20.1}$$

onde

K é o ganho do filtro;

$N(s)$ e $D(s)$ são os polinômios de ordem m e n, respectivamente, definidos no domínio de s.

As raízes dos polinômios $N(s)$ e $D(s)$ definem os zeros e os polos das funções, respectivamente, e com os quais se identificam as frequências de corte do filtro. A maior ordem dos polinômios define a ordem do filtro, o que também conduz à elaboração de circuitos de maior complexidade. Filtros de ordem mais elevada possuem um número maior de componentes reativos (no caso de filtros ativos, os circuitos possuirão uma quantidade maior de capacitores). Quanto maior a ordem do filtro, mais agudo é o corte das frequências e, portanto, a resposta do filtro ficará mais próxima da ideal, prevista nas curvas da Figura 20.1.

A seguir, apresentamos, resumidamente, as informações teóricas mais importantes sobre alguns dos filtros ativos. Para isso, a seção de teoria passa a ser dividida da seguinte forma: nas subseções 20.2.1 e 20.2.2 são apresentados os filtros PB e PA de primeira ordem, respectivamente; na subseção 20.2.3 são apresentados os filtros PB e PA de segunda ordem; os filtros PF e RF são descritos nas subseções 20.2.4 e 20.2.5, respectivamente.

20.2.1 Filtros PB de primeira ordem

O diagrama esquemático de um filtro PB de primeira ordem é mostrado na Figura 20.2.

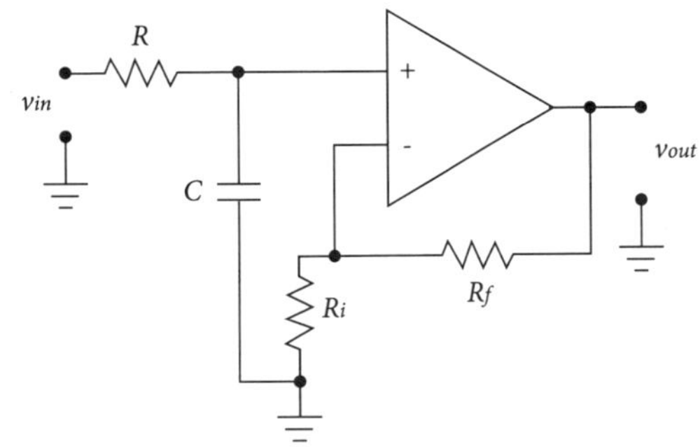

Figura 20.2 Diagrama esquemático de um filtro passa-baixas ativo de primeira ordem.

A função de transferência desse filtro é expressa, de maneira genérica, pela equação 20.2:

$$T(s) = \frac{K}{1 + s/\omega_c} \tag{20.2}$$

A equação 20.2 possui um polo em $s = -\omega_c$. Tomando-se $s = j\omega$, apresentam-se três situações a serem analisadas:

a) $\omega/\omega_c \ll 1$; onde $T(s)$ terá módulo K e fase 0°;
b) $\omega/\omega_c \gg 1$; onde $T(s)$ terá módulo $K\omega_c/\omega$ e fase –90°;
c) $\omega/\omega_c = 1$; onde $T(s)$ terá módulo $K/(2)^{1/2}$ e fase –45°.

A Figura 20.3 mostra uma curva genérica do módulo da função de transferência de um filtro PB de primeira ordem. O ganho do amplificador nesse gráfico é 1. Nessa curva destacamos a faixa de passagem como a faixa de frequências entre $\omega = 0$ e ω_c. Em ω_c, a função de transferência apresenta uma amplitude dada pelo ganho do amplificador multiplicado por $2^{-1/2}$, que corresponde a, aproximadamente, 70% do ganho do amplificador. Esse valor também costuma ser designado como uma perda de 3 dB. Algumas referências também apontam que a faixa de frequências situada acima de ω_c e até a frequência em que o ganho do filtro torna-se 10% do ganho máximo do amplificador é denominada *faixa de transição*. Nesse caso, a faixa de transição termina próxima de $10\omega_c$. Acima dessa frequência define-se a região de corte do filtro real.

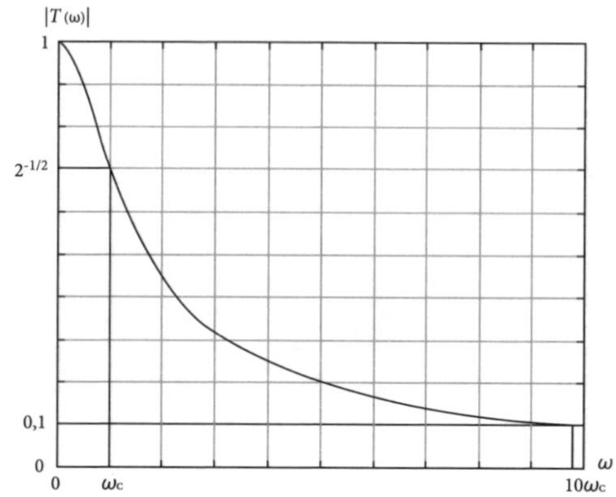

Figura 20.3 Magnitude da função de transferência de um filtro passa-baixas de primeira ordem em função da frequência angular.

A Figura 20.4 apresenta a curva da fase da função de transferência do filtro passa-baixas de primeira ordem em função da frequência angular. Notamos também que a faixa de passagem é caracterizada por fases entre 0º e –45º. Na faixa de transição a defasagem aumenta até se aproximar dos –90º. A fase negativa indica que a tensão de saída está atrasada em relação à de entrada.

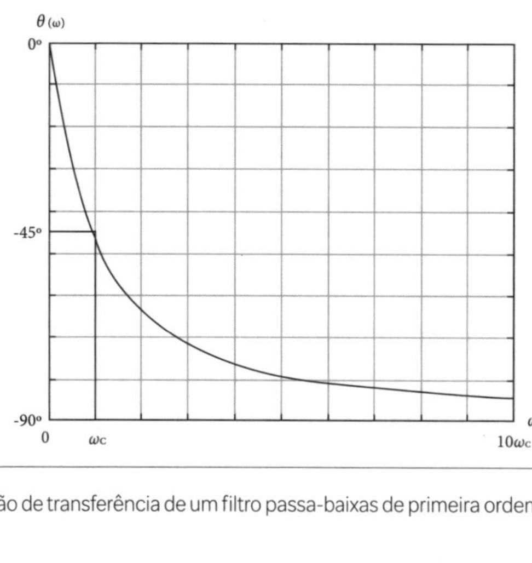

Figura 20.4 Fase da função de transferência de um filtro passa-baixas de primeira ordem em função da frequência angular.

20.2.2 Filtro PA de primeira ordem

O diagrama esquemático de um filtro PA de primeira ordem é mostrado na Figura 20.5.

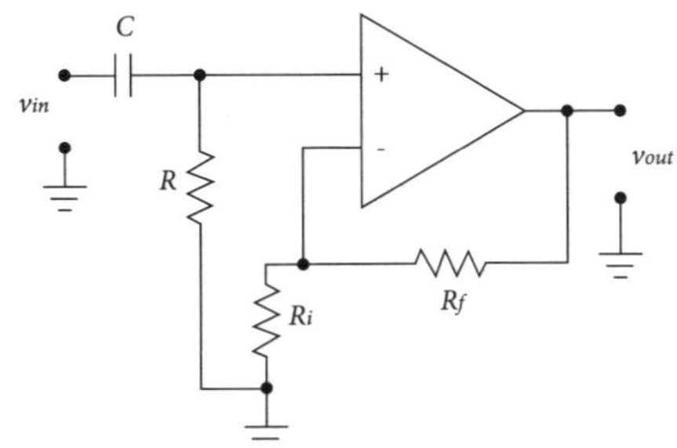

Figura 20.5 Diagrama esquemático de um filtro passa-altas ativo de primeira ordem.

A função de transferência desse filtro é expressa, de maneira genérica, pela equação 20.3:

$$T(s) = \frac{Ks/\omega_c}{1 + s/\omega_c} \tag{20.3}$$

A equação 20.3 possui um zero em $s = 0$ e um polo em $s = -\omega_c$. Tomando-se $s = j\omega$, apresentam-se três situações a serem analisadas:

a) $\omega/\omega_c << 1$; onde $T(s)$ terá módulo $K\omega/\omega_c$ e fase 90º;
b) $\omega/\omega_c >> 1$; onde $T(s)$ terá módulo K e fase 0º;
c) $\omega/\omega_c = 1$; onde $T(s)$ terá módulo $K/(2)^{1/2}$ e fase 45º.

A Figura 20.6 mostra uma curva genérica do módulo da função de transferência de um filtro passa-altas de primeira ordem.

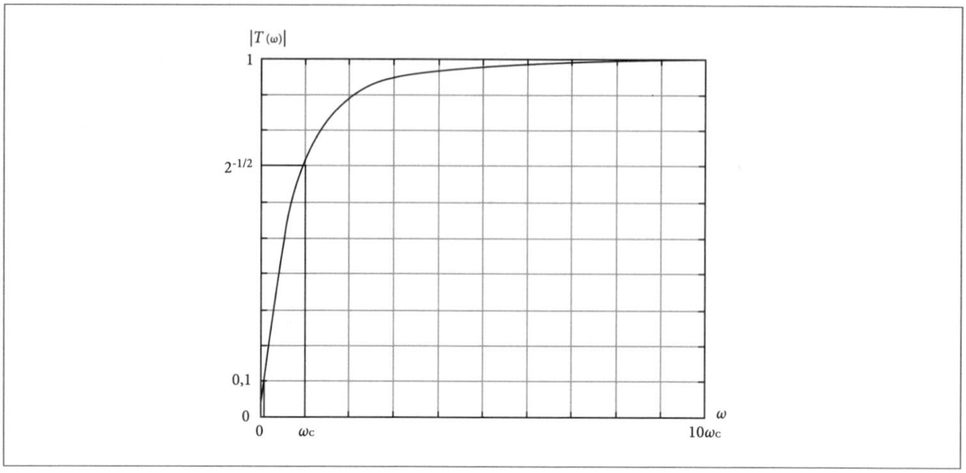

Figura 20.6 Magnitude da função de transferência de um filtro passa-altas de primeira ordem em função da frequência angular.

Na Figura 20.6 identificamos a faixa de passagem nas frequências superiores a ω_c, portanto, com ganhos superiores a 70% (aproximadamente) do máximo. A faixa de transição encontra-se abaixo de ω_c até o ganho tornar-se 10% do valor máximo. Em frequências menores temos a faixa de corte.

A Figura 20.7 apresenta a curva da fase da função de transferência do filtro passa-altas de primeira ordem em função da frequência angular. A faixa de passagem é caracterizada por fases entre 0° e 45°. Na faixa de transição a defasagem aumenta até se aproximar dos 90°. A fase positiva significa que a tensão de saída está adiantada em relação à tensão de entrada.

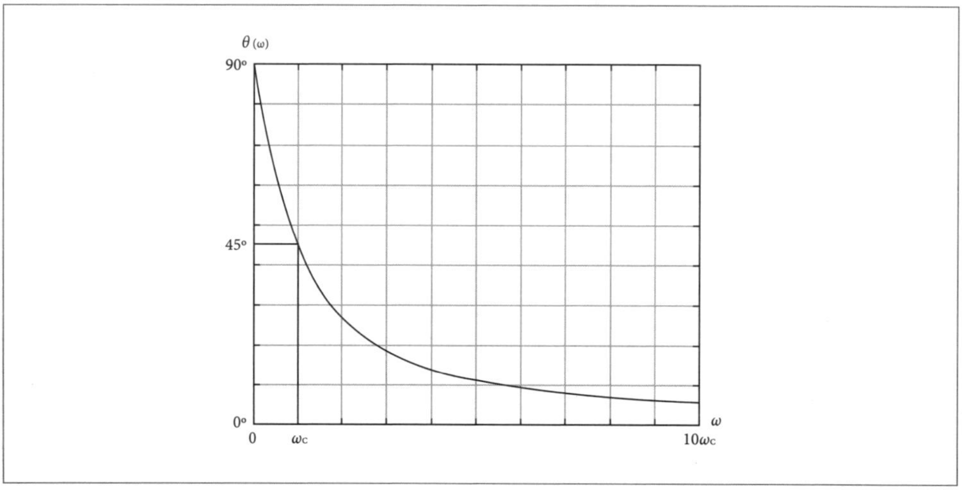

Figura 20.7 Fase da função de transferência de um filtro passa-altas de primeira ordem em função da frequência angular.

Nas observações dos itens (a) e (b) referentes às equações 20.2 e 20.3 encontramos os elementos para achar as aproximações assintóticas que definem o diagrama de Bode dos filtros. Sugerimos consultar referências bibliográficas específicas sobre as aproximações que levem aos diagramas de Bode.

20.2.3 Filtros PB e PA de segunda ordem

Os filtros de primeira ordem podem ser associados em cascata. Isso produz novos filtros com maior ordem. Por exemplo, dois filtros PB de primeira ordem ligados em cascata formam um filtro PB de segunda ordem. Embora a conexão de filtros em cascata seja plenamente realizável do ponto de vista prático, o aumento de etapas implica maior quantidade de amplificadores operacionais e, com isso, circuitos com maior número de componentes ou mais volumosos. Contudo, há configurações que podem ser implementadas com apenas um amplificador operacional e que resultam em filtros de segunda ordem. Um exemplo de configuração com essa característica é ilustrado na Figura 20.8, que mostra um diagrama esquemático genérico de um filtro ativo (PB ou PA) de segunda ordem na implementação VCVS.

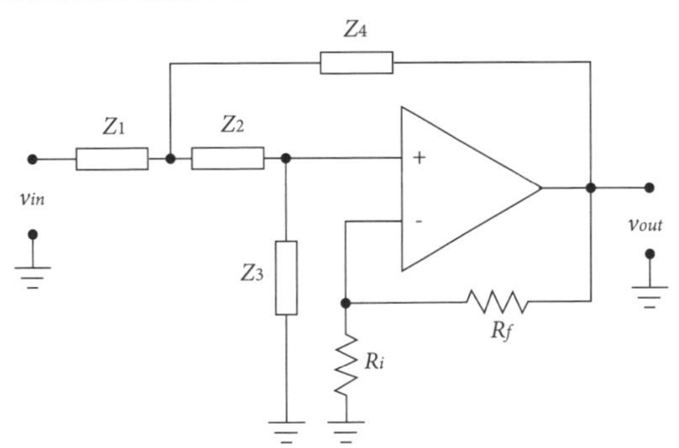

Figura 20.8 Diagrama esquemático genérico de um filtro ativo (PB ou PA) de segunda ordem na implementação VCVS.

Nesse circuito as impedâncias Z_i devem ser expressas em função da variável s. Uma escolha adequada das impedâncias Z_i define o tipo de filtro a ser implementado (PB ou PA) e a resposta em relação à função de transferência (Butterworth, Chebyshev etc.).

A função de transferência desses filtros é dada na equação 20.4:

$$T(s)=\frac{Z_3(s)Z_4(s)}{Z_1(s)Z_2(s)+Z_4(s)\big(Z_1(s)+Z_2(s)\big)+Z_3(s)Z_4(s)} \tag{20.4}$$

A equação 20.4 é útil para qualquer tipo de filtro, bastando, para isso, definir o tipo de componente que é atribuído a cada Z_i. Para um filtro PB (vide Figura 20.9), Z_1 e Z_2 são resistores e Z_3 e Z_4 são capacitores. Nos filtros PA (vide Figura 20.10) essa atribuição se inverte, ou seja, Z_1 e Z_2 são capacitores e Z_3 e Z_4 são resistores.

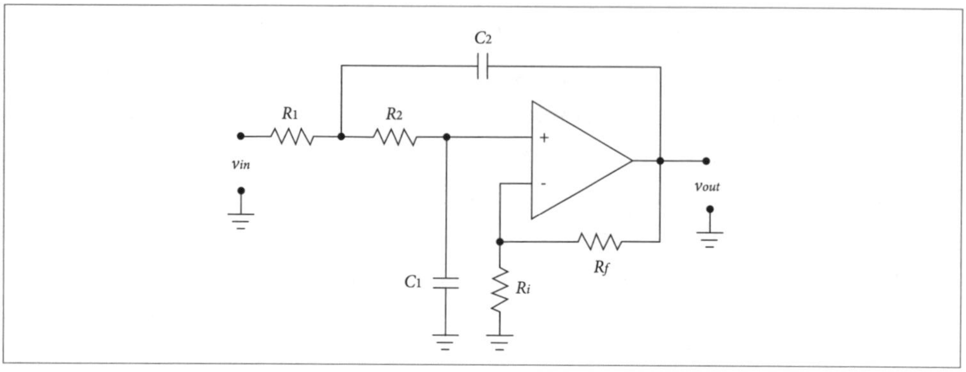

Figura 20.9 Diagrama esquemático de um filtro PB de segunda ordem na implementação VCVS.

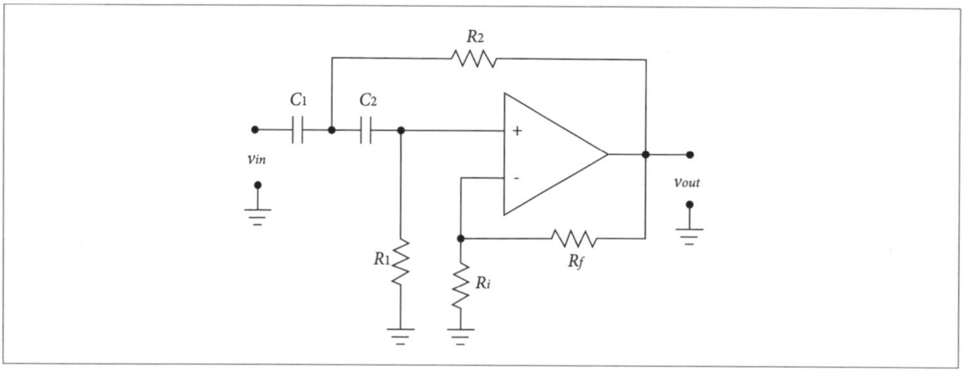

Figura 20.10 Diagrama esquemático de um filtro PA de segunda ordem na implementação VCVS.

As funções de transferência para filtros PB e PA de segunda ordem são dadas pelas equações 20.5 e 20.6, respectivamente:

$$T(s) = \frac{K\omega_c^2}{s^2 + \frac{\omega_c}{Q_B}s + \omega_c^2} \tag{20.5}$$

onde

$$\omega_c = \frac{1}{\sqrt{R_1 R_2 C_1 C_2}}$$ é a frequência angular de corte;

$$Q_B = \frac{1}{\omega_c C_1 \left(R_1 + R_2\right)}$$ é o fator de qualidade do filtro PB.

$$T(s) = \frac{Ks^2}{s^2 + \frac{\omega_c}{Q_A} s + \omega_c^2} \tag{20.6}$$

onde

$$Q_A = \frac{1}{\omega_c R\left(C_1 + C_2\right)}$$ é o fator de qualidade do filtro PA.

Um exemplo de resposta de um filtro passa-baixas de segunda ordem do tipo Butterworth, com fator $Q_B = 0{,}707$ e ganho $K = 1$, é mostrado na Figura 20.11. Uma comparação visual com a curva exibida na Figura 20.3 mostra claramente o corte mais agudo na frequência de corte, com o consequente estreitamento da faixa de transição.

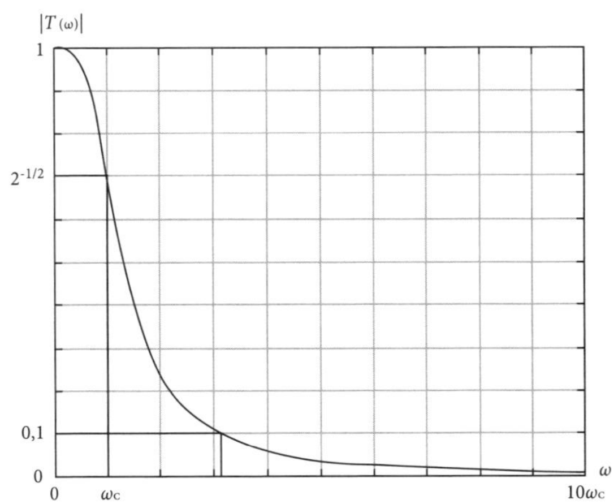

Figura 20.11 Magnitude da função de transferência de um filtro passa-baixas de segundo ordem do tipo Butterworth em função da frequência angular.

Filtros de ordem mais elevada podem ser implementados associando-se os filtros já mencionados em cascata. Por exemplo, pode-se obter um filtro PB de terceira ordem associando-se o circuito da Figura 20.2 (PB de primeira ordem, como primeiro estágio) ao circuito da Figura 20.9 (PB de segunda ordem, como segundo estágio). Um filtro PB de quarta ordem é obtido com dois PBs de segunda ordem, e assim por diante. Evidentemente, o mesmo raciocínio pode ser empregado para filtros PA.

A escolha dos componentes desses filtros é definidora do comportamento do filtro. Embora infinitas escolhas sejam possíveis, a situação mais comum, e também mais simples, emprega $R_1 = R_2 = R$ e $C_1 = C_2 = C$. Essa escolha arbitrária leva a $f_c = 1/2\pi RC$ e a $Q = 1/(3 - K)$ ($Q = Q_A = Q_B$). A particularidade principal e vantajosa dessa opção é a independência entre f_c e Q. Note que a frequência de corte depende dos componentes do filtro (R e C) e Q depende apenas do ganho do amplificador (definido por R_i e R_f). Por outro lado, a desvantagem está no fato de que pequenas variações no ganho, devidas a mínimas variações nas resistências R_i e R_f, podem ocasionar variações significativas em Q, especialmente se K for próximo a 3. Valores de ganho superiores a 3 produzem Q negativo e promovem oscilações no circuito.

Análises mais detalhadas sobre esse filtro são encontradas na literatura técnica sugerida na lista de referências deste livro.

20.2.4 Filtros PF

Um filtro PA cuja saída conecta-se na entrada de um PB produz um filtro PF, desde que a ω_c do PB seja maior que a ω_c do PA. Há, todavia, um circuito PF, também na configuração VCVS, que pode ser implementado com um único amplificador operacional. O diagrama esquemático desse circuito é mostrado na Figura 20.12. Nesse circuito as frequências de corte inferior e superior são as mesmas e definem uma frequência central ω_o.

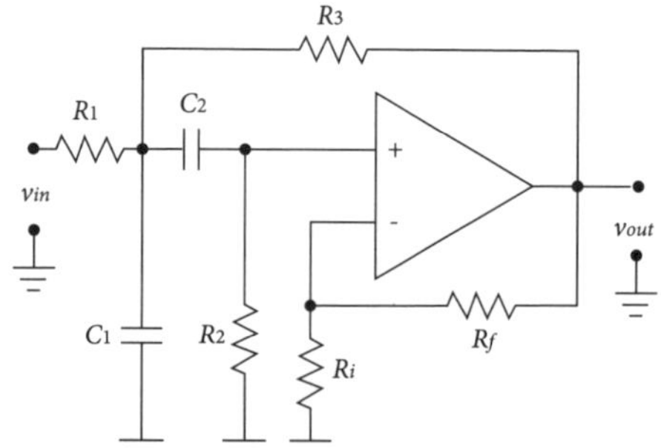

Figura 20.12 Diagrama esquemático de um filtro PF.

A função de transferência desse circuito é dada pela equação 20.7:

$$T(s)=\frac{Ks}{s^2+\frac{\omega_o}{Q_F}s+\omega_o^2} \tag{20.7}$$

onde

$K=1+\frac{R_f}{R_i}$ é o ganho do amplificador;

$\omega_0=\sqrt{\frac{R_1+R_3}{C_1C_2R_1R_2R_3}}$ é a frequência central do filtro;

$Q_F=\frac{\omega_0}{\frac{1}{R_1C_1}+\frac{1}{R_2C_1}+\frac{1}{R_2C_2}+\frac{1-K}{R_3C_2}}$ é o fator de qualidade do filtro.

O significado físico do fator de qualidade Q_F é o da seletividade do filtro. Esse fator depende da frequência central, $f_o = \omega_o/2\pi$, e da largura de banda (*bandwidth*), $BW = f_2\_f_1$, definida pela diferença entre as frequências superior ($f_2 = \omega_2/2\pi$) e inferior ($f_1 = \omega_1/2\pi$) à central, que promovem um corte de –3 dB na saída do filtro. Como já foi mencionado, esse corte de –3 dB corresponde a aproximadamente 70% da amplitude de saída na frequência central. A definição de Q_F é dada pela equação 20.8:

$$Q_F=\frac{f_o}{BW} \tag{20.8}$$

A Figura 20.13 apresenta um exemplo de curva da função de transferência (equação 20.7) de um filtro PF. Esta figura destaca os três parâmetros que devem ser especificados para se desenvolver um projeto de um filtro PF: o ganho na frequência central (G), a frequência central (ω_c) e o fator Q ($\omega_c/(\omega_2$-ω_1). A seletividade do filtro é determinada em função de Q_F.

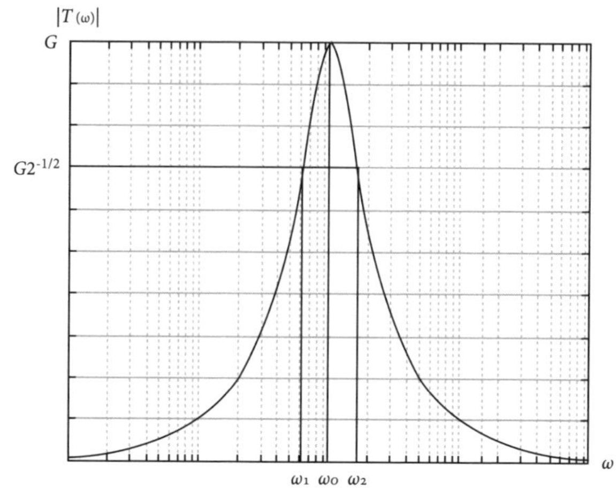

Figura 20.13 Função de transferência de um filtro passa-faixa. O valor máximo indica o ganho na frequência central ω_c. As frequências ω_1 e ω_2 definem a faixa de passagem a partir de BW.

Dessa forma, no projeto de filtro PF as premissas que são adotadas incluem o ganho na frequência central (K), a frequência central (f_0) e o fator de qualidade (Q_F).

20.2.5 Filtros RF

Um filtro que rejeita faixa, RF, como o próprio nome diz, é o oposto de um filtro PF. A função de transferência típica de um filtro RF é dada pela equação 20.9:

$$T(s) = \frac{K(\omega_o^2 + s^2)}{s^2 + \frac{\omega_o}{Q_R} s + \omega_o^2} \tag{20.9}$$

onde

- K é o ganho do amplificador;
- ω_0 é a frequência angular central do filtro;
- Q_R é o fator de qualidade.

A Figura 20.14 mostra a curva típica da função de transferência de um filtro RF. A forma de fenda da curva muitas vezes faz que esse tipo de circuito seja conhecido também por *notch*.

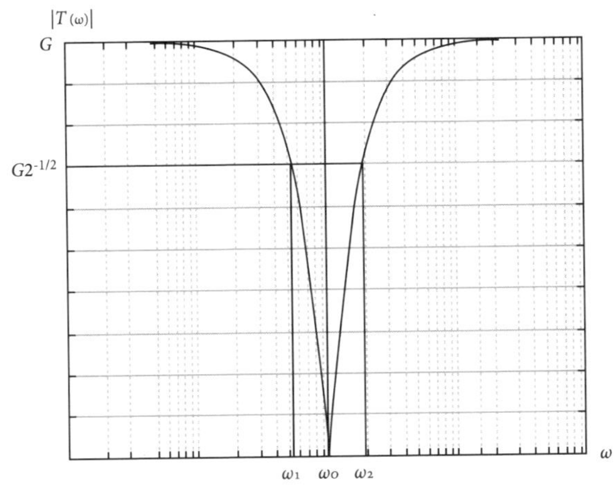

Figura 20.14 Função de transferência de um filtro rejeita-faixa. A frequências $\omega < \omega_1$ e $\omega > \omega_2$ definem a faixa de rejeição.

A equação 20.9 chama a atenção pela composição do seu numerador. Esse numerador resulta da soma dos numeradores das equações 20.5 e 20.6, correspondentes às funções de transferência dos filtros PB e PA, respectivamente. Portanto, intuitivamente, um filtro RF pode ser constituído por dois filtros, um PB e outro PA, cujas saídas sejam somadas.

Existem outras configurações para os filtros RF. Um filtro duplo T é uma das configurações mais conhecidas e utilizadas na construção de um filtro RF. A Figura 20.14 mostra essa configuração. Observa-se na Figura 20.15 a formação de um dos Ts pelos resistores R_1 e R_2 e pelo capacitor C_3, formando um filtro PB. O segundo T é formado pelos capacitores C_1 e C_2 e pelo resistor R_3, os quais constituem o filtro PA.

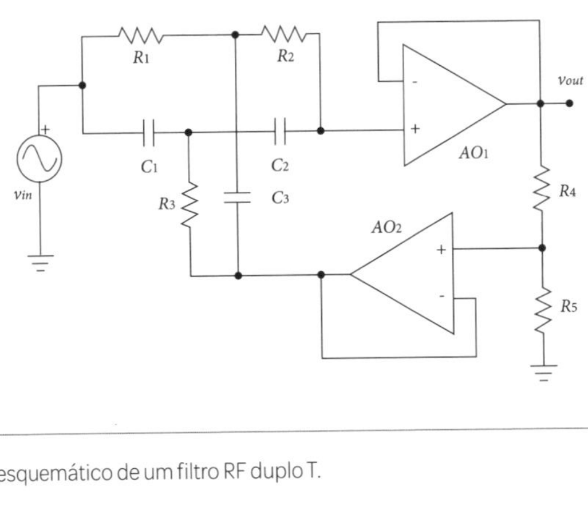

Figura 20.15 Diagrama esquemático de um filtro RF duplo T.

Normalmente, no projeto desses filtros assume-se $R_1 = R_2 = 2R_3 = R$ e $C_1 = C_2 = C_3/2 = C$, o que resulta na frequência de corte e no fator Q, dados pelas equações 20.10 e 20.11, respectivamente:

$$f_c = \frac{1}{2\pi RC} \tag{20.10}$$

$$Q = \frac{R_4 + R_5}{4R_4} \tag{20.11}$$

20.3 EXPERIMENTOS PROPOSTOS

Os projetos apresentados neste capítulo contemplam o desenvolvimento de filtros PB e PA de primeira e segunda ordem, filtros passa-faixa e filtros rejeita-faixa. Apresentaremos um método prático para o desenvolvimento desses filtros, lembrando que detalhes específicos com aprofundamentos teóricos do cálculo dos componentes são encontrados em referências bibliográficas específicas sobre filtros. Ademais, como uma forma prática e ágil de se elaborar projetos, também se dispõe de programas de computador de acesso gratuito para o desenvolvimento dos filtros ativos.

Em todos os diagramas esquemáticos sugeridos como experimentos com os filtros estão omitidas as fontes de alimentação, que são simétricas, e os capacitores de desacoplamento, ligados entre os terminais "vivos" dessas fontes e a terra, conforme já mencionado no Capítulo 17.

Nas subseções 20.3.1 e 20.3.2 são apresentados os projetos de filtros PB e PA de primeira e de segunda ordem, respectivamente. Os desenvolvimentos propostos são acompanhados do procedimento experimental para determinação da resposta de cada um dos circuitos. Nas subseções 20.3.3 e 20.3.4 são apresentados os projetos de filtros PF e RF.

20.3.1 Projetos de filtros PB e PA de primeira ordem

Os projetos de filtros ativos de primeira ordem são bem simples. Basicamente, o desenvolvimento é o de um filtro passivo de primeira ordem cuja saída está conectada à entrada de um amplificador operacional com o ganho K. As Figuras 20.2 e 20.5 mostram as configurações dos circuitos propostos com o filtro constituído por R e C e por um amplificador operacional na configuração não inversora com ganho estabelecido por R_f e R_i.

O desenvolvimento do projeto é o mesmo, tanto para filtros PB como para PA. Esse desenvolvimento inicia-se definindo-se o ganho do amplificador e a frequência de corte f_c do filtro. O capacitor é escolhido com base em uma regra prática em que C, dado em microFarads, é estimado como $10/f_c$.

O cálculo de R é feito usando-se a definição da frequência de corte dada na equação 20.12:

$$R = \frac{1}{2\pi f_c C} \tag{20.12}$$

As equações 20.12 e 20.13 permitem que se calculem os resistores R_i e R_f do amplificador. A equação 20.13 é útil para que se minimizem possíveis efeitos de *offset* no amplificador operacional, ao passo que 20.14 define o ganho do amplificador na configuração de amplificador não inversor.

$$R = \frac{R_f R_i}{R_f + R_i} \tag{20.13}$$

$$K = 1 + \frac{R_f}{R_i} \tag{20.14}$$

Fixadas essas diretrizes, propomos o projeto dos dois filtros de primeira ordem (PB e PA) para uma frequência de corte de 1 kHz e ganho 2. O amplificador operacional a ser utilizado é de uso comum, como o 741, o qual deve ser alimentado por uma tensão simétrica de ± 15 V. Sugere-se usar capacitores de desacoplamento na fonte de 100 nF.

A capacitância C será de 100 μF, segundo a regra estabelecida. No entanto, esse valor não é adequado para o projeto, pois usando-se a equação 20.11 obteríamos R de apenas 1,6 Ω. Desse modo, é conveniente usar a proporcionalidade do produto RC para a obtenção de um valor de R mais elevado. Dividindo-se C obtido por 1.000, chega-se a um novo valor de C = 100 nF, o qual vai levar a um valor de R = 1,6 kΩ (pode-se utilizar uma associação em série de um resistor de 1,5 kΩ e outro de 100 Ω). Com esse resultado obtém-se $R_i = R_f$ = 3,6 kΩ.

O procedimento experimental é o mesmo e deve ser executado em ambos os circuitos (PB e PA). Aplique um sinal de entrada senoidal com amplitude de 1,0 V nas entradas dos circuitos desenvolvidos e varie a frequência entre 10 Hz e 100 kHz. Com auxílio de um osciloscópio, meça a tensão de saída e a diferença de fase entre as tensões de entrada e saída. Identifique as frequências de onde o sinal de saída tem uma amplitude de aproximadamente 70% e de 10% do valor obtido na faixa passante. Trace as curvas da função de transferência (amplitude e fase) do filtro. Identifique as faixas de passagem, transição e corte.

Repita o experimento com uma tensão de entrada na forma quadrada com amplitude de 1,0 V. Verifique o efeito da filtragem observando a forma de onda do sinal de saída. Use a série de Fourier do sinal quadrado para avaliar a resposta do filtro.

A lista de materiais para esse experimento é constituída de:

- 1 fonte de alimentação simétrica de ± 15 V;
- 1 gerador de funções;
- 1 osciloscópio de 2 canais;
- 1 amplificador operacional 741;
- 2 resistores de 3,6 kΩ × ¼ W (R_i e R_f);
- 1 resistor de 1,6 kΩ (ou de 1,5 kΩ em série com outro de 100 Ω) × ¼ W (R);
- 3 capacitores de poliéster de 100 nF × 250 V (C e 2 capacitores de desacoplamento).

20.3.2 Projetos de filtros PB e PA de segunda ordem

Os filtros de segunda ordem que abordamos neste capítulo serão implementados na estrutura VCVS. O diagrama genérico desses filtros é mostrado na Figura 20.8. Os resistores R_f e R_i definem o ganho do filtro, como foi apresentado nos circuitos de primeira ordem.

O projeto a ser desenvolvido é o de filtros de Butterworth e serão direcionados para filtragem de sinais típicos de um sistema que capta biopotenciais. Por essa razão usamos as frequências de corte em 45 Hz para o filtro PB e 0,5 Hz para o filtro PA. Os amplificadores operacionais que serão usados são os disponibilizados pelo circuito integrado TL074. Esse componente possui internamente quatro unidades de amplificadores operacionais.

O projeto do filtro PB, cujo diagrama esquemático é mostrado na Figura 20.9, inicia-se com a escolha dos valores de K e f_c. O ganho K deve ser maior que 1. Arbitra-se também o valor de C_2, em microFarads, usando-se um valor próximo a $10/f_c$. O valor escolhido para C_2, embora não seja completamente mandatório para definir a frequência de corte, conduz a valores adequados para os demais componentes. Assim, usar valores inferiores ao arbitrado também pode levar a filtros com frequências de corte próximas à prevista. Os valores dos componentes são determinados em sequência definida pelas equações 20.15 a 20.19.

$$C_1 = \frac{\left[a^2 + 4b\left(A_v - 1\right)\right]C_2}{4b} \tag{20.15}$$

$$R_1 = \frac{2}{\left[aC_2 + \sqrt{\left[a^2 + 4b\left(A_v - 1\right)\right]C_2^2 - 4bC_1C_2}\,\right]\omega_c} \tag{20.16}$$

$$R_2 = \frac{1}{bC_1C_2R_1\omega_c^2} \tag{20.17}$$

$$R_i = \frac{A_v\left(R_1 + R_2\right)}{A_v - 1} \tag{20.18}$$

$$R_f = A_v\left(R_1 + R_2\right) \tag{20.19}$$

onde os valores são $a = 2^{1/2}$ e $b = 1$ para filtro de Butterworth de segunda ordem. Esses valores são fornecidos por uma tabela apropriada encontrada em referências sobre filtros ativos.

Partindo-se das premissas $K = 2$ e $f_c = 45$ Hz, atribuindo-se $C_2 = 220$ nF e substituindo nas equações 20.5 a 20.9, obtemos os seguintes valores já aproximados para valores comerciais: $C_1 = 330$ nF, $R_1 = 22$ kΩ, $R_2 = 8{,}2$ kΩ e $R_i = R_f = 56$ kΩ.

A relação de materiais utilizados no experimento é a seguinte:

- 1 fonte de alimentação ± 15 V;
- 1 gerador de funções;
- 1 osciloscópio de 2 canais;
- 1 circuito integrado TL074 (1 amplificador operacional);
- 1 resistor de 22 kΩ × ¼ W (R_1);
- 1 resistor de 8,2 kΩ × ¼ W (R_2);
- 2 resistores de 56 kΩ × ¼ W (R_i e R_f);
- 1 capacitor de 330 nF × 250 V (C_1);
- 1 capacitor de 220 nF × 250 V (C_2);
- 2 capacitores de 100 nF × 250 V (capacitores de desacoplamento).

O procedimento experimental consiste em identificar a frequência de corte do filtro. Para isso, com o gerador de funções fornecendo um sinal senoidal de amplitude de 100 mV, varie a frequência dele entre 1 Hz e 100 Hz e anote as tensões de saída. Certifique-se de que a entrada conserva a amplitude inalterada enquanto a frequência é modificada, checando os terminais de entrada e saída do filtro com o osciloscópio. Faça um gráfico do ganho do filtro em função da frequência.

Outra proposta interessante a ser implementada com esse circuito é a conexão em cascata de dois desses filtros. O resultado é um filtro PB de quarta ordem, o qual possui uma resposta em frequência com corte mais agudo nas proximidades da frequência de corte. Além disso, o ganho desse filtro é o produto dos ganhos dos dois filtros separadamente. O procedimento experimental para avaliar o filtro de quarta ordem é o mesmo que para o filtro de segunda ordem. No entanto, convém utilizar um osciloscópio que disponibilize um terceiro canal para a monitoração dos sinais de entrada e das saídas de ambos os filtros.

O projeto do filtro PA da Figura 20.10 tem um desenvolvimento similar ao anterior, iniciando-se com as escolhas de A_v e f_c e arbitrando-se C ($C = C_1 = C_2$) como um valor próximo a $10/f_c$ em microFarads. Em seguida, substitua esses valores nas equações 20.20 a 20.23.

$$R_1 = \frac{4b}{\left[a + \sqrt{a^2 + 8b\left(A_v - 1\right)}\right]\omega_c C} \tag{20.20}$$

$$R_2 = \frac{b}{\omega_c^2 C^2 R_1} \tag{20.21}$$

$$R_i = \frac{A_v R_1}{A_v - 1} \tag{20.22}$$

$$R_f = A_v R_1 \tag{20.23}$$

Os valores de a e b são os mesmos empregados no projeto do filtro PB.

Para esse projeto adotamos $K = 2$ e $f_c = 0,5$ Hz. Arbitramos $C = 1$ µF e substituímos esses valores nas equações 20.20 a 20.23. Note que propomos a utilização de uma capacitância inferior à estimada pela regra firmada ($10/f_c$). Obtemos os seguintes valores já aproximados para valores comerciais: $R_1 = 270$ kΩ, $R_2 = 390$ kΩ e $R_i = R_f = 560$ kΩ.

A relação de materiais utilizados no experimento é a seguinte:

- 1 fonte de alimentação ± 15 V;
- 1 gerador de funções;
- 1 osciloscópio de 2 canais;
- 1 circuito integrado TL074 (1 amplificador operacional);
- 1 resistor de 22 kΩ × ¼ W (R_1);
- 1 resistor de 8,2 kΩ × ¼ W (R_2);
- 2 resistores de 56 kΩ × ¼ W (R_i e R_f);
- 1 capacitor de 330 nF × 250 V (C_1);
- 1 capacitor de 220 nF × 250 V (C_2);
- 2 capacitores de 100 nF × 250 V (capacitores de desacoplamento).

O procedimento experimental é o mesmo do circuito anterior e também consiste em identificar a frequência de corte do filtro. Para isso, com o gerador de funções fornecendo um sinal senoidal de amplitude de 100 mV, varie a frequência a partir de 0,1 Hz, com passos de 0,1 Hz até 1 Hz. Após esse valor espace os incrementos de frequência em 1 Hz até o valor de 10 Hz. Certifique-se de que a entrada conserva a amplitude inalterada enquanto a frequência é modificada. Faça um gráfico do ganho do filtro em função da frequência.

Recalcule os valores dos componentes do filtro assumindo $C = 22\ \mu F$ (valor comercial mais próximo do obtido pela regra dos $10/f_c$). Os valores dos resistores utilizados serão menores e o desempenho do filtro será similar.

20.3.3 Projetos de filtros PF

Apresentaremos dois projetos de filtros PF. O primeiro deles consiste na ligação em cascata dos filtros desenvolvidos na subseção 20.3.2, tendo o filtro PA como primeiro estágio e o PB como segundo estágio. Esse filtro dá prosseguimento ao desenvolvimento que motivou os projetos na subseção 20.3.2, que é o de propor um sistema para filtragem de frequências para sinais de biopotenciais e está descrito em 20.3.3.1.

O segundo projeto consiste no desenvolvimento de um filtro PF com um único amplificador operacional, conforme proposto no diagrama esquemático da Figura 20.12. Esse circuito está desenvolvido em 20.3.3.2.

20.3.3.1 Filtro PF para biopotenciais

A Figura 20.16 mostra o diagrama esquemático do filtro PF com os filtros PA e PB desenvolvidos em 20.3.2. O desenvolvimento experimental é o mesmo que o proposto para os filtros individuais, exceto pelo fato de que a varredura em frequência será feita entre 0,1 Hz e 100 Hz.

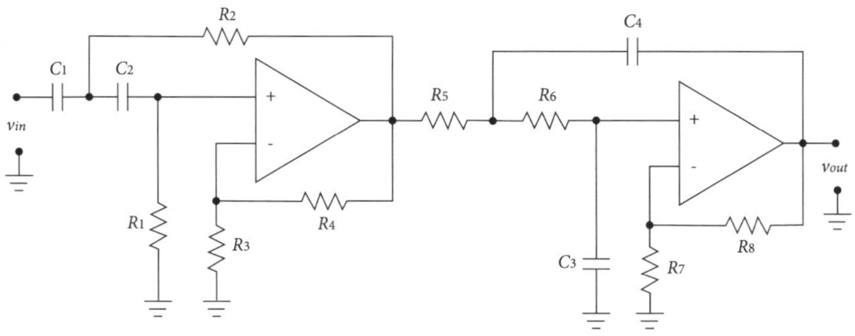

Figura 20.16 Diagrama esquemático do filtro passa-faixa desenvolvido a partir da ligação em cascata de um filtro passa-altas e outro passa-baixas.

A relação de materiais utilizados no experimento é a seguinte:

- 1 fonte de alimentação ± 15 V;
- 1 gerador de funções;
- 1 osciloscópio de 2 canais;
- 1 circuito integrado TL074 (2 amplificadores operacionais);
- 2 capacitores de 100 nF × 250 V (capacitores de desacoplamento);
- 1 resistor de 22 kΩ × ¼ W (R_1);
- 1 resistor de 8,2 kΩ × ¼ W (R_2);
- 2 resistores de 56 kΩ × ¼ W (R_3 e R_4);
- 1 resistor de 22 kΩ × ¼ W (R_5);
- 1 resistor de 8,2 kΩ × ¼ W (R_6);
- 2 resistores de 56 kΩ × ¼ W (R_7 e R_8);
- 1 capacitor de 330 nF × 250 V (C_1);
- 1 capacitor de 220 nF × 250 V (C_2);
- 1 capacitor de 330 nF × 250 V (C_3);
- 1 capacitor de 220 nF × 250 V (C_4).

20.3.3.2 Filtro PF com um único amplificador operacional

O diagrama esquemático de um filtro PF com um único amplificador operacional é mostrado na Figura 20.12. As premissas para o projeto do filtro são: o ganho na frequência central, $K = 2$, a frequência central $f_0 = 5$ kHz, com frequências de corte em –3 dB da resposta e o fator de qualidade (Q_F).

A regra prática para o desenvolvimento do circuito sugere empregar que $R_1 = R_2/2 = R_3 = R$ e $C_1 = C_2 = C$. Com isso, reportando-se às equações da subseção 20.2.4 obtemos

$$f_o = \frac{1}{2\pi RC} \tag{20.24}$$

e o fator Q_F será igual a 1.

Para desenvolver o projeto, arbitra-se $R = 22$ kΩ e calcula-se $C = 1{,}4$ nF (o valor comercial aproximado será 1,5 nF), usando-se a equação 20.24. Como $K = 2$, então $R_f = R_i = 10$ kΩ.

Monte o circuito e conecte os canais do osciloscópio na entrada e na saída. A partir da varredura da frequência entre 100 Hz e 100 kHz, obtenha a função de transferência. Encontre a largura de banda (equação 20.8) e determine o fator Q experimentalmente. Compare os resultados experimentais com os teóricos.

Refaça o experimento empregando outros dois valores de R_f como 15 kΩ e 22 kΩ. Isso leva a estabelecer outros ganhos para o filtro. Trace a função de transferência para esses dois novos circuitos junto com a função elaborada no desenvolvimento do parágrafo anterior. Compare os resultados.

Os experimentos utilizados para esse experimento são:

- 1 fonte de alimentação ± 15 V;
- 1 gerador de funções;
- 1 osciloscópio de 2 canais;
- 1 circuito integrado TL074 (2 amplificadores operacionais);
- 4 resistores de 22 kΩ × ¼ W (R_1, R_2 e R_3);
- 2 resistores de 10 kΩ × ¼ W (R_i e R_f);
- 1 resistor de 15 kΩ × ¼ W (R_f);
- 1 resistor de 22 kΩ × ¼ W (R_f);
- 2 capacitores de 1,5 nF × 250 V (C_1 e C_2);
- 1 capacitor de 220 nF × 250 V (C_2);
- 2 capacitores de 100 nF × 250 V (capacitores de desacoplamento).

20.3.4 Projetos de filtros RF

O circuito a ser desenvolvido para ilustrar um filtro rejeita-faixa também é tipicamente utilizado para sistemas de captação de biopotenciais. Nesses sistemas as interferências da frequência da rede elétrica, 60 Hz, devem ser eliminadas e, para isso, emprega-se um filtro com elevado fator Q nessa frequência. O diagrama esquemático do circuito a ser utilizado nesse desenvolvimento é apresentado na Figura 20.15.

De acordo com as sugestões para escolha dos componentes apresentadas na subseção 20.2.4, utilizamos R = 12 kΩ e C = 220 nF. Para C_3 usaremos 2 capacitores de 220 nF em paralelo e para R_3, 2 resistores de 12 kΩ em paralelo.

O procedimento para obtenção da curva de resposta do filtro é o mesmo que o utilizado nos casos anteriores. Faremos uma varredura de frequências entre 10 Hz e 100 Hz e observaremos os sinais de entrada e saída do filtro com os canais do osciloscópio. Nesse caso, especificamente, nas proximidades da frequência de corte (60 Hz), os passos de frequência devem ser menores, uma vez que se esperam variações abruptas do sinal de saída do filtro.

O experimento será conduzido para três valores de fator Q. Para tal, arbitramos R_4 em 1 kΩ e empregamos R_5 = 1 kΩ, 10 kΩ e 100 kΩ, o que resulta nos valores do fator Q em 0,5, 2,75 e 25,55, respectivamente. Deve ser observado que filtros com elevado fator Q apresentarão uma faixa muito estreita de corte. Assim, durante o procedimento de realização da varredura das frequências, os passos, nesse caso, devem ser reduzidos.

A fenda representada na curva da função de transferência (Figura 20.14) é aprofundada, alcançando um valor máximo de corte, quando eliminamos R_4, R_5 e AO_2 e ligamos a junção de R_3 e C_3 diretamente na saída de AO_1. Execute o procedimento experimental para essa situação e compare com os resultados obtidos com o circuito completo.

A lista de materiais utilizadas nos experimentos contempla:

- 1 fonte de alimentação ± 15 V;
- 1 gerador de funções;
- 1 osciloscópio de 2 canais;
- 1 circuito integrado TL074 (2 amplificadores operacionais);
- 2 capacitores de 100 nF × 250 V (capacitores de desacoplamento);
- 4 capacitores de 220 nF × 250 V (C_1, C_2, C_3);
- 4 resistores de 12 kΩ × ¼ W (R_1, R_2, R_3);
- 2 resistores de 1 kΩ × ¼ W (R_4, R_5);
- 1 resistor de 10 kΩ × ¼ W (R_5);
- 1 resistor de 100 kΩ × ¼ W (R_5).

20.4 DISCUSSÕES

A proposta de estudar filtros ativos é muito ampla em vista da complexidade da teoria e da diversidade de configurações utilizadas. A metodologia a ser utilizada para estudar os filtros é a mesma, bastando fazer uma varredura de frequências e observar a resposta do sinal na saída do circuito.

De um modo geral, nos projetos há necessidade de se arbitrar o valor de algum ou alguns componentes. Normalmente, essas escolhas são feitas por capacitâncias em que a disponibilidade comercial de componentes é mais restrita. É importante destacar que, satisfazendo as equações que definem os filtros, qualquer par de *R* e *C* resulta na frequência de corte requerida. Além disso, temos uma relação de proporcionalidade inversa entre *R* e *C* em que valores elevados de *R* implicam valores reduzidos de *C* e vice-versa. A aplicação cega de quaisquer valores para *R* e *C* não é recomendada, pois, embora satisfaçam matematicamente as equações, podem produzir outros defeitos indesejados não contemplados pela modelagem usada na análise. Em filtros PB, por exemplo, se forem utilizadas resistências elevadas, as capacitâncias do filtro assumirão valores baixos na ordem de valores comparadas às das capacitâncias parasitas da entrada dos amplificadores. Por outro lado, se usar valores de R reduzidos, estes poderão ser incompatíveis para um adequado funcionamento do circuito amplificador.

Assim, como assumimos regras específicas para desenvolver projetos de filtros, há também algumas recomendações em relação aos valores de resistências e capacitâncias. Recomenda-se utilizar resistores que fiquem na faixa de alguns kΩ até poucas centenas de kΩ, com tolerância baixa (< 1%) e fabricados com tecnologias que tenham baixos coeficientes de temperatura. Para as capacitâncias, recomendam-se valores superiores a algumas centenas de pF, com alta qualidade dielétrica (mylar e poliéster, por exemplo) e também com baixa tolerância. A alteração do valor de C no PA permite que evitemos o uso de capacitores eletrolíticos cuja precisão é normalmente inferior aos dos capacitores de poliéster. Componentes para montagem de superfície são interessantes para a construção dos filtros; no entanto, devido ao apelo didático deste livro, não são mencionados.

Certamente, uma das primeiras discussões de resultados no estudo dos filtros ativos é fazer a comparação em relação aos passivos. Em disciplinas preliminares a de eletrônica analógica, como circuitos elétricos, os filtros PB e PA de primeira ordem são assuntos obrigatórios. As discussões comparativas podem se orientar pela influência das cargas na saída desses filtros. Aborde também as variações dos filtros ligados em cascata visando encontrar também diferenças entre as configurações passivas e ativas.

Os projetos propostos neste capítulo apresentam resultados satisfatórios e com fácil manejo matemático. Há, todavia, softwares específicos voltados ao projeto de filtros ativos disponíveis na internet. Uma valiosa contribuição para esses projetos é fornecida pela Texas Instruments pelo software FilterPro.

CAPÍTULO 21 Amplificadores com realimentação negativa

ESTUDO PRELIMINAR

A teoria necessária para a exploração experimental a ser feita neste capítulo está concentrada no conceito de amplificadores eletrônicos, funções de transferência e teoria de realimentação sem dependência da frequência. Os amplificadores para o estudo serão concebidos a partir de amplificadores operacionais comerciais; portanto, a teoria e a prática sobre esses dispositivos são também requisitos desse estudo.

21.1 INTRODUÇÃO

A realimentação consiste em amostrar um sinal elétrico da saída de um amplificador e, por meio de uma malha de realimentação, em que se define uma função de transferência própria, somá-lo ao sinal de entrada. O sinal resultante dessa soma é, efetivamente, aplicado à entrada do amplificador. A realimentação pode ser positiva ou negativa. A realimentação positiva implica a soma de sinais em fase na entrada do amplificador, o que leva a um crescimento na amplitude resultante e, consequentemente, o amplificador se encaminha para a saturação. A realimentação positiva não é utilizada para a amplificação linear de sinais. Há um caso específico de realimentação positiva que conduz à produção controlada de oscilações que serão tratadas no Capítulo 23. Na realimentação negativa, por sua vez, a soma dos sinais de entrada e da amostragem está em fase oposta, levando, portanto, a uma diminuição da amplitude do sinal na entrada do amplificador.

A realimentação negativa é uma técnica aplicada a circuitos eletrônicos que promove uma série de melhorias no desempenho de um amplificador, como o aumento da impedância de entrada, a diminuição da impedância de saída, maior estabilidade do ganho, alargamento da resposta em frequência, redução de ruído e melhoria na linearização da resposta. Existem quatro tipos de configurações para a realimentação negativa, que são definidas a partir da grandeza elétrica (tensão ou corrente) amostrada na saída e pela forma como a soma dos sinais é feita na entrada do circuito. Desse modo, temos as seguintes configurações: tensão em série, tensão em paralelo, corrente em série e corrente em paralelo. Neste capítulo iremos nos concentrar na configuração tensão em série.

O objetivo deste capítulo é apresentar um circuito de amplificador com realimentação negativa e estudar os efeitos desta em relação ao ganho e às impedâncias de entrada e saída.

21.2 TEORIA

Conforme já comentado, apresentamos a seguir as equações usadas para descrever o comportamento de um amplificador realimentado negativamente na configuração tensão em série. Maiores detalhes sobre outras configurações e seus desenvolvimentos teóricos são obtidos na literatura especializada. A Figura 21.1 mostra o diagrama de blocos dessa configuração, onde A é o ganho do amplificador sem realimentação, B é a função de transferência da malha de realimentação e "+" é um circuito em que as tensões de entrada v_i e a realimentada pelo bloco B, v_f, se somam.

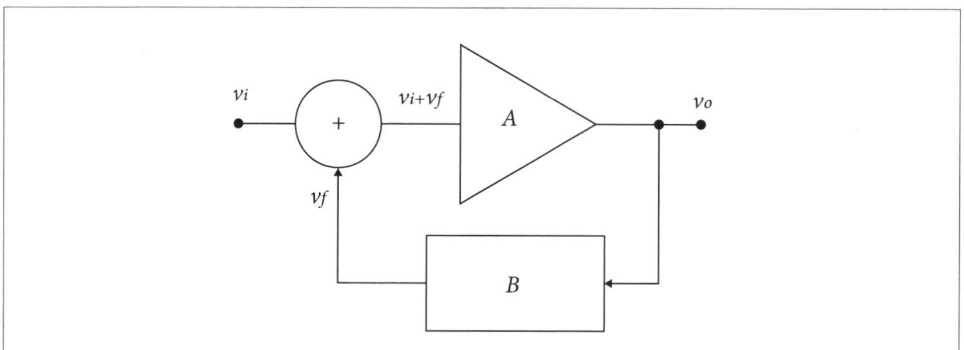

Figura 21.1 Diagrama de blocos de um amplificador realimentado.

As equações 21.1 a 21.3 apresentam o ganho (A_f) e as impedâncias de entrada (R_{if}) e saída (R_{of}) do amplificador sujeitos à realimentação negativa a partir das grandezas equivalentes sem realimentação, A, R_i e R_o, respectivamente, válida para a configuração tensão em série.

$$A_f = \frac{A}{1+BA} \tag{21.1}$$

$$R_{if} = R_i\left(1+BA\right) \tag{21.2}$$

$$R_{of} = \frac{R_o}{1+BA} \tag{21.3}$$

O termo 1 + BA é chamado de quantidade de realimentação. A realimentação será negativa quando essa quantidade for maior que 1. É fácil verificar nestas equações que, nesta condição, a quantidade de realimentação contribui para a diminuição do ganho, o aumento da impedância de entrada e a diminuição da impedância de saída.

A função de transferência da malha de realimentação é dada por B. Na configuração tensão em série, essa malha pode ser um divisor resistivo cuja entrada é ligada à saída do amplificador e cuja saída é ligada em "+" para produzir o sinal de entrada do amplificador realimentado. A equação 21.4 apresenta uma expressão para B nessa configuração:

$$B = \frac{R_i}{R_i + R_f} \tag{21.4}$$

A Figura 21.2 apresenta um diagrama esquemático de um amplificador operacional com realimentação negativa estabelecida pelos resistores R_i e R_f na configuração não inversora.

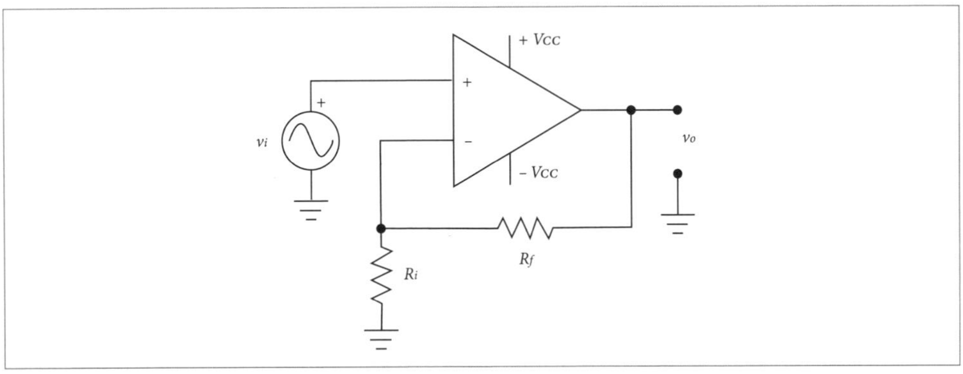

Figura 21.2 Diagrama esquemático de um amplificador operacional com realimentação negativa formada pela malha constituída por R_i e R_f

O suporte teórico para o estudo experimental a ser realizado pressupõe, inicialmente, a criação de um circuito de referência, constituído por amplificadores operacionais, que servirá como o bloco amplificador de ganho em malha aberta A_{vo}. O diagrama esquemático desse circuito é mostrado na Figura 21.3. O circuito desta figura corresponde a um amplificador diferencial, tendo os terminais de entrada inversora e não inversora, respectivamente denotados por v_1 e v_2.

A análise desse circuito é baseada na consideração de que os amplificadores operacionais são ideais; portanto, a corrente entre seus terminais de entrada é nula e o ganho em malha aberto é infinito.

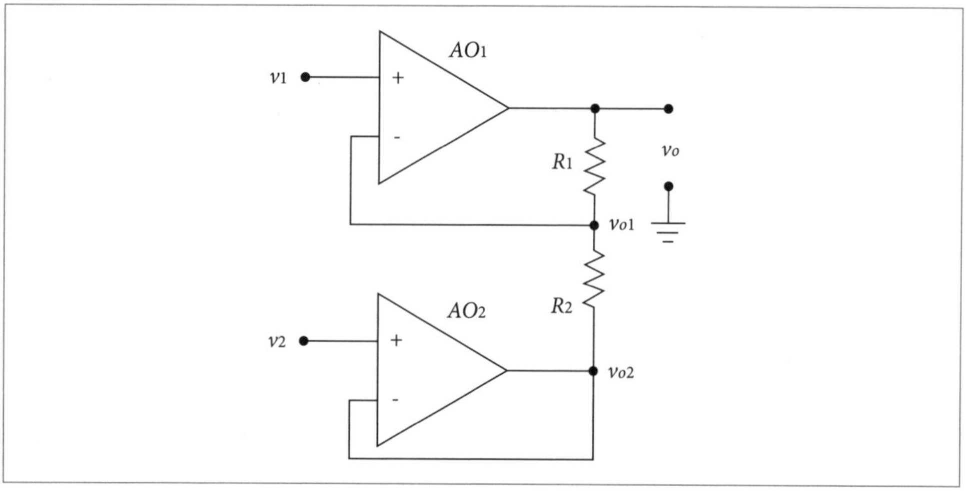

Figura 21.3 Diagrama esquemático do amplificador diferencial a ser utilizado como base do experimento sobre realimentação negativa.

Nesse circuito, o AO_2 está ligado como *buffer*, assim o potencial elétrico v_{o2} será o mesmo de v_2. Com isso, as correntes pelos resistores R_1 e R_2 são iguais e a tensão em v_{o1} é igual a v_1. Essa análise permite desenvolver a expressão para a tensão de saída dada pela equação 21.5:

$$v_o = v_1\left(\frac{R_1}{R_2}+1\right) - v_2\frac{R_1}{R_2} \tag{21.5}$$

A equação 21.5 mostra que o amplificador poderá se comportar na configuração inversora se $v_1 = 0$ V ou na configuração não inversora se $v_2 = 0$ V. No circuito a ser ensaiado neste capítulo optamos pela configuração não inversora. Desse modo, o ganho do amplificador em malha aberta, A_{vo}, será dado pela equação 21.6:

$$A_{vo} = \frac{R_1}{R_2} + 1 \tag{21.6}$$

Para estudar os efeitos da realimentação negativa iremos propor a malha resistiva de realimentação, formada por R_f e R_i, a ser conectada ao circuito da Figura 21.3. O circuito resultante é mostrado no diagrama esquemático da Figura 21.4, com o qual será possível estudar a influência da realimentação negativa sobre o ganho do amplificador em malha fechada. Com a malha de realimentação, de acordo com o exemplo ilustrado no Capítulo 17, o ganho do amplificador passa a ser escrito pela equação 21.7:

$$A_v = \frac{R_f}{R_i} + 1 \tag{21.7}$$

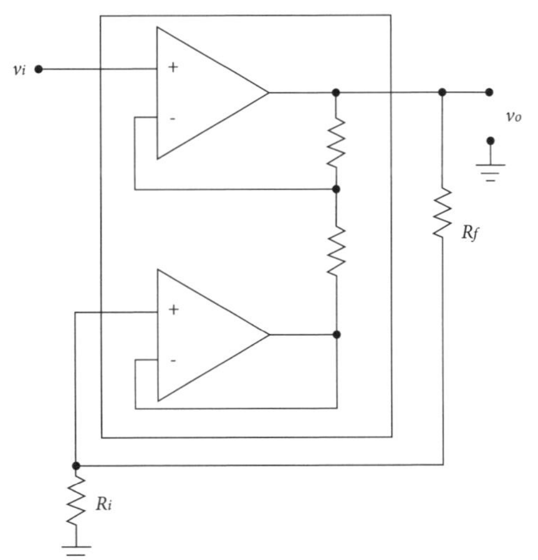

Figura 21.4 Diagrama esquemático do amplificador realimentado.

A malha de realimentação inserida no circuito da Figura 21.4 tem as mesmas características da do circuito mostrado na Figura 21.2; portanto, a função de transferência da malha de realimentação (B) é expressa, da mesma forma, pela equação 21.4.

Na Figura 21.5 é apresentado o circuito da Figura 21.4 acrescido dos resistores R_{in} e R_s. O resistor R_{in} emula a resistência de entrada interna do amplificador. O efeito da realimentação negativa promove um aumento na resistência de entrada do amplificador, dada pela equação 21.8:

$$R_{inf} = R_{in}\left(1 + BA_{vo}\right) \tag{21.8}$$

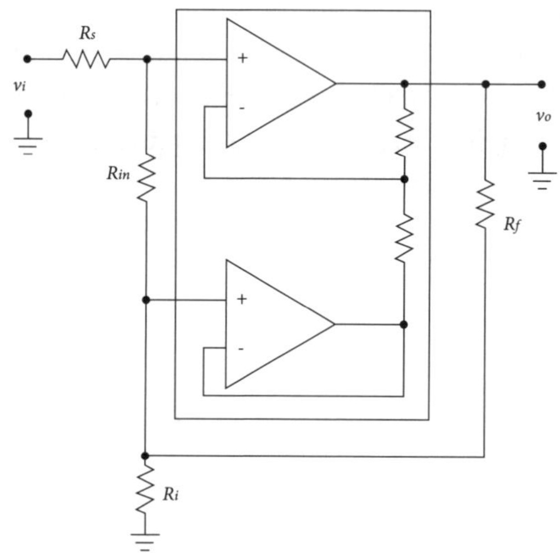

Figura 21.5 Diagrama esquemático do amplificador com realimentação negativa e emulação da resistência de entrada.

Na Figura 21.6, o circuito da Figura 21.4 foi modificado de modo a incorporar os resistores R_o e R_L. A inclusão de R_o visa emular a resistência de saída para que seja possível avaliar a influência da realimentação negativa no amplificador realimentado. Conforme previsão da teoria, dada na equação 21.9, a resistência de saída é reduzida por efeito da realimentação negativa.

$$R_{of} = \frac{R_o}{\left(1 + BA_{vo}\right)} \tag{21.9}$$

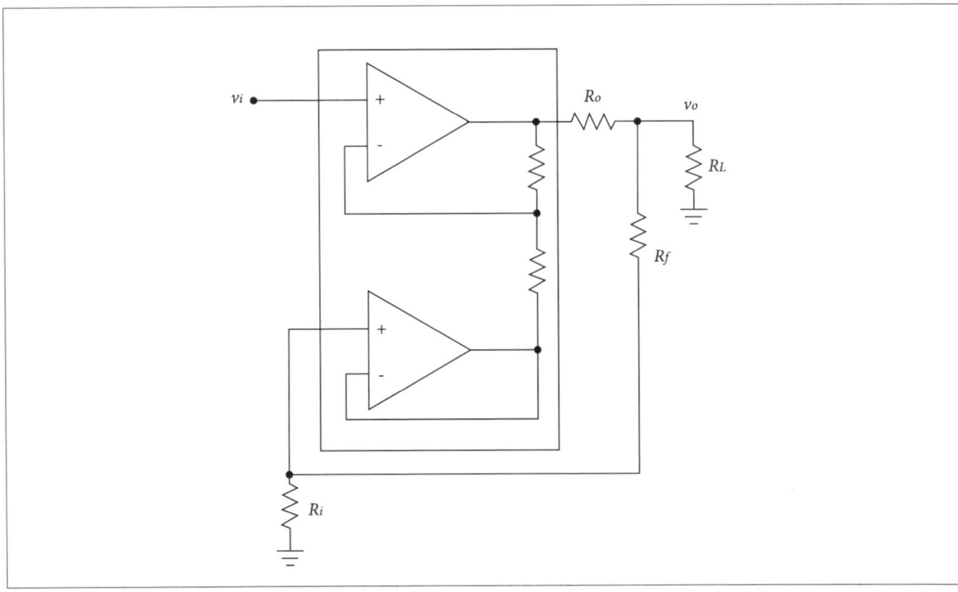

Figura 21.6 Diagrama esquemático do amplificador com realimentação negativa e emulação da resistência de saída.

21.3 EXPERIMENTOS PROPOSTOS

O estudo experimental dos amplificadores com realimentação negativa inclui a definição de um amplificador de referência, apresentado na Figura 21.3, a inclusão de uma malha resistiva para estabelecer a realimentação negativa e os efeitos desta em relação ao ganho de tensão e às resistências de entrada e saída do amplificador.

Todos os amplificadores operacionais utilizados nesse experimento são alimentados por tensão simétrica de ± 15 V. Recomenda-se utilizar capacitores de desacoplamento (100 nF) entre os terminais $+V_{cc}$ e $-V_{cc}$ e o terminal de terra. Recomenda-se também utilizar o circuito integrado TL074 que possui, em um mesmo invólucro, 4 amplificadores operacionais.

21.3.1 O amplificador de referência

O primeiro experimento proposto neste capítulo se concentra no estudo do amplificador mostrado na Figura 21.3, o qual será utilizado como referência para os demais experimentos. Esse amplificador será preparado para ter um ganho de tensão de 100, o qual pode ser conseguido adotando-se $R_1 = 100\ k\Omega$ e $R_2 = 1\ k\Omega$. Por se eleger um ganho elevado, a parcela com o valor 1 da equação 21.6 pode ser desprezada.

O procedimento consiste em montar o circuito da Figura 21.3, aplicar em sua entrada uma tensão senoidal com 100 mV de amplitude e frequência de 1 kHz e monitorar sua saída com o osciloscópio. Deve-se então anotar o valor da tensão de saída e determinar o ganho de tensão de malha aberta a ser comparado com o resultado previsto na equação 21.6.

A lista de materiais a ser utilizada para esse procedimento inclui:

- 1 fonte de alimentação simétrica de ± 15 V;
- 1 gerador de funções;
- 1 osciloscópio de 2 canais;
- 1 circuito integrado TL074;
- 1 resistor de 100 kΩ × ¼ W (R_1);
- 1 resistor de 1 kΩ × ¼ W (R_2);
- 2 capacitores de 100 nF × 250 V (capacitores de desacoplamento).

21.3.2 O amplificador realimentado – estudo do ganho de tensão

O circuito do amplificador realimentado é o mostrado na Figura 21.4, com os mesmos componentes usados na subseção 21.3.1. À lista de materiais utilizados em 21.3.1 serão acrescidos:

- 1 resistor de 10 kΩ × ¼ W (R_f);
- 1 resistor de 1 kΩ × ¼ W (R_i).

O procedimento experimental é o mesmo do realizado anteriormente, ou seja, aplica-se na entrada uma tensão senoidal com 100 mV de amplitude e frequência de 1 kHz e monitora-se a saída com o osciloscópio. Mede-se o valor da tensão de saída e determina-se o ganho de tensão de malha fechada a ser comparado com o resultado previsto na equação 21.7.

21.3.3 O amplificador realimentado – estudo da resistência de entrada

O experimento consiste em usar o circuito da Figura 21.5 e inserir valores de resistência de entrada (R_{in}) reconhecidamente menores que os da impedância interna das entradas dos amplificadores operacionais. Como o amplificador está sendo realimentado pela malha resistiva formada por R_i e R_f, a resistência de entrada resultante (R_{inf}) deverá ser aumentada de acordo com a equação 21.8.

Vamos utilizar as resistências de 100 kΩ, 10 kΩ e 1 kΩ como R_{in}. Calcule R_{inf} para cada um dos valores de R_{in}. Para cada valor de R_{in} aplique um sinal senoidal de entrada de 100 mV de amplitude e frequência de 1 kHz, deixando R_s em curto-circuito, e meça v_o. Use um osciloscópio para monitorar os sinais de entrada e saída.

A seguir, com os mesmos valores de R_{in}, introduza no circuito uma resistência R_s com valor igual ao R_{inf} correspondente, anteriormente calculada, e replique o procedimento do parágrafo anterior. Se a tensão de saída for a metade do valor da tensão obtida quando R_s era nula, então determinamos a resistência da entrada do amplificador realimentado como a própria R_s. Se a tensão não for igual, varie o valor de R_s (pode ser utilizado um potenciômetro em substituição a R_s) até que seja obtida a referida metade da tensão.

21.3.4 O amplificador realimentado – estudo da resistência de saída

Na Figura 21.6 é apresentado o circuito a ser utilizado para estudar a resistência de saída do amplificador realimentado. A resistência R_o emula a resistência de saída do amplificador, incorporando-a ao circuito equivalente de Thévenin normalmente encontrado na representação do circuito de saída do amplificador.

A equação 21.9 é usada para determinar a resistência de saída do amplificador realimentado (R_{of}). Calcule os R_{of} referentes aos seguintes valores de R_o: 100 Ω, 1 kΩ, 10 kΩ e 100 kΩ.

Para a realização do procedimento experimental, para cada valor de R_o inserido meça a tensão de saída com R_L aberto. Use na entrada do circuito um sinal senoidal com 100 mV de amplitude e 1 kHz de frequência. Em seguida, repita o procedimento colocando R_L igual ao valor calculado, R_{of}, correspondente a cada um dos R_o. Assim como no caso anterior, para cada valor de R_o, se a tensão de saída tornar-se a metade do valor obtido com R_L aberto, então R_{of} será o valor de R_L. Se essa metade não for obtida, então substitua R_L por um resistor variável e encontre a resistência que produza na saída a metade da tensão mencionada. Essa resistência será, efetivamente, a resistência de saída do amplificador realimentado.

21.4 DISCUSSÃO

As discussões do experimento começam pela análise do circuito da Figura 21.3, o amplificador de referência empregado. Esse amplificador pode ser utilizado de três formas, como amplificador inversor, amplificador não inversor e amplificador diferencial. A equação 21.5 deixa claras as formas de configurar o amplificador. Ademais, a razão de 100 estabelecida pelos resistores R_1 e R_2 faz com que os ganhos dos amplificadores inversor e não inversor sejam praticamente os mesmos (A_d). Dessa forma, pode-se concluir que a tensão de saída pode ser escrita simplificadamente como $v_o = A_d(v_1 - v_2)$.

O amplificador de referência deve apresentar elevados valores de impedância de entrada e reduzida impedância de saída, como se espera da característica construtiva dos amplificadores operacionais. Pelos valores adotados, o amplificador de referência possui ganho em malha aberta igual a 100.

Com a inserção da malha de realimentação o ganho resultante será aproximadamente 11. Os experimentos para investigar as resistências de entrada e saída do amplificador realimentado consistem em alterar as resistências originais. Para isso, a resistência de entrada foi reduzida, inserindo-se os resistores de 100 kΩ, 10 kΩ e 1 kΩ. Evidentemente, essa inserção deve prejudicar o comportamento do amplificador, o que pode ser observado com a redução da tensão de saída. A inclusão de R_s como uma resistência da fonte do sinal igual a R_{if} é feita para propositalmente reduzir a tensão de saída e estabelecer uma divisão pela metade da tensão de saída a partir da divisão pela metade da tensão de entrada e, com isso, obter a resistência de entrada do amplificador realimentado.

Uma estratégia similar é utilizada para investigar a resistência de saída do amplificador realimentado. Inclui-se, em série com a saída do amplificador, uma resistência adicional R_o. Mesmo deixando a resistência de carga aberta, deve-se notar a redução da tensão de saída. Os valores calculados de R_{of} permitem que estes sejam utilizados como carga, estabelecendo uma divisão de tensão com R_s. Logo, o valor de R_L que produzir a metade da tensão de saída será equivalente a R_{of}.

CAPÍTULO 22
Osciladores de relaxação

ESTUDO PRELIMINAR

Para fazer os experimentos deste capítulo são necessários conhecimentos sobre amplificadores operacionais, circuitos *RC* de carga e descarga, medição de sinais quadrados em alta frequência e a teoria de funcionamento do circuito integrado 555. Este último engloba conceitos e vocabulário sobre dispositivos do tipo *flip-flop* usualmente estudados em livros básicos de eletrônica digital.

22.1 INTRODUÇÃO

Neste capítulo são apresentados alguns circuitos utilizados para geração de sinais quadrados periódicos. Esses sinais são obtidos de circuitos osciladores nos quais seus transistores operam como chaves, portanto, exclusivamente, nos seus estados de corte e saturação. Os osciladores que operam dessa forma são denominados osciladores de relaxação. Na eletrônica em geral, a utilização de sinais quadrados está relacionada a operações de temporização e acionamentos de sistemas, as quais são muito difundidas em sistemas de eletrônica digital e de automação e controle.

Os amplificadores operacionais são dispositivos muito adequados para conceber os circuitos osciladores de relaxação. Esses dispositivos podem operar a partir da comparação de dois níveis de tensão nas suas entradas diferenciais. O ganho elevado dos amplificadores operacionais não realimentados aliados a técnicas de realimentação positiva desses dispositivos faz que suas saídas chaveiem para níveis de saturação positivo e negativo (ou níveis de 0 e 1), a depender da comparação das magnitudes dos potenciais elétricos presentes nas entradas diferenciais.

Não obstante, há circuitos integrados disponíveis no mercado especialmente projetados para a geração de sinais quadrados periódicos. Certamente, o circuito integrado mais conhecido para essa finalidade é o histórico 555. Aliás, seguramente, o 555 deve ser o circuito integrado mais popular já desenvolvido. Criado em 1971 pela Signets (EUA), esse circuito integrado pode ser usado como temporizador e oscilador, e notabiliza-se pela sua larga gama de aplicações práticas. Apresentaremos neste capítulo uma breve descrição de sua arquitetura e as duas configurações de multivibradores mais importantes usadas com o 555: monoestável e astável. A partir dessas configurações muitas outras aplicações são desenvolvidas, como em fontes de alimentação e em sistemas de medição e controle.

O objetivo dos experimentos apresentados neste capítulo é apresentar circuitos para geração de sinais quadrados. Serão fornecidos ao estudante alguns elementos sobre a determinação da frequência e do ciclo de trabalho dos sinais de saída de cada um dos circuitos apresentados.

22.2 TEORIA

Nesta seção de teoria iremos descrever, na subseção 22.2.1, o oscilador de relaxação baseado em amplificador operacional. A estrutura interna e os circuitos mais importantes do circuito integrado 555 são descritos na subseção 22.2.2. Em ambas as subseções, são apresentadas as equações necessárias para determinar a frequência de oscilação e o ciclo de trabalho de cada um dos circuitos relacionados.

22.2.1 Oscilador de relaxação com amplificador operacional

Na Figura 22.1 apresentamos o diagrama esquemático de um oscilador de relaxação com amplificador operacional já utilizado para a geração de sinais quadrados na subseção 18.3.2. Esse circuito fornece em sua saída v_o uma tensão quadrada, cujos valores extremos são $+V_{CC}$ e $-V_{CC}$. Esses níveis de tensão caracterizam a operação de oscilação do circuito e são viabilizados pela malha de realimentação positiva formada pelos resistores R_1 e R_2.

A polaridade da tensão na saída do circuito, v_o, depende da diferença de potencial nas entradas do amplificador operacional. Quando a tensão na entrada não inversora for maior que a da entrada inversora, a saída do amplificador operacional satura com $+V_{CC}$. Quando esses potenciais se inverterem a saída também troca de polaridade, saturando em $-V_{CC}$.

Considera-se uma condição inicial com o capacitor descarregado ($V_C = 0$ V) e a saída $v_o = +V_{CC}$. O divisor resistivo formado por R_1 e R_2 define um potencial positivo na entrada não inversora. A malha formada por R e C é submetida à tensão de saída em + V_{CC}, a qual principia um processo de carregamento do capacitor. Assim, o potencial na entrada não inversora cresce exponencialmente, segundo a tensão de carregamento do capacitor. Quando esse potencial ultrapassar o potencial da entrada não inversora, a tensão diferencial da entrada do amplificador operacional troca de polaridade. Como consequência, a saída do amplificador operacional também troca a polaridade da tensão de saturação na saída, passando para $-V_{CC}$.

A nova tensão de saturação do amplificador operacional redefinirá por meio do divisor resistivo (R_1 e R_2) o potencial na entrada não inversora do amplificador operacional para o mesmo potencial anterior, mas com sinal negativo. Com isso, o capacitor, inicialmente, se descarrega pelo resistor R e, em seguida, se carrega com polaridade invertida à do ciclo descrito no parágrafo anterior. A tensão no capacitor aumenta, fazendo que o potencial na entrada inversora se torne cada vez mais negativo. Quando esse potencial ficar maior que o da entrada não inversora, o amplificador operacional volta a saturar sua saída em $+V_{CC}$. Esse processo, então, repete-se periodicamente, gerando um sinal de saída quadrado com os níveis $+V_{CC}$ e $-V_{CC}$.

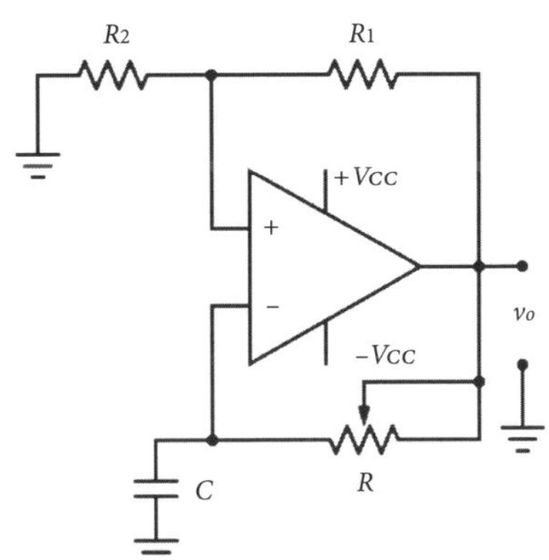

Figura 22.1 Diagrama esquemático do oscilador de relaxação com amplificador operacional.

A frequência do sinal de saída dependerá da constante de tempo estabelecida pela malha RC e pode ser deduzida a partir de conceitos da teoria de carga e descarga de capacitores. A equação 22.1 apresenta o período (T) de oscilação do circuito:

$$T = 2RCln\left(1+\frac{2R_1}{R_2}\right) \tag{22.1}$$

Nesse circuito não há possibilidade de alterar o ciclo de trabalho, que permanece fixo em 50%.

22.2.2 O circuito integrado 555

Os circuitos internos de um 555 possuem, dependendo do fabricante, cerca de 20 transistores e outros componentes como resistores e diodos semicondutores. Para melhor compreensão da operação de um 555, sua organização interna costuma ser estudada em um diagrama de blocos que inclui três circuitos comparadores e um *flip-flop* como seus elementos fundamentais. A Figura 22.2 mostra o diagrama de blocos simplificado do 555.

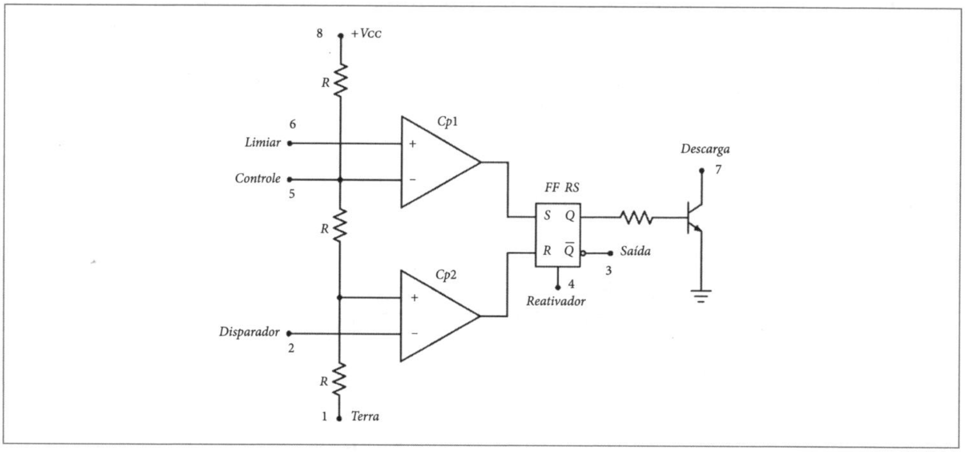

Figura 22.2 Diagrama de blocos simplificado de um circuito integrado 555.

O 555 é alimentado com uma tensão simples com potenciais entre $+V_{CC}$ e 0 (terra) entre os pinos 8 e 1, respectivamente. O valor máximo de V_{CC} pode estar entre 16 e 18 V, dependendo do tipo e do fabricante do circuito integrado. A tensão de saída deverá chavear entre valores próximos a esses potenciais. Na sequência, atribuiremos nível 0 e 1 para os potenciais próximos ao de terra e de $+V_{CC}$, respectivamente.

O circuito da Figura 22.2 é formado por um divisor de tensão resistivo de três resistores iguais ligados entre os terminais de alimentação ($+V_{CC}$ [pino 8] e terra [pino 1]). Portanto, sobre cada um desses resistores haverá uma queda de tensão de $1/3\,V_{CC}$. Os comparadores de tensão, Cp_1 e Cp_2, respondem em suas saídas com nível 0, quando o potencial da entrada inversora for maior que o da não inversora, e com nível 1 quando o potencial da não inversora for maior que o da inversora. O *Flip-Flop* RS funciona como um *latch* convencional, segundo a tabela da verdade mostrada na Tabela 22.1. O terminal reativador é uma entrada assíncrona que, quando ativada em nível 0, *reseta* a saída do *flip-flop*. Portanto, ao manter essa entrada em nível 1, a operação do *flip-flop* se dá de acordo com a Tabela 22.1.

Tabela 22.1 Tabela da verdade do *Flip-Flop* RS

S	*R*	*Q*
0	0	Q_a
0	1	0
1	0	1
1	1	*NP*

Na Tabela 22.1, Q_a significa a manutenção do estado anterior (travamento do *flip-flop*) e *NP* significa estado não permitido. Além disso, é interessante notar que o 555 contempla tensões elétricas de operação de natureza analógica e digital, dependendo dos seus terminais.

Para haver operações de geração de sinais quadrados com o 555, este, por si só, não é suficiente. É necessário incluir malhas externas com resistências e capacitâncias para que o modo de operação, a frequência dos sinais e o ciclo de trabalho (*duty cycle*) sejam definidos.

Há duas configurações fundamentais de multivibradores para implementar com o 555: monoestável e astável. As figuras 22.3 e 22.4 mostram os diagramas dos multivibradores monoestável e astável, respectivamente.

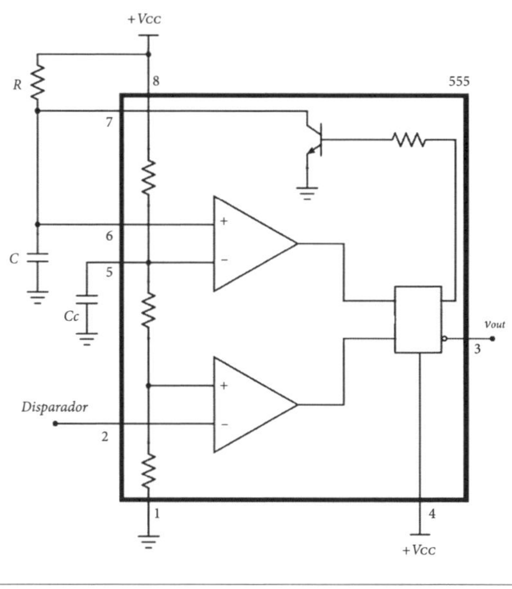

Figura 22.3 Diagrama esquemático de um multivibrador monoestável baseado no 555.

No circuito da Figura 22.3, a constante de tempo da malha formada por *R* e *C* irá definir o tempo em que o sinal de saída (pino 3) permanecerá em nível alto. Inicialmente, com o pino 2 em nível 1, se o pino 3 estiver em nível 0, o transistor interno do 555 estará saturado e o capacitor *C* descarregado. No mesmo instante, o *flip-flop* estará com $S = 0$ e $R = 0$, ou seja, na condição travada. Quando ocorre o disparo, por meio de uma rápida transição ao nível baixo de tensão aplicado no pino 2 do 555, o *flip-flop* é *resetado*, logo a saída (pino 3) vai para nível 1 e o transistor interno do 555 entra em corte. Com o transistor em corte, o capacitor *C* inicia seu carregamento segundo a constante de tempo *RC*. Durante esse tempo, o pulso de disparo pode retornar ao nível 1, restituindo a condição de travamento do *flip-flop*. O capacitor *C* carrega-se até alcançar 2/3 V_{CC}. Nesse valor o comparador Cp_1 muda sua saída, *setando* o *flip-flop* e retornando a saída (pino 3) para nível 0, ao mesmo tempo que o transistor interno do 555 retorna para a saturação. Após o disparo, a saída do circuito permanece em nível alto por um tempo de 1,1 *RC*, aproximadamente. A caracterização da operação monoestável se dá, portanto, toda vez que ocorrer uma transição para nível baixo no terminal do disparador.

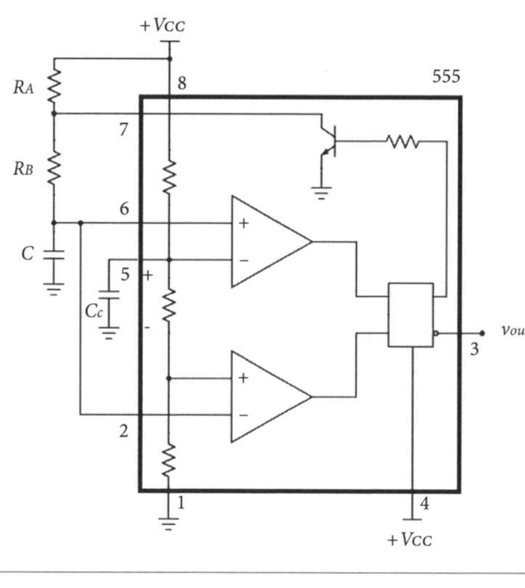

Figura 22.4 Diagrama esquemático de um multivibrador astável baseado no 555.

No circuito da Figura 22.4 vamos supor que inicialmente o pino 3 está em nível 1; logo, o transistor interno do 555 estará cortado. Isso faz que o capacitor *C* carregue-se segundo a constante de tempo $(R_A+R_B)C$. Quando a tensão do pino 6 (e do pino 2 também) superar 2/3 V_{CC}, o comparador Cp_1 troca de estado e *seta* o *flip-flop*, fazendo que o transistor entre em saturação. Com isso, o pino 7 fica aterrado e o capacitor irá se descarregar, exclusivamente, por R_B. A tensão do pino 2 (e do pino 6 também) é reduzida até alcançar 1/3 V_{CC}, quando ocorre o *reset* do *flip-flop*. Evidentemente, o tempo de descarga do capacitor será menor, pois a descarga ocorre apenas por R_B.

A frequência (f) e o ciclo de trabalho (D) do sinal de saída são dados pelas equações 22.2 e 22.3, respectivamente.

$$f = \frac{1,44}{\left(R_A + 2R_B\right)C} \tag{22.2}$$

$$D = \frac{R_A + R_B}{R_A + 2R_B} \times 100\% \tag{22.3}$$

22.3 EXPERIMENTOS PROPOSTOS

Nesta seção iremos propor três experimentos para ilustrar a operação de osciladores de relaxação. O primeiro experimento consiste em um gerador de onda quadrada com amplificador operacional a ser apresentado em 22.3.1. O segundo e o terceiro experimentos são aplicações básicas que envolvem o circuito integrado 555 nas versões monoestável e astável, sendo apresentados em 22.3.2 e 22.3.4, respectivamente.

22.3.1 Gerador de ondas quadradas com amplificador operacional

O diagrama esquemático do circuito da Figura 22.1 será utilizado para o desenvolvimento experimental proposto.

Para o experimento serão utilizados os seguintes materiais:

- 1 fonte simétrica de ± 15 V;
- 1 osciloscópio;
- 1 potenciômetro de 47 kΩ (R);
- 1 resistor de 100 kΩ × ¼ W (R_1);
- 1 resistor de 150 kΩ × ¼ W (R_2);
- 1 capacitor de 10 nF (C);
- 1 amplificador operacional 741.

Inicialmente calcule a frequência de operação do circuito usando a equação 22.1, considerando R no seu valor máximo. Alimente o circuito e conecte o canal 1 do osciloscópio na entrada inversora e o canal 2 na saída do amplificador operacional. Mantenha o potenciômetro com sua resistência mais elevada. Anote as formas de onda e meça os valores mínimo e máximo de v_o e a frequência.

Reajuste a resistência do potenciômetro e verifique o que acontece com as formas de onda. Ao obter uma saída estável, determine o *slew-rate* em todas as frequências de oscilação escolhidas no ajuste do potenciômetro.

22.3.2 Oscilador monoestável com 555

O temporizador monoestável construído a partir do 555 tem seu diagrama esquemático mostrado na Figura 22.3. O circuito gerador do pulso de disparo é apresentado na Figura 22.5.

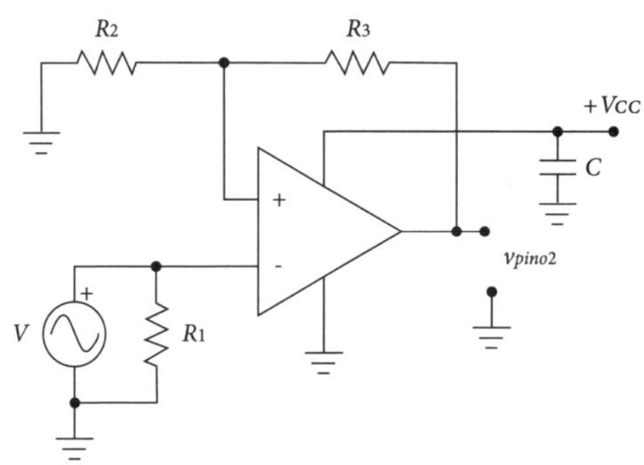

Figura 22.5 Diagrama esquemático do circuito gerador de pulsos a ser usado no temporizador monoestável.

Uma rápida análise desse circuito mostra que usamos um amplificador operacional com alimentação simples de 15 V. Como o circuito possui uma malha de realimentação positiva (R_2-R_3), os estados de saída alteram-se entre seus níveis de saturação, ou seja, entre 0 V e 15 V.

Iniciaremos o experimento montando esse gerador de pulsos. Para essa parte do experimento usaremos os seguintes materiais:

- 1 fonte de alimentação de 15 V;
- 1 osciloscópio;
- 1 gerador de funções;
- 1 amplificador operacional 741;
- 2 resistores de 1 kΩ × ¼ W (R_1 e R_2);
- 1 resistor de 100 kΩ × ¼ W (R_3);
- 1 capacitor de 100 nF × 250 V.

Configure o gerador de funções para obter uma saída senoidal com frequência de 1 kHz. A amplitude do gerador deve ser ajustada de modo a obter na saída desse circuito um pulso com um ciclo de trabalho elevado, aproximadamente 90%. Essa tarefa deve ser monitorada com o osciloscópio conectado na saída do amplificador operacional (pino 6).

Uma vez obtido o sinal para o disparador do multivibrador monoestável, a saída desse circuito deve ser ligada ao pino 2 do 555 da Figura 22.3. No circuito da Figura 22.3, o capacitor C_c, ligado ao terminal de controle (pino 5) é usado como capacitância de desacoplamento de sinais de alta frequência. Também recomenda-se usar um capacitor com a mesma finalidade entre a alimentação (pinos 4 e 8) e o terra. No experimento proposto vamos utilizar esses dois capacitores com capacitâncias de 100 nF. Além dos materiais utilizados no circuito gerador de pulsos, empregaremos também:

- 1 circuito integrado 555;
- 1 resistor de 33 kΩ × ¼ W (*R*);
- 1 resistor de 47 kΩ × ¼ W (*R*);
- 1 resistor de 68 kΩ × ¼ W (*R*);
- 1 capacitor de 10 nF × 250 V (*C*);
- 2 capacitores de 100 nF × 250 V (C_c e capacitor de desacoplamento da fonte de alimentação).

Uma vez inserido o sinal de entrada com ciclo de trabalho de 90% na entrada disparadora (pino 2 do 555), meça o sinal no pino 3 (saída do 555) e anote a largura do pulso. Esse procedimento é feito com os três resistores selecionados como *R* (33 kΩ, 47 kΩ e 68 kΩ). Compare os resultados experimentais com o previsto teoricamente (1,1 *RC*).

22.3.3 Oscilador astável com 555

O experimento com o multivibrador astável será feito com o circuito do diagrama esquemático da Figura 22.4. A alimentação do circuito é feita com uma fonte de 15 V e os capacitores C_c e de desacoplamento da fonte de alimentação são de 100 nF, como usado no experimento anterior.

O experimento consiste em definir três cenários alterados pelos valores dos resistores R_A e R_B e pelo capacitor C que constituem a malha externa do circuito. Esses cenários são definidos para que se obtenham diferentes frequências e ciclos de trabalho. A capacitância será C = 10 nF nos três cenários. O primeiro cenário terá ainda R_A = 10 kΩ e R_B = 100 Ω, o segundo terá R_A = 100 kΩ e R_B = 10 kΩ e o terceiro R_A = 10 kΩ e R_B = 10 kΩ. Para cada um deles, meça a frequência de oscilação e o fator de trabalho e compare com os valores previstos teoricamente, dados pelas equações 22.2 e 22.3. Para facilitar a comparação, use uma tabela a fim de relacionar os resultados.

A lista de materiais para esse experimento é a seguinte:

- 1 fonte de alimentação de 15V;
- 1 osciloscópio;
- 1 resistor de 100 Ω × ¼ W (R_B);
- 2 resistores de 1 kΩ × ¼ W (R_A e R_B);
- 1 resistor de 100 kΩ × ¼ W (R_A);
- 1 capacitor de 10 nF × 250 V (C);
- 2 capacitores de 100 nF × 250 V (C_c e capacitor de desacoplamento da fonte de alimentação).

22.4 DISCUSSÃO

As discussões propostas para os experimentos encontram-se separadas por cada um dos circuitos sugeridos.

22.4.1 Gerador de ondas quadradas

Para maior clareza quanto ao funcionamento do circuito, explique seu funcionamento e demonstre como foi obtida a equação 22.1.

A primeira discussão a ser feita em relação ao circuito proposto advém da escolha do amplificador operacional. Em frequências elevadas pode haver problemas de distorção causados pelo *slew-rate*; assim, a escolha do amplificador operacional deve considerar um dispositivo que responda adequadamente às taxas de variação da tensão. Outro ponto a ser considerado na escolha do amplificador operacional é a máxima tensão nas entradas diferenciais. No circuito que usamos podemos ter diferenças próximas ao valor de V_{CC}. Portanto, o componente deve permitir tensões diferenciais superiores ao empregado.

As demais discussões são para a implementação do gerador de ondas quadradas. Elas envolvem propostas de implementação de outros circuitos para ampliar a aplicação dos osciladores de relaxação.

A partir do circuito da Figura 22.1 pode-se obter outras formas de onda pensando-se no projeto de um gerador de funções simplificado. Por exemplo, pode-se implementar um circuito gerador de ondas triangulares.

A saída do circuito desenvolvido excursiona em torno de um potencial de 0 V. Quais seriam possíveis alterações para haver na saída da excursão em torno de um nível CC? Por exemplo, como poderia ser gerado um sinal de saída com níveis de 10

V e −5 V? Discuta também possíveis soluções para diminuir a amplitude das tensões de saída.

22.4.2 Multivibrador monoestável

As discussões para o multivibrador monoestável podem ser iniciadas pela justificativa de uso dos capacitores que foram conectados entre os pinos 5, 4 e 8 ao terra. Discuta a adequação desses componentes em relação à filtragem e, especificamente, no pino 4, em relação a disparos eventuais via entrada assíncrona do *flip-flop* interno do 555. Essa mesma discussão também pode ser projetada para o multivibrador astável.

22.4.3 Multivibrador astável

A equação 22.3 mostra que há limitações em relação ao ciclo de trabalho do sinal de saída do multivibrador astável. Discuta os limites para D e compare com os resultados experimentais. Ainda em relação ao ciclo de trabalho, a inserção de um diodo semicondutor (p. ex., 1N4148) em paralelo com R_B (ânodo no pino 7 e cátodo no pino 6) pode modificar o comportamento das cargas e descargas do capacitor C. Avalie as possíveis modificações na resposta do circuito e proponha um experimento para conferir os resultados previstos.

CAPÍTULO 23
Osciladores harmônicos

ESTUDO PRELIMINAR

A teoria necessária para estudar osciladores harmônicos envolve conceitos de amplificadores realimentados. Particularmente, a condição de Barkhausen, que é a condição necessária a ser atendida para que as oscilações sejam iniciadas em um circuito. Nos osciladores harmônicos as malhas de realimentação usam componentes reativos; portanto, o domínio da teoria de análise de circuitos em correntes alternadas também é imprescindível para o estudo dos circuitos osciladores.

23.1 INTRODUÇÃO

Os osciladores são circuitos amplificadores com realimentação positiva que produzem tensões de saída oscilantes a partir da energia fornecida por uma fonte de alimentação contínua, portanto sem a necessidade de uma fonte de sinal de entrada. Os osciladores se dividem em dois grupos: harmônicos e de relaxação. Os osciladores de relaxação foram tratados no Capítulo 22. Neste capítulo iremos nos concentrar nos osciladores harmônicos que fornecem sinais senoidais.

Os osciladores são muito usados na eletrônica, como na área de telecomunicações, na concepção de circuitos geradores de frequência portadora de transmissores e receptores de sistemas de radiofrequência (RF). Também estão presentes em equipamentos de laboratório, como geradores de áudio, de varredura e RF.

O diagrama de blocos de um oscilador é mostrado na Figura 23.1. Ele consiste em um amplificador de ganho *A* e em uma malha de realimentação com função de transferência *B*.

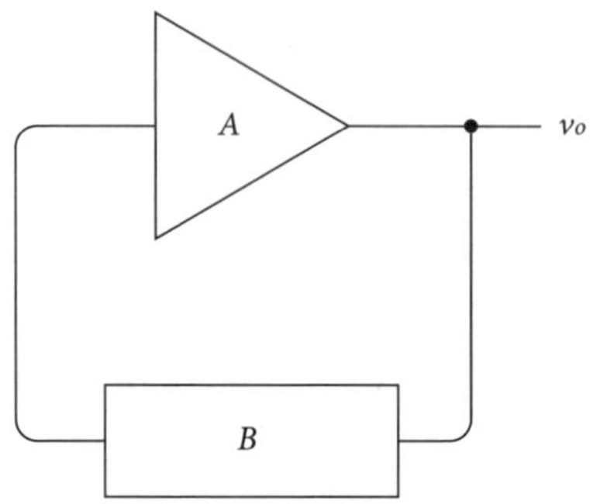

Figura 23.1 Diagrama de blocos de um oscilador genérico.

Há diferentes tipos de osciladores harmônicos, os quais se distinguem pela malha de realimentação. Assim, podemos tomar como exemplos os osciladores por deslocamento de fase ou RC, ponte de Wien, Colpitts, Hartley, Clapp, Armstrong e com cristal piezelétrico. Os tipos de osciladores diferenciam-se essencialmente pela malha de realimentação a ser utilizada. Neste capítulo ilustraremos três desses circuitos: o oscilador por deslocamento de fase, o de ponte de Wien e o Colpitts.

O objetivo desse experimento é apresentar circuitos osciladores para que se compreendam as particularidades do seu funcionamento, em especial o marco estabelecido pelo critério de Barkhausen, e fornecer elementos para o projeto desses circuitos.

23.2 TEORIA

Nesta seção apresentaremos a teoria geral sobre circuitos osciladores e as configurações dos circuitos osciladores por deslocamento de fase, ponte de Wien e Colpitts. A subseção 23.2.1 mostra a teoria para que se alcance a condição de Barkhausen, necessária para que efetivamente ocorram as oscilações. Nas subseções subsequentes (23.2.2 a 23.2.4) são mostrados os tipos de osciladores com explicações sobre sua operação e dedução e particularidades da função de transferência da malha de realimentação.

23.2.1 Teoria da oscilação

O primeiro passo para estudar a teoria dos osciladores é pela retomada do conceito de realimentação. Considera-se o circuito da Figura 23.2, em que temos uma fonte de sinal, v_i, uma chave *S*, um somador de sinais, designado por "+", um amplificador de ganho A e uma malha de realimentação com função de transferência $B(\omega)$, dependente da frequência angular ω. Assim como ocorre em um amplificador realimentado, a tensão de entrada do amplificador v_a será constituída pela soma de uma amostragem da tensão de saída do amplificador pela malha de realimentação v_f com a tensão de entrada v_i, no momento em que S esteja fechada. Portanto, $v_a = v_i + v_f$.

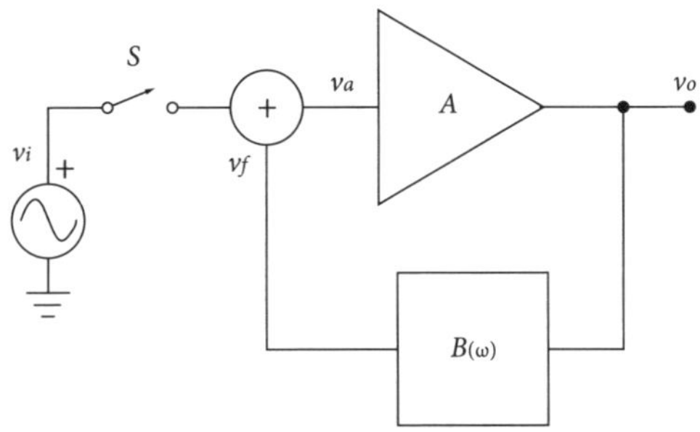

Figura 23.2 Diagrama de blocos de um sistema realimentado.

Admitindo que o amplificador forneça uma tensão de saída com 180º de defasagem em relação à entrada, então v_a será dada pela equação 23.1:

$$v_a = v_i - AB(\omega)v_i \tag{23.1}$$

onde $v_f = AB(\omega)v_i$.

A tensão v_a depende, portanto, da defasagem produzida pela malha de realimentação. Se essa malha impuser uma defasagem de 180º no sinal realimentado, $B(\omega)$ terá sinal negativo e a tensão v_a irá crescer continuamente, saturando o amplificador devido à realimentação positiva. Por outro lado, se a defasagem for diferente de 180º, então o sinal de saída irá diminuir continuamente, ou seja, teremos realimentação negativa.

Pode-se estabelecer uma situação hipotética em que ocorra realimentação positiva e que a chave S esteja fechada até que se obtenha v_i e v_f em fase. Além disso, se as amplitudes dessas tensões forem iguais ($v_i = v_f$) e a chave for aberta, o circuito oscilará indefinidamente. Assim, conclui-se a partir da equação 23.1 que a oscilação ocorrerá quando:

$$AB(\omega) = 1 \tag{23.2}$$

A equação 23.2 tem natureza fasorial e define a condição de Barkhausen. Portanto, a magnitude desse fasor é unitária e a fase é nula para que as oscilações se verifiquem.

Do ponto de vista prático não existe uma chave que se mantenha fechada até que se alcance a condição de Barkhausen, e que depois seja aberta. Assim como também não há a fonte de sinal v_i. Surge, portanto, o questionamento sobre como o processo de oscilação se inicia. A resposta a essa pergunta se baseia na característica de banda larga dos ruídos causados pela agitação dos elétrons livres presentes no circuito. No instante em que há energização do circuito todos os ruídos são amplificados; entretanto, a realimentação que atenda às condições de Barkhausen só ocorrerá em uma frequência devido à natureza reativa do bloco *B*, que atua como um filtro, deixando passar apenas uma componente senoidal com frequência que define a oscilação.

23.2.2 Oscilador por deslocamento de fase

Certamente, o oscilador por deslocamento de fase é a configuração de maior simplicidade para compreensão do funcionamento dos osciladores. O diagrama esquemático genérico de um oscilador por deslocamento de fase é apresentado na Figura 23.3. Esse modelo mostra um amplificador inversor e três pares de resistores e capacitores com os quais se obtêm os outros 180º de defasagem (atribuindo-se, a princípio, 60º de defasagem para cada par). Dessa forma, atende-se a condição de fase nula do produto *AB* exigida pelo critério de Barkhausen.

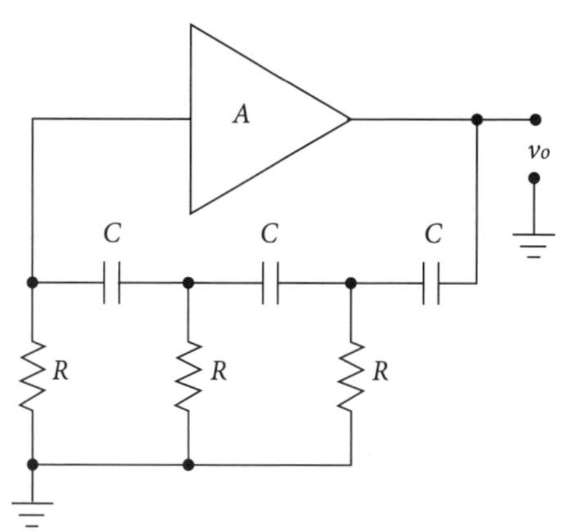

Figura 23.3 Diagrama esquemático de um oscilador por deslocamento de fase genérico.

Para determinar a função de transferência $B(\omega)$, toma-se a malha de realimentação (3 pares *RC*) e determina-se a razão entre as tensões de saída e entrada. Nota-se que a entrada dessa malha está conectada à saída do amplificador e sua saída fica na entrada do amplificador. Por meio de procedimentos convencionais de análise de circuitos de corrente alternada obtém-se a função de transferência:

$$B(\omega)=\frac{-j\omega^3R^3C^3}{\left(1-6\omega^2R^2C^2\right)+j\left(5\omega RC-\omega^3R^3C^3\right)} \tag{23.3}$$

Para obter a fase nula encontra-se a frequência de oscilação *fo*, impondo a parte real do denominador da equação 23.3 nulo, como mostrado na equação 23.4:

$$f_o=\frac{1}{2\pi RC\sqrt{6}} \tag{23.4}$$

A frequência de oscilação f_o, sendo substituída na equação 23.3, nos dá a magnitude da função de transferência $B(\omega_o) = -1/29$. Logo, o ganho do amplificador deve ser de −29 para satisfazer plenamente a condição de Barkhausen.

A Figura 23.4 mostra o oscilador de deslocamento de fase a partir de um amplificador baseado em transistor bipolar na configuração emissor comum e linearizado. Nota-se que o resistor do último par *RC* da malha de realimentação é constituído pela impedância de entrada do amplificador. Portanto, o valor de *R* deve ser a impedância de entrada do amplificador, dado pela equação 23.5.

$$R=\frac{1}{\left(\frac{1}{R_1}+\frac{1}{R_2}+\frac{1}{\beta\left(R_{E'}+r_{e'}\right)}\right)} \tag{23.5}$$

onde β é o parâmetro de ganho de corrente do transistor e $r_{e'} = 25\ (\text{mV}) / I_E\ (\text{mA})$.

Na possibilidade de empregar amplificadores com elevada impedância de entrada, o que seria conseguido usando-se amplificadores operacionais ou circuitos baseados em transistores de efeito de campo, a configuração original seria mantida com os três pares *RC* iguais.

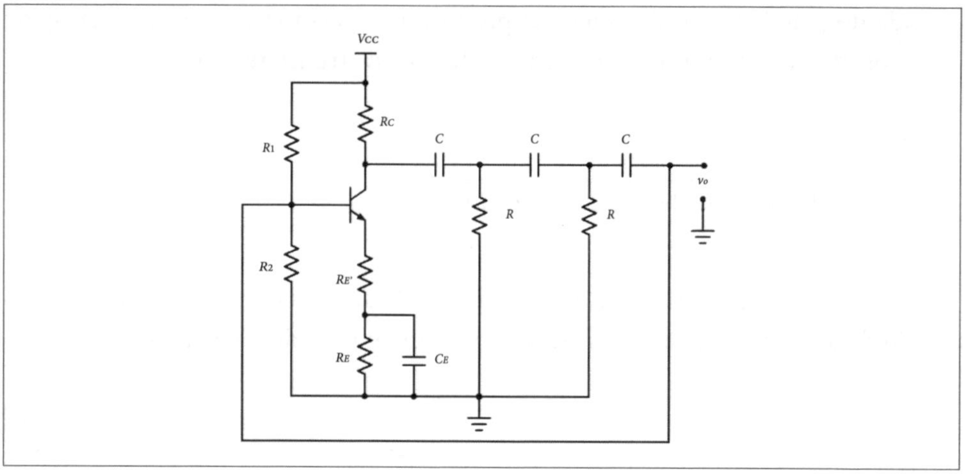

Figura 23.4 Diagrama esquemático de um oscilador por deslocamento de fase com transistor bipolar.

23.2.3 Oscilador ponte de Wien

O diagrama esquemático de um oscilador ponte de Wien é mostrado na Figura 23.5. Esse amplificador possui uma malha resistiva formada por R_a e R_b, que atuam na definição do ganho de um amplificador na configuração não inversora ($A = 1 + R_b/R_a$).

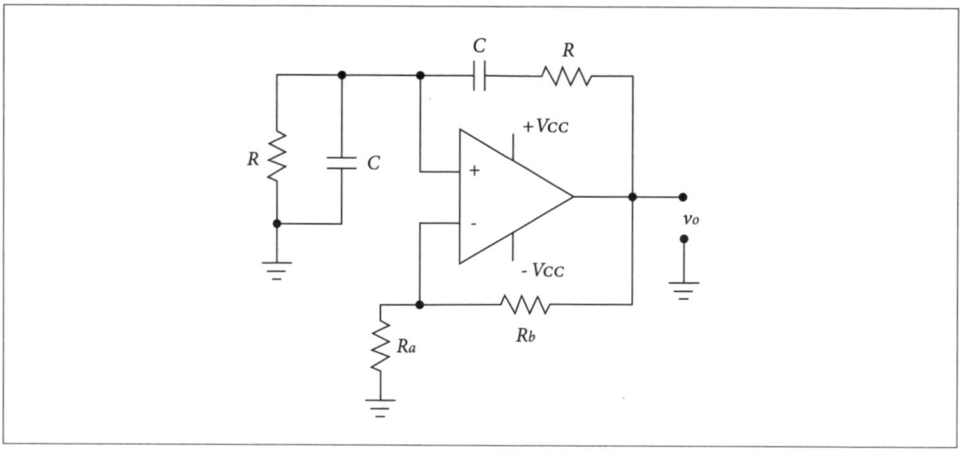

Figura 23.5 Diagrama esquemático de um oscilador de ponte de Wien.

A malha de realimentação do oscilador está destacada na Figura 23.6. Note que os valores de C e R são os mesmos em ambos os ramos que compõem a malha. O cálculo da função de transferência, $B(\omega)$, para esse circuito é dado na equação 23.6, considerando a saída na entrada não inversora do amplificador operacional.

$$B(\omega) = \frac{\omega RC}{3\omega RC + j(\omega^2 R^2 C^2 - 1)} \quad (23.6)$$

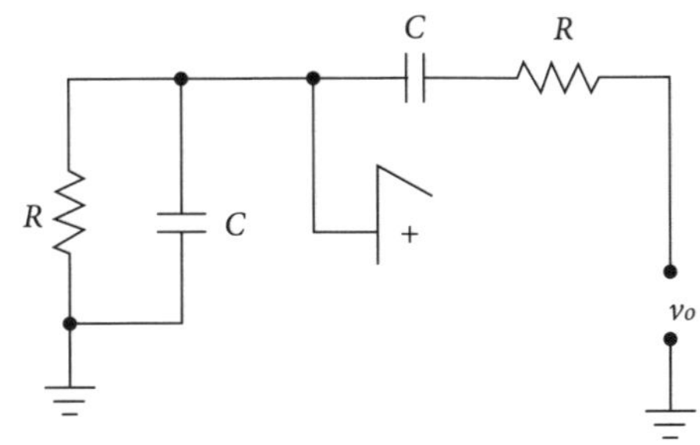

Figura 23.6 Diagrama esquemático da malha de realimentação recortada do oscilador ponte de Wien da Figura 23.5 com entrada em v_o e saída na entrada não inversora do amplificador operacional.

Para se obter fase 0° na equação 23.6, sua componente imaginária deve ser anulada; logo, a frequência de oscilações será dada pela equação 23.7:

$$f_o = \frac{1}{2\pi RC} \quad (23.7)$$

Nessa frequência f_o, a magnitude da função de transferência, obtida por meio da equação 23.6, será de 1/3. Desse modo, o ganho do amplificador deve ser de 3 para satisfazer as condições de Barkhausen. Portanto, de acordo com a expressão de ganho do amplificador não inversor, R_b deverá ser o dobro de R_a ($R_b = 2\,R_a$). Caso R_b seja maior que o dobro de R_a, o produto $AB(\omega)$ será superior a 1 e o oscilador deverá evoluir para a saturação. Se R_b for menor que o dobro de R_a, $AB(\omega)$ será inferior a 1 e as oscilações serão amortecidas.

A Figura 23.7 mostra um oscilador em ponte de Wien com estabilização por meio de diodos. Nesse tipo de circuito, R_{b1} é feito ligeiramente superior ao dobro de R_a. Ao iniciar as oscilações, ainda em amplitudes pequenas, os diodos estarão cortados. Com o aumento das amplitudes, os diodos passam a conduzir agregando R_{b2} à resistência equivalente de realimentação do amplificador e, portanto, reduzindo o ganho até 1 onde as oscilações se estabilizam.

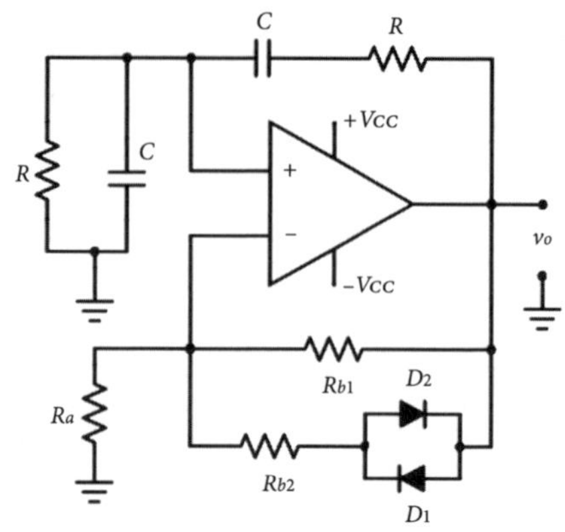

Figura 23.7 Diagrama esquemático de um oscilador de ponte de Wien com limitador de amplitude de saída por diodos semicondutores.

23.2.4 Oscilador Colpitts

Nos circuitos anteriores a malha de realimentação possui componentes reativas produzidas apenas por capacitores. Passaremos agora a estudar os osciladores cuja malha de realimentação seja composta pela associação de capacitores e indutores. Os osciladores Colpitts, Hartley, Clapp e Armstrong são exemplos dessa classe de circuitos.

Uma possível configuração de um oscilador Colpitts é mostrada na Figura 23.8. A malha de realimentação desse oscilador é composta por dois capacitores e um indutor.

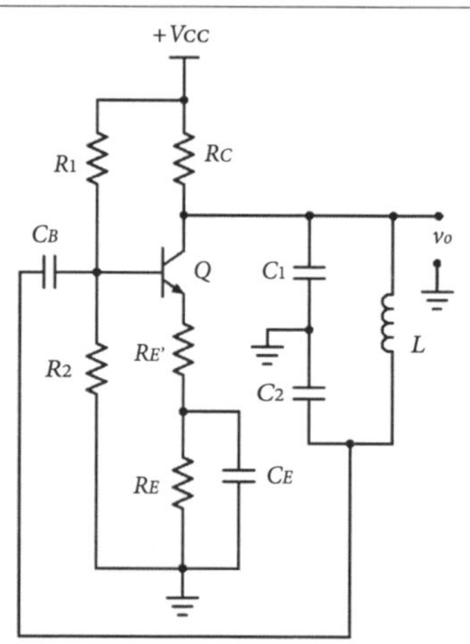

Figura 23.8 Diagrama esquemático de um oscilador Colpitts com transistor bipolar na configuração emissor comum linearizado.

A malha de realimentação é apresentada em separado na Figura 23.9. A equação 23.8 apresenta a função de transferência da malha de realimentação.

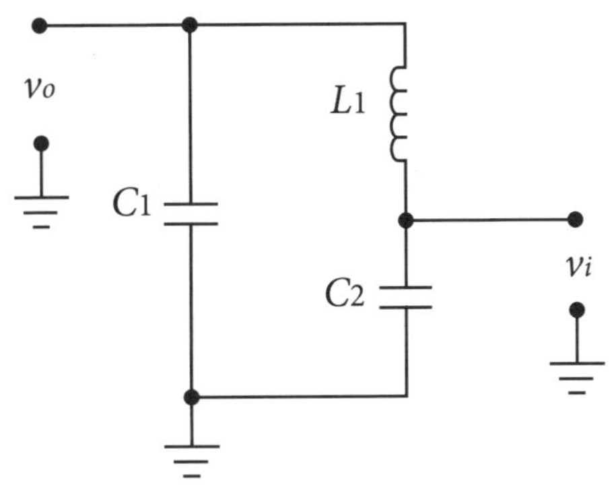

Figura 23.9 Diagrama esquemático da malha de realimentação do oscilador Colpitts.

$$B(\omega)=\frac{1}{1-\omega^2 LC_2} \tag{23.8}$$

$$f_o=\frac{1}{2\pi\sqrt{LC_{eq}}} \tag{23.9}$$

onde $C_{eq}=\dfrac{C_1C_2}{C_1+C_2}$.

Na ressonância, a função de transferência passa a ser $-C_1/C_2$ e o ganho do amplificador deverá ser $-C_2/C_1$ para atender às condições de Barkhausen.

23.3 EXPERIMENTOS PROPOSTOS

Nesta seção iremos propor três experimentos para mostrar o funcionamento dos circuitos osciladores harmônicos. A teoria apresentou elementos suficientes para a elaboração de experimentos com circuitos desses osciladores. Esses experimentos virão acompanhados de sugestões metodológicas para desenvolver um projeto de oscilador. Serão apreciados os osciladores de deslocamento de fase (ou RC), o de ponte de Wien e o Colpitts, também já descritos na seção de teoria.

23.3.1 Oscilador por deslocamento de fase

O oscilador por deslocamento de fase que iremos construir é o mostrado no diagrama esquemático da Figura 23.4. Usaremos um transistor com β estimado em 300 e fonte de alimentação de 15 V. O ponto quiescente do transistor é dado por (V_{CEQ}, I_{CQ}) = (8,0 V, 3,0 mA). A orientação do projeto do circuito a ser testado inicia-se com a escolha da frequência de oscilação. Em seguida, arbitra-se *R* ou *C* e calcula-se o valor do outro componente não arbitrado.

A título de exemplo escolhemos a frequência de 1 kHz e o valor comercial de *C* de 5,6 nF. Pela equação 23.4 obtém-se *R* de aproximadamente 11,6 kΩ. O valor de *R* comercial mais próximo é de 12 kΩ. Por conta das escolhas manifestadas na frase anterior, a impedância de entrada do amplificador deve ser de aproximadamente 12 kΩ.

O próximo passo consiste em definir o ponto quiescente do transistor. Isso pode ser feito usando-se as seguintes regras de projeto já enunciadas no Capítulo 10. Admitindo que a tensão entre o emissor e o terra seja de 10% do valor de V_{CC}, ou seja, 1,5 V, então a tensão da base será de 2,2 V. A corrente de coletor quiescente, I_{CQ}, é arbitrada em 3,0 mA, logo $r_{e'}$ = 8,3 Ω. Como aqui temos um resistor de linearização ($R_{E'}$), faremos esse componente com resistência 5 vezes menor que a de R_E. Com cálculos simples obtém-se R_E = 416,6 Ω, $R_{E'}$ = 83,3 Ω. Adotam-se os seguintes valores comerciais: R_E = 390 Ω, $R_{E'}$ = 82 Ω.

Os resistores R_1 e R_2 são obtidos combinando-se a equação 23.5 com a do divisor de tensão formado por R_1 e R_2 (como de praxe, admite-se $I_B = 0$). Obtém-se R_1 = 146,9 kΩ e R_2 = 24,97 kΩ. Os valores comerciais mais próximos são 150 kΩ e 27 kΩ.

O valor de R_C é calculado pela distribuição das tensões na malha formada do coletor do transistor. Assim, com V_{RC} = 5,5 V e a I_{CQ} = 3 mA, obtemos R_C = 1,83 kΩ. O valor comercial a ser adotado seria então de 2,2 kΩ. A necessidade de fazer ajustes devido ao atendimento da condição de Barkhausen nos sugere que R_C pode ser um resistor variável (potenciômetro), uma vez que esse componente afeta o ganho e a impedância de entrada do amplificador. De fato, a prática mostra que o valor de R_C deve ser sempre superior ao calculado para que a condição de oscilação se estabeleça. O potenciômetro sugerido, portanto, deve ter uma resistência de 10 kΩ.

Os materiais usados nesse experimento são:

- 1 fonte de alimentação de 15 V;
- 1 osciloscópio;
- 1 transistor BC337 ou 2N3904;
- 1 resistor de 150 kΩ × ¼ W (R_1);
- 1 resistor de 27 kΩ × ¼ W (R_2);

- 1 resistor de 390 Ω × ¼ W (R_E);
- 1 resistor de 82 Ω × ¼ W ($R_{E'}$);
- 2 resistores de 12 kΩ × ¼ W (R);
- 1 potenciômetro ou trimpot de 10 kΩ (R_C);
- 3 capacitores poliéster de 5,6 nF × 250 V;
- 1 capacitor eletrolítico de 100 μF × 25 V.

Uma vez construído o circuito, deve-se medir a tensão de saída, no coletor do transistor, com o osciloscópio de modo a obter a tensão e a frequência do sinal. É esperado que, inicialmente, o circuito não oscile, então faz-se necessário o ajuste de R_C para que a condição de oscilação seja satisfeita. Alcançada a condição de oscilação, sugere-se medir a resistência de R_C e refazer os cálculos, localizando possíveis desvios em relação aos valores adotados na modelagem do transistor e nas aproximações para os valores comerciais dos componentes.

23.3.2 Oscilador por ponte de Wien

O desenvolvimento do oscilador por ponte de Wien a ser utilizado neste estudo baseia-se no circuito da Figura 23.5. Iremos desenvolver um oscilador para a frequência de 5 kHz. O procedimento nesse caso é muito mais simples que o anterior por causa do uso de amplificadores operacionais. Consiste também em arbitrar um dos valores dos componentes da malha de realimentação (R ou C) e calcular o outro por meio da equação 23.7. O ganho do amplificador deve ser 3, devido ao circuito ser da configuração não inversora $R_b = 2R_a$. Os valores típicos desses resistores são da ordem de dezenas de kΩ.

O experimento consistirá em projetar um oscilador na frequência de 5 kHz. Para isso, arbitramos $R = 10$ kΩ e calculamos $C = 3{,}2$ nF por meio da equação 23.7. O valor comercial mais próximo de C é 3,3 nF. Os resistores R_a e R_b são de 10 kΩ e 15 kΩ. Como o valor de R_b não atende à condição para oscilação, deve-se ligá-lo em série com um potenciômetro de 10 kΩ para que ele seja ajustado até que se encontre um sinal de saída com oscilação senoidal livre de distorção.

Como tem sido feito em diversos experimentos que empregam amplificadores operacionais (vide Capítulos 17 a 19), recomenda-se a utilização de capacitores de desacoplamento entre os terminais de $+V_{CC}$ e terra e $-V_{CC}$ e terra.

Os materiais usados nesse experimento para constituir o circuito da Figura 23.5 são:

- 1 fonte de alimentação de ±15 V;
- 1 osciloscópio;

- 1 amplificador operacional CA3140;
- 1 resistor de 10 kΩ × ¼ W (R_a);
- 1 resistor de 15 kΩ × ¼ W (R_b);
- 2 resistores de 10 kΩ × ¼ W (R);
- 1 potenciômetro de 10 kΩ;
- 2 capacitores de 3,3 nF × 250 V (C);
- 2 capacitores de poliéster de 100 nF × 250 V (desacoplamento da fonte de alimentação).

Com o osciloscópio conectado à saída do amplificador operacional, ajuste o valor da resistência do potenciômetro até que se obtenha o sinal de oscilação. Verifique se a frequência de oscilação está condizente com o previsto e a forma de onda desse sinal. Meça a resistência equivalente da associação de R_b com o potenciômetro para avaliar se a condição prevista para o ganho do amplificador foi atendida.

O mesmo circuito pode ser modificado para se obter uma configuração estabilizada com diodos, mostrada na Figura 23.7. Usando-se o circuito com a estabilização com diodos, R_{b1} deve ser feito um pouco maior que o de R_b, adotado no circuito anterior. Desse modo, adotou-se o valor comercial de 22 kΩ. O resistor R_{b2} deve ser maior que 5 vezes o valor de R_{b1}. Propomos experimentar valores para R_{b2} de 100 kΩ, 150 kΩ e 220 kΩ.

Os materiais usados nesse experimento são:

- 1 fonte de alimentação de ±15 V;
- 1 osciloscópio
- 1 amplificador operacional CA3140;
- 2 diodos semicondutores 1N4148;
- 1 resistor de 10 kΩ × ¼ W (R_a);
- 1 resistor de 22 kΩ × ¼ W (R_{b1});
- 1 resistor de 100 kΩ × ¼ W (R_{b2});
- 1 resistor de 150 kΩ × ¼ W (R_{b2});
- 1 resistor de 220 kΩ × ¼ W (R_{b2});
- 2 resistores de 10 kΩ (R);
- 2 capacitores de 3,3 nF × 250 V (C);
- 2 capacitores de poliéster de 100 nF × 250 V (desacoplamento da fonte de alimentação).

Monitore o circuito com o osciloscópio conectando um dos canais na saída e outro na entrada inversora do amplificador operacional. Meça as tensões nesses terminais e calcule a razão das tensões para cada um dos resistores propostos para R_{b2}. Determine a frequência de oscilação e compare o resultado com a previsão do modelo usado no projeto.

23.3.3 Oscilador Colpitts

Diferentemente dos dois circuitos anteriores, em que a frequência de oscilação é limitada pela disponibilidade de componentes para produzir oscilações em frequências elevadas, o oscilador Colpitts não apresenta essa restrição e, por isso, é muito usado em circuitos de RF. No entanto, para possibilitar a avaliação do circuito sem a influência de capacitâncias e indutâncias adicionais causadas pelos comprimentos de ondas das altas frequências, iremos propor um experimento com uma frequência de oscilação de 100 kHz.

Iremos projetar um oscilador Colpitts a partir de um amplificador baseado em transistor bipolar na configuração emissor comum linearizado. Usaremos o mesmo amplificador desenvolvido no exemplo da subseção 23.3.1, ou seja, fonte de alimentação de 15 V e um transistor com β estimado em 300 e ponto quiescente dado por $(V_{CEQ}, I_{CQ}) = (8{,}0\ V, 3{,}0\ mA)$. Considerando os valores comerciais adotados ($R_C = 2{,}2$ kΩ, $R_{E'} = 82\ \Omega$) e $r_{e'} = 8{,}3\ \Omega$, o ganho de tensão desse amplificador em malha aberta é, aproximadamente, –24,4.

Tomando-se o circuito da Figura 23.8 para construir um oscilador com a frequência de oscilação de 100 kHz, usando-se a equação 23.9, arbitrou-se a indutância $L =$ 1 mH e obteve-se $C_{eq} = 2{,}53$ nF. Pelo ganho de tensão do amplificador, $-C_2/C_1$, calculam-se C1 = 2,63 nF e C2 = 64,3 nF. Os valores comerciais mais próximos dessas capacitâncias são 2,7 nF e 68 nF, respectivamente.

Os capacitores C_B e C_E são usados para acoplamento e desvio, respectivamente. Esses capacitores devem produzir reatâncias desprezíveis em relação à frequência de oscilação desejada. Os cálculos usados para determinar essas capacitâncias realizados na concepção do amplificador e apresentados no Capítulo 10 deste livro podem ser utilizados com referência. Foram usados $C_B = 1\ \mu F$ e $C_E = 100\ \mu F$.

Os materiais usados nesse experimento são:

- 1 fonte de alimentação de 15 V;
- 1 osciloscópio;
- 1 transistor BC337 ou 2N3904;
- 1 resistor de 150 kΩ × ¼ W (R_1);
- 1 resistor de 27 kΩ × ¼ W (R_2);
- 1 resistor de 390 Ω × ¼ W (R_E);
- 1 resistor de 82 Ω × ¼ W ($R_{E'}$);

- 1 potenciômetro ou trimpot de 4,7 kΩ (R_C);
- 1 indutor de 1 mH (L);
- 1 capacitor de 2,7 nF × 250 V (C_1);
- 1 capacitor de 68 nV × 250 V (C_2);
- 1 capacitor eletrolítico de 1 μF × 25 V (C_B);
- 1 capacitor eletrolítico de 100 μF × 25 V (C_E).

Note que optamos por substituir o resistor R_C de 2,2 kΩ por um potenciômetro de 4,7 kΩ. O ajuste da resistência irá garantir a oscilação na frequência desejada e um sinal de saída máximo e livre de distorções.

Como procedimento deve-se montar o circuito e monitorar sua saída, no terminal coletor do transistor, com o osciloscópio. Ajuste diferentes valores de R_C e meça as amplitudes e a frequência de oscilação. Compare os resultados experimentais com os teóricos.

Substitua os valores das indutâncias por valores que sejam 10 vezes menores e 10 vezes maiores e repita o procedimento experimental anterior.

23.4 DISCUSSÃO

A concepção de um oscilador por deslocamento de fase com transistores bipolares é bem crítica no que tange à satisfação das condições de Barkhausen. Como é visto no circuito da Figura 23.3, a última resistência da malha de realimentação (junto à entrada do amplificador) é formada e influenciada por partes do circuito do amplificador (equação 23.5), especialmente o produto $\beta r_{e'}$. Portanto, o modelo simplificado de Ebbers-Moll, que costumeiramente se emprega para projetar o circuito, pode não ter a devida exatidão e, com isso, não gerar as oscilações. Sob o ponto de vista prático, pode-se utilizar resistores variáveis para ajustar individualmente o ganho dos amplificadores e obter oscilações de cada protótipo em operação. Para essa finalidade, o ajuste de R_C pode ser uma alternativa para a obtenção prática das oscilações. Uma vez encontrado o valor de R_C que gere as oscilações, os cálculos realizados deverão ajudar a apontar restrições da metodologia de cálculo usada na concepção do circuito. Deve-se observar que o valor de R_C em que as oscilações ocorrem é sempre superior ao calculado. Discuta as possíveis causas desse desvio.

Nos osciladores por ponte de Wien, a questão da estabilidade da tensão de saída é importante. Existem alguns circuitos, e um exemplo é o da Figura 23.7, que são utilizados para permitir esse controle. Discuta o funcionamento do circuito utilizado e o significado da razão das tensões medidas (saída e entrada inversora do amplificador operacional). A forma de onda da oscilação no circuito da Figura 23.5 pode ser próxima à de um quadrado, ao passo que na da Figura 23.7 é senoidal. Uma discussão sobre a teoria de ambos os circuitos ajudará o experimentador a identificar o motivo dessa diferença de forma de onda.

Discuta as restrições práticas em termos de frequência de oscilação dos osciladores por deslocamento de fase e de ponte de Wien. Em particular, o uso dos amplificadores operacionais também representa uma restrição no projeto dos osciladores para frequências elevadas, tendo em vista que as frequências unitárias desses dispositivos, ao menos os mais populares, não ultrapassa 500 kHz. Essas restrições não atingem os osciladores baseados em circuitos do tipo LC, como o Colpitts e o Hartley.

Deve-se notar no experimento com o oscilador Colpitts que a frequência pode ser ajustada alterando-se o valor da indutância. Os valores de C_1 e C_2 também podem ser ajustados individualmente para mudar a frequência de oscilação; no entanto, geram implicações em relação ao ganho do amplificador no atendimento das condições de Barkhausen. Dessa forma, esse ajuste deveria ser feito de modo que a razão C_2/C_1 seja mantida. Convém também ao experimentador empreender esforços na construção de osciladores Colpitts com outros valores de C_1 e C_2.

Uma discussão importante sobre o ajuste de frequências dos osciladores pode ser feita quando consideramos o oscilador Clapp. Os osciladores Clapp diferenciam-se do Colpitts pela inclusão de uma capacitância C_3 em série com L. As análises do circuito ressonante resultante mostram que se pode obter circuitos com ajuste de frequências dependentes prioritariamente de C_3.

O oscilador Hartley é uma versão complementar do Colpitts. O desenvolvimento que apresentamos aqui sobre o Colpitts pode ser facilmente adaptado para o Hartley.

CAPÍTULO 24
Retificadores controlados de silício

ESTUDO PRELIMINAR

O estudo dos tiristores deve ser precedido da compreensão dos dispositivos semicondutores e, no caso de abordagens em aplicações de controle de potência e proteção contra transientes nos tiristores, de circuitos básicos ligados a temporização, como os circuitos *RC*. Maiores aprofundamentos sobre as aplicações dos tiristores são encontrados em referências sobre eletrônica de potência (RASHID, 2001).

24.1 INTRODUÇÃO

Tiristores são dispositivos semicondutores formados por quatro camadas que, diferentemente dos transistores bipolares e unipolares, apenas atuam como chave. A estrutura interna de um tiristor possui uma característica de realimentação que permite seu travamento, tornando-o adequado para o controle de correntes em dispositivos que, geralmente, consomem elevadas correntes, como uma chave que abre e fecha.

Na família dos tiristores encontram-se o diodo Shockley, o retificador controlado a silício (SCR – *silicon controlled rectifier*) e algumas variações, o DIAC, o TRIAC e o transistor uni-junção. Cada um desses dispositivos possui características próprias de condução e disparo com direcionamento para uma larga gama de aplicações em eletrônica de potência. Essencialmente, todo tiristor tem aplicações no controle de potência, pois sua característica de construção, baseada em uma composição de quatro camadas, permite que a condução seja controlada por um terminal de disparo temporizador.

Os circuitos de controle de potência de uma carga em corrente alternada se realizam pela seleção da fase associada às tensões que alimentam a carga. Isso é possível por meio da geração de pulsos sincronizados que estabelecem momentos de chave aberta e de chave fechada.

Neste capítulo focaremos o tiristor mais comum, o SCR. Com o objetivo de conhecer os princípios fundamentais da operação desse dispositivo e algumas de suas aplicações, iremos desenvolver experimentos para caracterizar o dispositivo e apresentar um pequeno projeto de uso do SCR voltado para o controle da potência em um resistor de carga pelo ajuste da fase.

24.2 TEORIA

A estrutura interna e o símbolo esquemático de um SCR são mostrados na Figura 24.1. Os SCRs são projetados para atuar como chave fechada após de uma tensão de disparo aplicada à porta (*gate* – *G*). Antes do disparo, não há corrente entre o ânodo (*A*) e o cátodo (*K*); portanto, o SCR comporta-se como chave aberta. Após o disparo, a cessação de corrente entre o *A* e o cátodo *K*, com o consequente retorno à condição de chave aberta, só ocorrerá com o desligamento da corrente por essa malha. Ressalta-se que a condução do SCR ocorre apenas no sentido convencional de um diodo, ou seja, de *A* para *K*.

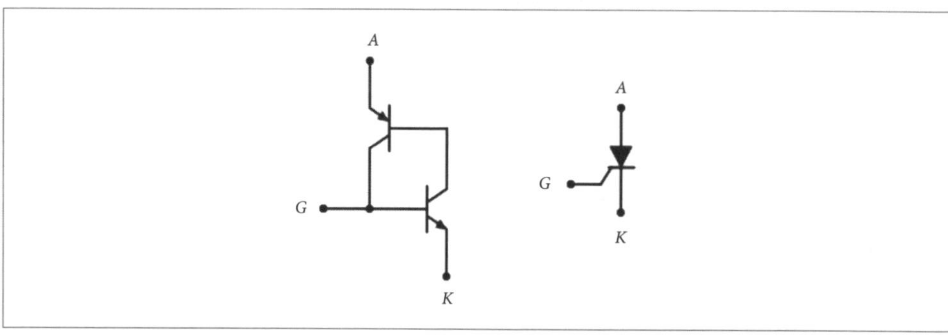

Figura 24.1 Estrutura interna baseada em transistores bipolares e simbologia do SCR.

Para as aplicações em que se deseja o controle da potência em ambos os sentidos da corrente emprega-se um outro tiristor, denominado TRIAC. A Figura 24.2 apresenta a organização interna, definida por dois SCRs em paralelo, e a simbologia de um TRIAC. É fácil notar nesta figura que os pulsos de disparo poderão fechar o SCR_1, estabelecendo uma corrente de AK_1 para AK_2 quando o primeiro estiver com potencial superior ao segundo. O mesmo pulso fecha o SCR_2 se os potenciais estiverem invertidos.

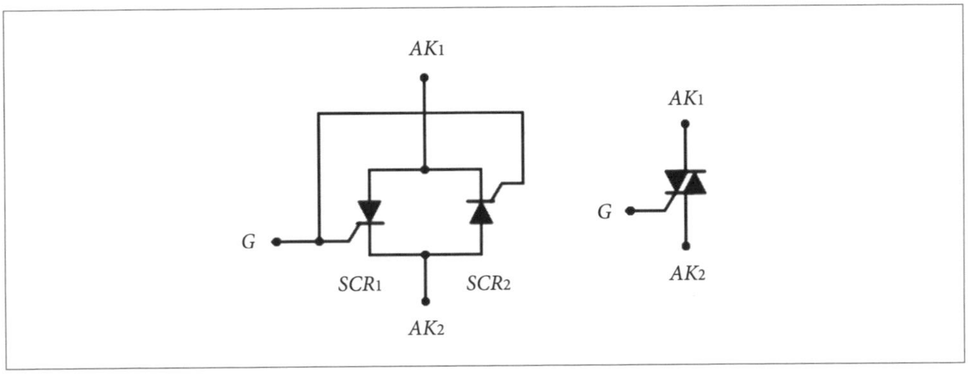

Figura 24.2 Organização interna e simbologia de um TRIAC.

A Figura 24.3 mostra um circuito útil para o controle da potência no resistor R_L. Sabe-se de antemão, consultando-se a folha de dados do SCR a ser utilizado, que há um potencial e uma corrente de acionamento designados por V_{GT} e I_{GT}, respectivamente. Na malha formada pela fonte de tensão $v(t)$, pelos resistores R_{G1} e R_{G2} e pelos terminais G e K do SCR aplica-se a lei de Kirchhoff para tensões, como apresentado na equação 24.1:

$$v(t) = R_{GT} I_{GT} + V_{GT} \tag{24.1}$$

onde $R_{GT} = R_{G1} + R_{G2}$.

Normalmente emprega-se uma fonte de tensão senoidal para fornecer potência à carga; assim, $v(t) = V_P \text{sen}\omega t$, onde $0 < \theta = \omega t < \pi/2$ é a fase na qual se deseja realizar o disparo do SCR, ω é a frequência angular em rad/s e t é o tempo em segundos. É fácil verificar que, para fase menores, o valor de R_{GT} deve ser pequeno e maior será o tempo em que o SCR fica em estado de condução e, consequentemente, a carga irá dissipar potências maiores. No circuito da Figura 24.3 o valor de R_{G2} deve garantir a corrente para acionamento na menor fase, enquanto R_{G1} for igual a 0 Ω. O circuito também deve ser projetado levando em conta que, se R_{GT} for máximo, a fase de disparo deverá estar próxima aos 90°.

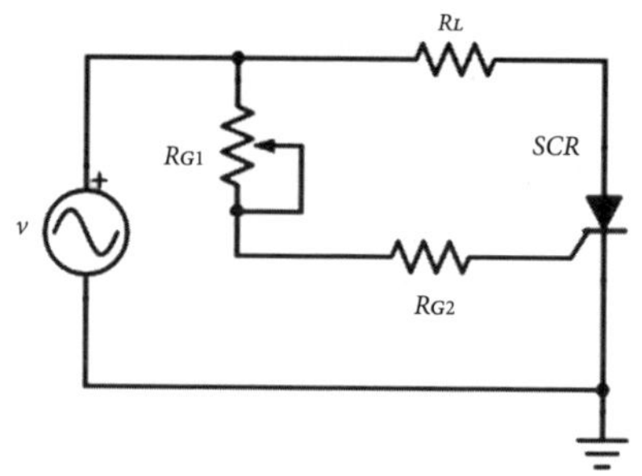

Figura 24.3 Diagrama esquemático de um circuito de controle de potência pelo disparo do SCR.

Quando o SCR estiver conduzindo, a queda de tensão entre *A* e *K* deve ser desprezível. Assim, as tensões média e eficaz (*rms*) em R_L são dadas, respectivamente, pelas equações 24.2 e 24.3:

$$\overline{V_{RL}} = \frac{V_P(1+cos\theta)}{2\pi} \tag{24.2}$$

$$V_{RLrms} = V_P\sqrt{\frac{1}{4} - \frac{\theta}{720} + \frac{sen(2\theta)}{8\pi}} \tag{24.3}$$

Por meio da tensão eficaz na carga calcula-se a potência média dissipada pela equação 24.4:

$$\overline{P_L} = \frac{V_{RLrms}^2}{R_L} \tag{24.4}$$

24.3 EXPERIMENTOS PROPOSTOS

Nesta seção apresentaremos dois experimentos ilustrativos para estudar o SCR. O primeiro deles, apresentado na subseção 24.3.1, é voltado à identificação da operação do SCR. Na subseção 24.3.2 apresentamos um circuito em que a fase do sinal em que ocorre o disparo é definida por uma constante de tempo de um circuito *RC*.

24.3.1 Operação do SCR

A Figura 24.4 apresenta o diagrama esquemático de um circuito que permite estudar as condições de operação de um SCR comercial, TIC106.

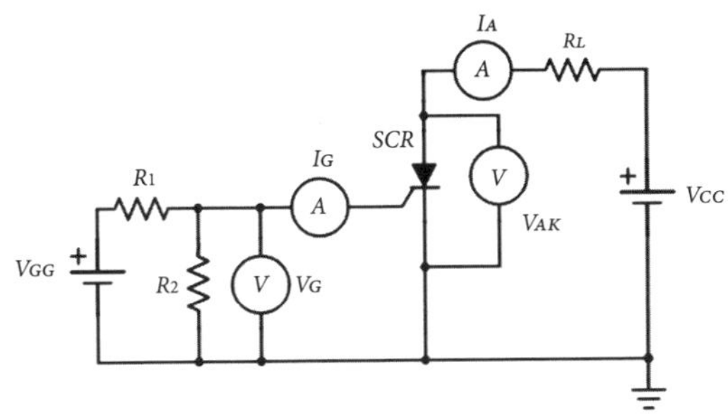

Figura 24.4 Diagrama esquemático para estudo do comportamento de um SCR.

Para o desenvolvimento experimental, as fontes de alimentação devem ser ajustáveis. Assim, considere inicialmente que V_{CC} e V_{GG} estejam em 0 V. A seguir ajuste V_{CC} para 30 V, mas mantenha V_{GG} = 0 V e meça I_A. Espera-se que a corrente I_A seja da ordem de μA, pois o SCR encontra-se em estado de chave aberta.

O próximo passo consiste em encontrar o ponto de disparo do SCR. De acordo com a folha de dados do TIC106, o disparo deve ocorrer com uma tensão V_G entre 0,2 V e 1,0 V. Desse modo, para realizarmos o disparo, a tensão V_{GG} deve ser cuidadosamente variada até que se perceba a condução pelo amperímetro I_A. Por ser um procedimento de ajuste manual, repita-o por 5 vezes e encontre os valores médios de V_G e I_G no momento da transição dos estados.

Nesse experimento é sugerido utilizar uma resistência R_L = 470 Ω. Admitindo que em condução plena do SCR, V_{AK} é aproximadamente 0 V, então espera-se que I_A seja de cerca de 64 mA.

Novamente, ajuste V_{CC} = 30 e V_{GG} = 0V. Aumente V_{GG} até obter o disparo do SCR. A seguir, ajuste V_{CC} para obter correntes menores, como 60 mA, 50 mA, até perceber a cessação da condução pelo SCR. Anote os valores medidos de I_A e V_{AK}.

Os materiais utilizados nesse experimento são:

- 2 fontes de alimentação simples e ajustáveis (V_{CC} de 0 a 30 V e V_{GG} de 0 a 5V);
- 4 multímetros, sendo 2 amperímetros (I_A e I_G) e 2 voltímetros (V_G e V_{AK}), ambos em CC;
- 1 SCR TIC106;
- 1 resistor de 470 Ω × 5W (R_L);
- 1 resistor de 680 Ω × ¼ W (R_1);
- 1 resistor de 1,2 kΩ × ¼ W (R_2).

24.3.2 Controle de potência por fase de disparo do SCR

O segundo experimento mostra o projeto de um circuito, cujo diagrama esquemático encontra-se na Figura 24.3, que controla a fase de disparo do SCR. Esse controle permite ajustar a potência dissipada no resistor de carga R_L de 220 Ω. O SCR a ser utilizado nesse experimento é o mesmo da subseção anterior, o TIC106.

Vamos admitir que a tensão (V_{GT}) e a corrente (I_{GT}) de disparo do SCR sejam de 0,6 V e de 200 μA, conforme as informações do fabricante. A tensão que irá acionar a carga será provida por um transformador ligado à rede elétrica (frequência de 60 Hz) como fonte de tensão senoidal alternada, cujo secundário fornece 24 V_{rms}. A rede elétrica pode ser utilizada diretamente com tensões de 127 V ou 220 V, mas para isso a resistência de carga deveria ter uma potência nominal elevada. O uso de uma lâmpada incandescente apropriada para as tensões da rede em substituição a R_L é compatível com o experimento desde que as correntes máximas suportadas pelo TIC106 não sejam ultrapassadas.

Os valores de R_{GT} são calculados com auxílio da equação 24.1 e para o menor ângulo de fase escolhido determina-se R_{G2}. O valor máximo do potenciômetro R_{G1} somado a R_{G2} irá definir a maior fase de disparo. As resistências obtidas, em termos de valores comerciais, ficam próximas a 150 kΩ para R_{G1} e 12 kΩ para R_{G2}.

Projete o circuito levando em conta disparos em fases entre 5° e 90°. Verifique com o osciloscópio as formas de onda da tensão em R_L (use a função de subtração dos canais para medir essa tensão), verifique se as fases de disparo estão ocorrendo conforme o esperado e meça as tensões média e eficaz na carga com voltímetros CC e CA, respectivamente. Calcule a potência dissipada na carga e faça um gráfico desta em função do ângulo de disparo.

Os materiais utilizados nesse experimento são:

- 1 osciloscópio de 2 canais;
- 1 multímetro;
- 1 transformador com primário da rede elétrica e secundário de 24 V_{rms};
- 1 SCR TIC106;
- 1 potenciômetro de 150 kΩ (R_{G1});
- 1 resistor de 12 kΩ × ¼ W (R_{G2});
- 1 resistor de 220 Ω × 1 W (R_L).

24.4 DISCUSSÃO

Este capítulo promove uma pequena introdução aos SCRs, mostrando algumas particularidades de seu funcionamento e a forma como se pode controlar a potência dissipada em uma carga.

O primeiro experimento consistiu na compreensão do comportamento de um SCR. Deve ser notado que a tensão para disparo de um SCR é próxima à da barreira de potencial de uma junção PN (0,6 V, segundo informações do fabricante). A Figura 24.1 confirma esse resultado ao notarmos a junção base-emissor do transistor NPN, que se encontra entre *G* e *K*.

O controle de potência se dá apenas no semiciclo positivo. Durante o semiciclo negativo, devido à cessação de corrente na troca de polaridade, o SCR deixa de conduzir.

Sugere-se desenvolver um experimento similar ao da subseção 24.3.2, usando uma composição de SCRs (vide Figura 24.2) para emular um TRIAC. Nesse caso, o controle da potência poderá ocorrer em ambos os semiciclos.

Na subseção 24.3.2 sugere-se um circuito de disparo. Os cálculos para definir o momento do disparo são realizados tomando-se por base as informações do fabricante ligadas à tensão e à corrente no terminal *G* do SCR. No experimento da subseção 24.3.1 buscou-se identificar valores experimentais dessas tensões e correntes de disparo. Discuta possíveis diferenças nos projetos que tomem como referências as informações fornecidas pelo fabricante e obtidas experimentalmente.

Referências bibliográficas

Todo o conteúdo deste livro tem o suporte de um valioso conjunto de livros e artigos. A leitura desses materiais faz-se imprescindível para uma compreensão dos fundamentos dos experimentos propostos. Esses materiais possuem conteúdos e níveis de abordagem bastante diversificados, sugerindo-se ao leitor textos mais teóricos e aplicações práticas de eletrônica que sejam acessíveis a diferentes níveis de estudo, desde o técnico até a graduação. Para um melhor direcionamento estes materiais estão apresentados em duas partes: bibliografia e referências.

Inicialmente, apresentamos a bibliografia que, basicamente, elenca livros que poderão ser úteis para melhor embasar conceitos teóricos mencionados superficialmente neste livro. Propositalmente, são apresentados livros de diferentes gerações, desde a era pós-transistor, após 1960, até os dias atuais, em que a tecnologia e os recursos didáticos voltados ao ensino de eletrônica analógica foram profundamente modificados. A consulta a essa diversidade bibliográfica permitirá ao leitor estabelecer comparações e ilustrar as transformações ocorridas ao longo dos anos.

As referências são, em parte, oriundas de trabalhos já realizados pelo autor e que foram retomados ou adaptados como exemplos desenvolvidos no livro. A inserção dessas referências levou em conta particularidades e aplicações de outros trabalhos já realizados e que dificilmente são encontrados nos materiais disponíveis nas bibliografias. Ademais, em algumas destas referências também estão inclusos os conteúdos específicos de tópicos ou de experimentos apresentados. Por essa razão, essas referências foram vinculadas aos capítulos nos quais foram citadas.

BIBLIOGRAFIA

ANGULO, C.; MUÑOZ, A.; PAREJA, J., *Teoria e prática de eletrônica*. São Paulo: Makron Books, 1993.

BOGART, T. F. *Dispositivos e circuitos eletrônicos*. 3. ed. São Paulo: Pearson, 2019. 1 e 2 v.

BOYLESTAD, R. L.; NASHESLSKY, L. *Dispositivos eletrônicos e teoria de circuitos*. 8. ed. São Paulo: Prentice Hall.

BROPHY, J. J. *Eletrônica básica*. Rio de Janeiro: Guanabara Dois, 1978.

CIPELLI, A. M. V.; SANDRINI, W. J. *Teoria e desenvolvimento de projetos de circuitos eletrônicos*. 15. ed. São Paulo: Editora Érica, 1982.

CLAYTON, G.; WINDER, S. *Operational Amplifiers*. 5th edition. Oxford: Newnes, 2003.

FERREIRA SOBRINHO, J. P.; CARVALHO, J. A. D. *Osciladores*. São Paulo: Editora Érica, 1992.

FLOYD, T. L. *Electronic devices*. 2nd ed. Columbus: Merrill Publishing Company, 1988.

FRANCO, S. *Design with operational amplifiers and analog integrated circuits*. New York: McGraw-Hill, 2002.

GRUITER, A. F. *Amplificadores operacionais, fundamentos e aplicações*. São Paulo: McGraw-Hill, 1988.

HOFFMAN, J. P. *Introduction to electronics for technologists*. Boston: Houghton Mifflin Company, 1978.

HOLT, C. A. *Electronic circuits digital and analog*. New York: John Wiley & Sons, 1978.

HORENSTEIN, M. N. *Microeletrônica – Circuitos & dispositivos*. Rio de Janeiro: Prentice Hall, 1996.

HOROWITZ, P.; HILL, W. *The art of electronics*. 2nd ed. New York: Cambridge University Press, 1989.

LALOND, D. E.; ROSS, J. A. *Princípios de dispositivos e circuitos eletrônicos*. São Paulo: Makron Books, 1999. 1 e 2 v.

MALVINO, A. *Eletrônica*. São Paulo: McGraw-Hill, 1987. 1 e 2 v.

MALVINO, A. *Eletrônica no laboratório*. São Paulo: Makron Books, 1992.

MILLMAN, J.; HALKIAS, C. C. *Eletrônica – dispositivos e circuitos*. São Paulo: Makron Books, 1981. 1 e 2 v.

MITCHELL Jr., F. H.; MITCHELL, F. H. *Introduction to electronics design*. Englewood Cliffs: Prentice Hall, 1992.

PERTENCE Jr., A. *Amplificadores operacionais e filtros ativos*. 5. ed. São Paulo: Makron Books, 1996.

RODEN, M. S.; CARPENTER, G. L.; WIESERMAN, W. R. *Electronic design*. 4th ed. Los Angeles: Discovery Press, 2002.

RYDER, J. D. *Engineering electronics*. 2nd ed. Kogakusha: McGraw-Hill, 1967.

SCHUBERT Jr., T. F.; KIM, E. M. *Fundamentals of electronics*. San Diego: Morgan & Claypool Publishers, 2014. 1, 2, 3 e 4 v.

SEARLE, C. L.; BOOTHROYD, A. R.; ANGELO Jr., E. J.; GRAY, P. E.; PEDERSON, D. O. *Elementary circuit properties of transistors*. New York: John Wiley & Sons, 1968.

SEDRA, A. S.; SMITH, K. C. *Microeletrônica*. Rio de Janeiro: Makron Books, 1995. 1 e 2 v.

REFERÊNCIAS

Capítulo 8

RASHID, M. H. *Power electronics handbook*. San Diego: Academic Press, 2001.

Capítulo 10

ARNOLD, F. J.; ALBANO, R. S.; SANTOS, T. S. Amplificadores com transistores bipolares na configuração Darlington para pequenos sinais. *Latim America Journal of Physics Education*, v. 8, n. 1, p. 118-125, 2014.

Capítulo 15

ARNOLD, F. J.; OLIVEIRA, J. L. S. P.; SILVA, A. P.; DRAGONI SOB., G.; RUNGE, C. J. R.; PIRES, M. S. G. Construction of a didactic system for wave propagation speed determination in liquids. *Revista Brasileira de Ensino de Física*, v. 42, e20200239, 2020.

DORABIATO, L. F. *Sistema ultrassônico para caracterização de leite bovino*. 2007. 122f. Dissertação (Mestrado em Ciências) – Universidade Tecnológica Federal do Paraná, 2007.

Capítulo 16

BORTONI, R. *Análise, dimensionamento e avaliação de estágios de potência de amplificadores de áudio classes A, B, AB, G e H*. 1999. 125f. Dissertação (Mestrado em Engenharia Elétrica) – Universidade Federal de Santa Catarina, Florianópolis, 1999.

RAMOS, F. A.; ARNOLD, F. J. Uma abordagem didática para o estudo de amplificadores eletrônicos. *Revista de Ensino de Engenharia*, v. 40, p. 407-417, 2021.

Capítulo 18

VIANA, J. C.; ARNOLD, F. J. Desenvolvimento de um sistema automatizado para medição de impedância. *Revista Brasileira de Ensino de Física*, v. 39, n. 4, 2016.

Capítulo 19

ARNOLD, F. J.; MARAN, F. S. Young's modulus determination of elastomeric materials using capacitance measurement. *European Journal of Physics*, v. 40, 055002, 2019.

BAGLIO, S.; CASTORINA, S.; GANCI, G.; SAVALLI, N. A high sensitivity conditioning circuit for capacitive sensors including stray effects compensation and dummy sensor approach. In: *Anals of Instrumentation and Measurement Technology Conference 2004*, Como, Italy, p. 1542-1545, 2004.

SOUNDARARAJAN, K.; RAMAKRISHNA, K. Nonideal Negative Resistors and Capacitors Using an Operational Amplifier. *IEEE Transactions on Circuits and Systems*, v. 22, n. 9, p. 760-763, 1975.

Capítulo 20

PACTITIS, S. A. *Active filters – Theory and design*. Boca Ratón: CRC Press, 2007.

SALLEN, R. P.; KEY, E. L. A practical method of designing RC active filters. *IRE Transactions on Circuit Theory*, v.2, n. 1, p. 74-85, 1955.

WATTERS, A. *Active filter design*. London: McMillan Education Ltd., 1991.

Capítulo 24

RASHID, M. H. *Power electronics handbook*. San Diego: Academic Press, 2001.

GRÁFICA PAYM
Tel. [11] 4392-3344
paym@graficapaym.com.br